REDLINE WIRTSCHAFT

Peter F. Drucker
Peter Paschek
(Hrsg.)

Kardinaltugenden effektiver Führung

Mit Beiträgen von
Fredmund Malik,
Herrmann Simon,
Bill Emmott,
Mathias Döpfner
und weiteren
namhaften Autoren

REDLINE WIRTSCHAFT

Peter F. Drucker, Peter Paschek (Hrsg.)
Kardinaltugenden effektiver Führung
Mit Beiträgen von Fredmund Malik, Hermann Simon,
Bill Emmott, Mathias Döpfner
und weiteren namhaften Autoren
Frankfurt: Redline Wirtschaft, 2004
ISBN 3-636-01110-3

Unsere Web-Adresse:
http://www.redline-wirtschaft.de

Umschlag: INIT, Büro für Gestaltung, Bielefeld
Coverabbildung: Corbis, Düsseldorf

Ein Unternehmen der Süddeutscher Verlag Hüthig Fachinformationen
Satz und Gestaltung: Beate Soltész
Druck: Druckerei Theiss, St. Stefan im Lavanttal
Printed in Austria

Inhalt

Vorwort

Es sind zwei Leitbilder, die entscheidend das umfassende Werk Peter Druckers bestimmen. Zum einen die rechtzeitige, konsequente Reform als Gestaltungsprinzip gesellschaftlicher Institutionen, zum anderen die Ablehnung des totalen Staates, nicht nur in seiner totalitären Ausprägung, sondern auch jede Form des Überstaates, sei es Mega-Staat, Wohlfahrtsstaat oder die Überverstaatlichung gesellschaftlicher Institutionen.

Druckers geistige Wegbereiter sind Edmund Burke, die Gründungsväter der Vereinigten Staaten und Autoren der Federalists Papers wie James Madison und Alexander Hamilton, Alexis de Tocqueville – und Friedrich Julius Stahl.

Vor mehr als 70 Jahren hat der 24-jährige Peter Drucker in seiner ersten größeren Veröffentlichung Stahls Theorie vom Staat als *lebendigen Konservatismus* gewürdigt und schon damals das Grundprinzip seines eigenen konservativen Konzepts dargelegt. Pünktlich zur „Machtergreifung“ erschien im Frühjahr 1933 in der renommierten Reihe *Recht und Staat* des Tübinger Verlages J.C.B. Mohr *Friedrich Julius Stahl, Konservative Staatslehre und geschichtliche Entwicklung* von Dr. Peter Drucker. Es war Druckers Absicht, die Nationalsozialisten zu provozieren, und dies gelang ihm nachhaltig. Seine Schrift wurde indiziert und dem Scheiterhaufen der Bücherverbrennung übergeben. Ähnlich wie Heinrich Heine ahnte Drucker, dass derjenige, der Bücher verbrennt, eines Tages auch Menschen verbrennen wird und verließ Deutschland umgehend einer großen Karriere entgegen.

Als ich Peter Drucker bat, anlässlich des „70. Geburtstags“ seiner Schrift über Stahl mit mir ein Buch unter dem Arbeitstitel *Konservative Werte und effektives Management* herauszugeben, stimmte er sofort zu. Dies ist eine sehr große Ehre für mich, und ich bin meinem lieben Freund

und Lehrer zutiefst dankbar. Großen Dank auch an unsere Autoren nicht nur für ihre ausgezeichneten Beiträge, sondern auch für ihre Disziplin in der Einhaltung des sehr engen Zeitrahmens. Eben solcher Dank gebührt den Vertretern des Verlages Redline Wirtschaft, Frau Ursula Artmann und Herrn Jürgen Diessl. Von Anfang an haben beide an das Projekt geglaubt und uns mit professionellem Engagement betreut.

Übrigens: Peter Druckers Schrift über Stahl ist nie wieder in Deutschland oder in deutscher Sprache veröffentlicht worden. Allein die Herausgeber von *Society,* dem wichtigsten sozialwissenschaftlichen Periodikum der USA, erkannten die unverminderte Aktualität der Arbeit und veröffentlichten diese in der Juli-Ausgabe des Jahres 2002.

Peter Paschek
Berlin im Mai 2004

P. F. Drucker

Was macht eine effektive Führungskraft aus?

Einleitung

Eine ideale Führungskraft muss nicht notwendigerweise eine „Führernatur“ sein. Weder Harry Truman noch Ronald Reagan entsprachen dem, was man sich heute unter einer Führernatur vorstellt. Beiden fehlte es beispielsweise gänzlich an „Charisma“, und dennoch gehörten sie zu den größten Führungskräften der amerikanischen Geschichte. Ebenso entsprachen auch einige der effektivsten Führungskräfte – ob in Unternehmen oder Non-Profit-Organisationen –, mit denen ich in fünfundsechzig Jahren als Berater arbeitete, ganz und gar nicht dem gängigen Bild. Diese erfolgreichen Führungskräfte waren sehr unterschiedliche Persönlichkeiten, sie vertraten sehr unterschiedliche Werte und Meinungen und hatten sehr unterschiedliche Stärken und Schwächen. Ich habe das gesamte Spektrum erlebt, vom übersprudelnd Extrovertierten bis hin zum Beinahe-Einsiedler. Was sie alle erfolgreich machte, waren die acht **Kardinaltugenden**, denen sie treu blieben:

- Sie fragten sich: **Was ist zu tun?**
- Sie fragten sich: **Was ist gut für das Unternehmen?**
- Sie **entwickelten einen Aktionsplan.**
- Sie übernahmen **Verantwortung** und trafen **Entscheidungen**.
- Sie sorgten für effektive **Kommunikationsstrukturen.**

- Sie konzentrierten sich auf die **Chancen**.
- Sie gestalteten ihre **Meetings produktiv**.
- Sie **dachten und sprachen von einem „Wir“.**

Anhand der beiden ersten Tugenden erwerben sie sich das **Wissen**, das sie brauchen, um effektiv zu sein. Die nächsten vier wandeln dieses Wissen in **effektives Handeln**. Und die letzten beiden Tugenden stehen für jenes **Verhalten**, wie es die Effektivität voraussetzt.

I. Wissensbedarf

Eine effektive Führungskraft zeichnet sich dadurch aus, dass sie fragt: **„Was ist zu tun?“**, und nicht etwa: „Was möchte ich tun?“ Effektivität erreicht man nur, indem man sich fragt, was getan werden muss, und es entsprechend ernst nimmt. Umgekehrt gilt dann auch für Führungskräfte, die diese Frage nicht stellen, dass sie ihr Potenzial verschenken – ganz gleich, wie beachtlich es sein mag.

Als Harry Truman nach dem Tod von Franklin D. Roosevelt 1945 Präsident der Vereinigten Staaten wurde, wusste er genau, was er tun *wollte*: Er wollte die von Roosevelt begonnenen sozialen und wirtschaftlichen Reformen des „New Deal“ zu Ende führen, die durch den Zweiten Weltkrieg vorübergehend auf Eis gelegt worden waren. Kaum jedoch fragte Truman sich „Was ist zu tun?“, erkannte er, dass die Außenpolitik absolute Priorität haben musste. Sein Arbeitstag begann demzufolge mit täglichen kurzen Beratungen mit dem Außen- sowie dem Verteidigungsminister. So sollte Truman in punkto Außenpolitik zum erfolgreichsten aller amerikanischen Präsidenten werden. Er behielt den europäischen und asiatischen Kommunismus unter Kontrolle und läutete mit dem Marshall-Plan fünfzig Jahre weltweiten Wirtschaftswachstums ein.

Auf die Frage „Was ist zu tun?“ ergeben sich zumeist mehrere dringliche Aufgaben. Effektive Führungskräfte aber verzetteln sich nicht. Sie konzentrieren sich auf *eine* Aufgabe zur Zeit, sofern es irgend möglich ist. Eine überschaubare Minderheit wählt eventuell zwei Aufgaben gleichzeitig – eine Spezialität von Leuten, die am besten unter Druck arbeiten. Ich habe allerdings noch keine Führungskraft kennen gelernt, die mehr als zwei Aufgaben gleichzeitig bewältigen und dabei noch effektiv bleiben konnte. Effektive Führungskräfte setzen also, nachdem sie sich gefragt haben „Was ist zu tun?“ *Prioritäten* und halten diese ein.

Ungeachtet dessen, wie wichtig oder reizvoll andere Aufgaben sein mögen, sie werden „verschoben“. Ideale Führungskräfte sind sich jedoch sehr wohl dessen bewusst, dass aufgeschoben und aufgehoben de facto dasselbe ist. Deshalb arbeiten sie nicht einfach stur eine Aufgabenliste ab, sondern fragen sich nach jeder abgeschlossenen Arbeit erneut: „Was ist zu tun?“ Und hierauf ergeben sich stets neue Prioritäten.

Jack Welch, zwanzig Jahre als CEO der General Electric Company (GE) die berühmteste Führungskraft Amerikas, fragte sich alle fünf Jahre: „Was ist **jetzt** zu tun?“

Ehe er nun aber festlegte, wo sein Schwerpunkt für die nächsten fünf Jahre liegen sollte, stellte er sich noch eine weitere Frage, nämlich: „Welche der damit verbundenen Aufgaben passt am besten zu *mir*?“ Auf diese Aufgabe konzentrierte er sich, während er die anderen entsprechend delegierte. Denn auch das macht eine effektive Führungskraft aus: Sie versucht gar nicht erst, Dinge zu tun, die ihr nicht liegen.

Diese Führungskräfte sind sich ihrer Beispielfunktion für das gesamte Unternehmen sehr wohl bewusst. So habe ich mehr als einmal gehört, wie meine Klienten im Topmanagement einen alten englischen Kinderreim zitierten, der heißt: „Je weiter der Affe nach oben klettert, umso besser sieht man seinen Hintern.“

Effektive Führungskräfte wissen, dass Unternehmen immer so gut funktionieren wie ihr Topmanagement. Gelingt es den Topmanagern nicht, ein Beispiel für Leistung und Standard zu sein, wird das Unternehmen auch keine Leistung bringen. Daher übernehmen effektive Führungskräfte vor allem jene Aufgaben, in denen sie sicher sein können zu brillieren.

Die zweite Tugend – welche nicht minder wichtig ist als die erste – steckt in der Frage: **„Was ist das Richtige für das Unternehmen?“** Gefragt wird nicht: „Was ist gut für die Eigentümer?“ oder „Was ist gut für die Mitarbeiter?“, ebenso wenig „Was ist gut für den Aktienkurs?“ oder „Was ist für uns, die Führungskräfte, gut?" Natürlich wissen gute Führungskräfte, dass Aktionäre, Mitarbeiter und das Management wichtige Größen sind, wenn es darum geht, Entscheidungen mitzutragen oder zumindest zu akzeptieren. Sie wissen weiterhin, dass der Aktienkurs nicht bloß für den Aktionär von Bedeutung ist, sondern gleichermaßen für das Unternehmen, insofern als das Preis-/Gewinn-Verhältnis die Kosten einer von zwei Schlüsselressourcen festlegt, sprich: des Kapitals (die andere sind selbstverständlich die Menschen). Aber sie wissen darüber hinaus, dass eine Entscheidung – wie überhaupt jedwedes Handeln des Unternehmens – **richtig für das Unternehmen** sein muss. Andernfalls wird sie letztlich auch für alle Stakeholder nicht richtig sein.

Soweit man das von außen beurteilen kann, hätte Enron sehr wohl die Plünderungen seiner Topmanager überleben können. Was das Unternehmen umbrachte war vielmehr, dass sich dort niemand fragte: „Was ist gut für Enron?", sondern stattdessen nur: „Was ist gut für den Aktienpreis?"

Ganz besonders wichtig ist die Frage nach dem „Was ist gut für das Unternehmen?" für Firmen, die in Familienbesitz sind oder von Familien geleitet werden. Eine nicht unwesentliche Zahl aller Unternehmen weltweit sind entweder in Familienbesitz oder unter Familienführung. Vor allem unter den großen Konzernen fallen diese Familienunternehmen auf (selbst in Japan). In den USA befanden sich noch in der zweiten Hälfte des vergangenen Jahrhunderts drei der größten Unternehmen im Familienbesitz: Du Pont de Nemours, IBM und die Ford Motor Company. Meine Erfahrung hat mich gelehrt, dass nur jene Familienunternehmen gedeihen, die die Betonung auf „Unternehmen", nicht aber auf „Familie" legen.

Dies gilt umso mehr, wenn Personalentscheidungen getroffen werden müssen. In einem erfolgreichen Familienunternehmen werden nur solche Familienmitglieder befördert, die eindeutig den Nicht-Familienmitgliedern gleichen Ranges überlegen sind.

So bestand das Topmanagement bei Du Pont etwa bis in die 1990er über 175 Jahre hinweg ausschließlich aus Familienmitgliedern (mit Ausnahme des Controllers und des Syndikus). Sämtliche männlichen Nachkommen des Firmengründers hatten einen Anspruch auf eine Anstellung im Unternehmen, allerdings auf eine in den untersten Rängen der Hierarchie. Wollten sie innerhalb der Firma aufsteigen, musste ein Ausschuss aus Nicht-Familienmitgliedern beschließen, dass der Betreffende anderen ranggleichen Mitarbeitern überlegen war. Nach derselben Regel funktioniert die Personalpolitik bei einem sehr erfolgreichen britischen Familienunternehmen, J. Lyons & Co. (mittlerweile Teil eines führenden Firmenkonglomerats), das lange Zeit eine Spitzenposition in der britischen Gastronomie inne hatte.

Sich zu fragen „Was ist gut für das Unternehmen", garantiert noch nicht, dass auch die richtigen Dinge getan werden. Selbst die klügste Führungskraft ist ein Mensch und entsprechend anfällig für Fehleinschätzungen und Vorurteile. Die Frage deshalb jedoch gar nicht erst zu stellen, kommt einer Garantie für **falsches** Handeln gleich.

II. Der Aktionsplan

Führungskräfte sind Macher: Sie setzen Dinge um. Noch so umfassendes Wissen vermag nichts auszurichten, solange Führungskräfte es nicht in **Taten** umsetzen. Daher brauchen sie einen *Aktionsplan*, wenn sie effektiv sein wollen. Die Fragen, die sie sich stellen sollten, lauten: „Welche Beiträge, Leistungen und Resultate sollte das Unternehmen innerhalb der nächsten achtzehn Monate bis zwei Jahre von mir erwarten?", „Für welche Beiträge, Leistungen und Resultate während dieses Zeitraums bin ich verantwortlich?", „In welchem Zeitraum?"

Nachdem sie sich eingehend mit den Fragen „Was ist zu tun?", „Was ist gut für das Unternehmen?" und „Wo liegen *meine* Prioritäten?" befasst haben, sollten sie die eventuellen Hemmnisse berücksichtigen, die sich anhand folgender Fragen ermitteln lassen:

- Ist unser Vorgehen **ethisch** einwandfrei?
- Ist unser Vorgehen unternehmensintern **akzeptabel**?
- Ist unser Vorgehen **legal**?
- Ist unser Vorgehen mit unseren Ideen, unseren Werten und unserer Unternehmenspolitik **kompatibel**?

Können all diese Fragen bejaht werden, ergibt sich daraus zwar nicht automatisch effektives Handeln. Vernachlässigt man diese Aspekte allerdings, werden sie jedweden Aktionsplan hemmen und ineffektiv machen.

Ein Aktionsplan ist eine *Absichtserklärung*, keine Verpflichtung, die man eingeht. Er darf also nicht zur Zwangsjacke werden. Im Gegenteil: Je erfolgreicher ein Aktionsplan ist, umso häufiger wird er geändert. Mit jedem Erfolg nämlich ergeben sich neue und andere Chancen, die nach einer Planänderung verlangen. Dasselbe trifft naturgemäß auch auf jeden Misserfolg zu, ebenso wie auf Veränderungen im Umfeld, im Markt oder personelle Veränderungen innerhalb des Unternehmens: Sie alle verlangen nach einem neuen Überdenken und Überarbeiten des Plans.

Ein Aktionsplan muss klare Vorgaben machen über die **Ergebnisse**, die von den bestimmten Vorgehensweisen erwartet werden. Und er braucht eingearbeitete Mechanismen, anhand derer ein automatischer, fortlaufender Abgleich der Ergebnisse mit den Erwartungen stattfindet.

Effektive Führungskräfte bauen normalerweise zwei solcher Prüfstellen in die Aktionspläne ein. Die erste Prüfung erfolgt ungefähr nach Ablauf der Hälfte der vorgegebenen Zeit, also nach neun Monaten; die zweite findet am Ende des ersten Aktionsplans und vor Festsetzung des nächsten statt. Nicht zuletzt muss der Aktionsplan die Grundlage des **Zeitmanagements** bilden.

Meines Wissens war ich der Erste, der über *Zeitmanagement* als Voraussetzung für effektive Führung schrieb.[1] Seither ist Zeitmanagement zu einer veritablen Branche herangewachsen. Tatsächlich gehört Zeit zu den rarsten und teuersten Gütern der Führungskraft. Und alle Organisationen, seien es staatliche Institutionen, Wirtschaftsunternehmen oder Non-Profit-Unternehmen, sind per se Zeitverschwender. Daher muss schon die Einführung eines sinnvollen Zeitmanagements als eigenständiger Aktionsplan betrachtet werden, so wie im umgekehrten Fall kein noch so guter Aktionsplan etwas auszurichten vermag, solange das Zeitmanagement nicht auf ihn abgestimmt ist.

Napoleon sagte einmal, keine erfolgreiche Schlacht wäre jemals ihrem Plan gefolgt. Dennoch plante Napoleon jede einzelne seiner Schlachten

[1] in meinem 1966 erschienenen Buch *The Effective Executive*, Harper/Collins, New York.

minutiös voraus – viel mehr, als es jemals ein anderer General getan hatte. Ohne Aktionspläne werden Führungskräfte zu Gefangenen der Ereignisse. Aber wenn die Aktionspläne nicht immer wieder auf die Ereignisse hin systematisch überprüft und revidiert werden, können Führungskräfte nicht entscheiden, welche Ereignisse wirklich von Belang und welche lediglich viel Lärm um nichts sind; sie verlieren dann die Kontrolle.

III. Vom Plan zum effektiven Handeln

Effektive Führungskräfte übernehmen die *Verantwortung für Entscheidungen* und *Kommunikation*. Sie konzentrieren sich auf die *Chancen*, die sich ihnen bieten, und halten *produktive Meetings* ab.

Entscheidungsfindung. Effektive Entscheider wissen, dass keine Entscheidung wirklich getroffen wurde, solange sie nicht

- den Namen desjenigen enthält, der für die Umsetzung und Fristeinhaltung verantwortlich ist;
- die Namen derjenigen aufführt, die von ihr betroffen sind und entsprechend informiert sein müssen, sie verstehen und sie gutheißen (bzw. wenigstens akzeptieren) müssen;
- die Namen der Menschen nennt, die über die Entscheidung unterrichtet werden sollten, auch wenn sie nicht direkt von ihr betroffen sind.

Bevor diese Voraussetzungen nicht erfüllt sind, handelt es sich nicht um Entscheidungen, sondern bestenfalls um gute Absichten.

Effektive Führungskräfte wissen außerdem, dass Entscheidungen eine systematische Überprüfung zu einem vorher festgesetzten Zeitpunkt brauchen – von den Ergebnissen bis hin zu den Annahmen, die der Entscheidung zugrunde lagen. Auf diese Weise lassen sich falsche – und insbesondere inadäquate – Entscheidungen korrigieren, bevor sie wirklichen Schaden anrichten.

Systematisches Feedback wie oben beschrieben ist vor allem im Bereich der schwierigsten Entscheidungen wesentlich: den personellen.

Wirft man einen genaueren Blick auf Personalentscheidungen, so erweist sich nur ein Drittel von ihnen als wirklicher Erfolg, ein anderes als folgenlos – also weder als erfolgreich noch als gescheitert – und das letzte Drittel schließlich machen die fehlgeschlagenen Personalentscheidungen aus. Da gute Führungskräfte um diese Verhältnisse wissen, prüfen sie ihre Personalentscheidungen nach Ablauf von sechs bis neun Monaten. Und sollten dann die gewünschten Ergebnisse ausbleiben, sagen sie nicht etwa: „Diese Person leistet nicht genug“, sondern vielmehr: „Ich habe einen Fehler gemacht.“ In einem Unternehmen mit einem soliden Management ist man sich darüber im Klaren, dass die Schuldigen nicht diejenigen sind, die in einem neuen Job nicht die Erwartungen erfüllen, besonders bei einer Beförderung.

Führungskräfte schulden es ihren Unternehmen und ihren Mitarbeitern, wichtige Posten nicht durch Leute zu blockieren, die ihren Aufgaben dort nicht gewachsen sind. Sie müssen sie austauschen, wobei sie allerdings nicht vergessen dürfen, dass die Fehlbesetzung einzig auf das Konto der Führungskraft geht und nicht auf das des fehlbesetzten Mitarbeiters. Entsprechend bietet man in gut geführten Untenehmen den Betroffenen an, auf ihren vorherigen Posten zu den vorherigen Konditionen zurückzukehren. Sie machen zwar selten von diesem Recht Gebrauch, sondern gehen in den meisten Fällen lieber – zumindest in den USA –, aber trotzdem ist allein die Existenz dieser Option wertvoll. Ganz zu schweigen davon, dass sie Menschen Mut macht, einen sicheren und bequemen Job aufzugeben und sich auf neue Wagnisse einzulassen. Und genau diese Risikofreude ist es, wovon die Leistungen eines Unternehmens in großem Maße abhängen – insbesondere die so überaus wichtige Innovationsleistung.

Die Ergebnisse einer Entscheidung mit den ihr zugrunde liegenden Erwartungen abzugleichen kann auch ein sinnvolles Werkzeug sein, die eigene Entwicklung voranzutreiben. In dieser Prüfung zeigen sich die Stärken der Führungskräfte ebenso wie die Stellen, an denen diese Stärken noch verbessert werden sollten. Anhand der Überprüfung von Ergebnissen mit Ergebniserwartungen können Führungskräfte sehen, welches Wissen und welche Informationen ihnen noch fehlen. Und sie erkennen ihre Schwächen, jene Bereiche, in denen es ihnen an Kompetenz mangelt, wie auch jene, in denen sie irreparable Beschränkungen und Mängel aufweisen – diejenigen, in denen sie, salopp ausgedrückt, blind oder taub sind. Dies sind die Bereiche, in denen die effektive Führungskraft einfach gar nicht erst selbst Entscheidungen trifft oder handelt. Hier delegiert sie, denn jeder hat bestimmte Gebiete, auf denen er nicht sonderlich bewandert ist. So etwas wie ein Universalgenie der Führung gibt es nicht.

In den meisten Diskussionen über Entscheidungsfindungsprozesse gewinnt man den Eindruck, nur Topmanager würden Entscheidungen treffen oder zumindest würden nur ihre Entscheidungen Gewicht haben. Ein klassisches Missverständnis. Entscheidungen werden auf sämtlichen Unternehmensebenen getroffen, angefangen von Einzelnen, die einen professionellen Beitrag leisten, und Abteilungsleitern auf unterster Ebene. Gerade die Entscheidungen aber, die auf dieser vermeintlich untersten Ebene gefällt werden, gewinnen zusehends an Bedeutung in einer Welt, in der Unternehmen zusehends auf Wissen setzen müssen, d.h. das Wissensunternehmen zum dominanten Faktor in der postindustriellen Gesellschaft wird. Demzufolge sollte Entscheidungsfindung auf jeder Unternehmensebene produktiv und professionell angegangen werden. In einem wissensbasierten Unternehmen sollte sie jedem vermittelt werden, angefangen bei den Einstiegsjobs.

Kommunikationsverantwortung. Effektive Führungskräfte übernehmen die Verantwortung für die Kommunikation. Sie sorgen dafür, dass sowohl ihr Aktionsplan als auch ihr Wissensbedarf von allen verstanden werden.

Das heißt allerdings auch, dass effektive Führungskräfte zu jedem gehen, mit dem sie arbeiten – den Abteilungsleitern, den Untergebenen, den Kollegen –, und ihnen ihren Aktionsplan vorstellen sowie um ihre Stellungnahmen bitten. Anschließend fragen sie: „Und wie sieht *dein* Aktionsplan aus?“ Als Nächstes wenden sie sich an dieselben Leute und bitten um Informationen: „Das sind die Dinge, die ich von *dir* wissen muss, um *meine* Arbeit machen zu können.“ Und schließlich fragen sie: „Welche Informationen brauchst du *von mir*, um *deine* Arbeit machen zu können?“ Die Menschen übrigens, denen Führungskräfte vor allem Informationen schulden, sind nicht ihre Untergebenen, sondern vielmehr ihre Vorgesetzten und ihre Kollegen.

Dank Chester Barnards 1938 erschienenem Werk *Function of the Executive* wissen wir heute, dass alle Organisationen, ob Wirtschaftsunternehmen, Non-Profit-Organisationen oder staatliche Institutionen, nicht durch Besitz oder Autorität zusammengehalten werden, sondern durch Informationen. Dennoch sind meiner Erfahrung nach viel zu viele Führungskräfte nach wie vor der Ansicht, Informationsfluss wäre der Job von Spezialisten, d.h. von Buchhaltern. Entsprechend bekommen sie eine enorme Menge an Daten, die sie nicht brauchen und mit denen sie nichts anfangen können, aber wenig Informationen. Sie können also gar nicht wirklich effektiv arbeiten.

IV. Chancen suchen und erkennen

Effektive Führungskräfte konzentrieren sich auf *Chancen*, nicht auf *Schwierigkeiten*. Natürlich müssen Probleme angegangen und dürfen nicht unter den Teppich gekehrt werden. Aber effektive Führungskräfte wissen, dass „Problemlösung", so notwendig sie auch sein mag, keine Resultate zeigt. Sie beugt Schäden vor, mehr nicht. Möglichkeiten auszuschöpfen hingegen produziert sehr wohl Ergebnisse.

Gute Führungskräfte sehen vor allem *Veränderungen* als Chance und nicht als Bedrohung. Sie sind systematisch auf der Suche nach Veränderungen, sowohl inner- wie auch außerhalb des Unternehmens, und fragen: „Wie können wir diese oder jene Veränderung als Chance für unser Unternehmen nutzen?"

Es gibt sieben Bereiche der Veränderungen, in denen ideale Führungskräfte Chancen erkennen.[2] Sie sind:

- ein unerwarteter Erfolg oder Misserfolg des eigenen Unternehmens, eines Konkurrenzunternehmens oder der ganzen Branche;
- ein Bruch zwischen der Realität, wie sie sich darstellt, und der, wie sie

[2] Näheres zu diesem Thema steht in meinem 1985 erschienenen Buch *Innovation and Entrepreneurship*, Harper/Collins, New York.

„sein sollte“, bezogen auf ein Produkt, eine Dienstleistung oder einen Markt;
- Neuerungen in Produktionsprozessen, Produkten, Dienstleistungen, sowohl innerhalb als auch außerhalb des Unternehmens oder der Branche;
- Strukturveränderungen innerhalb der Branche oder des Marktes;
- demographische Faktoren;
- Veränderungen des Denkens, der Werte, der Wahrnehmung, der Stimmung oder einer Bedeutung;
- neues Wissen und neue Technologien.

Außerdem sorgen effiziente Führungskräfte dafür, dass die Chancen von den Problemen nicht überschwemmt werden.

In den meisten Unternehmen beginnt der monatliche Managementbericht mit einer Liste von Schlüssel*problemen*. Effektive Führungskräfte aber bestehen darauf, als erste Seite eine Liste von *Chancen* aufzunehmen und die Probleme auf die zweite Seite zu verdrängen. Wenn es keine wirklichen „Katastrophen“ gibt, werden Probleme bei den Managementsitzungen nicht diskutiert, ehe nicht die Chancen analysiert, begriffen und angemessen besprochen wurden.

Ein weiterer und gleichermaßen wichtiger Punkt ist die Personalzuteilung. Effektive Führungskräfte setzen ihre besten und leistungsstärksten Leute auf Chancen an und nicht auf Probleme.

Eine Methode, die Personalplanung möglichst effektiv zu gestalten, ist die, zweimal jährlich alle Mitglieder einer Managementgruppe zu bitten, zwei Listen anzufertigen. Die eine sollte Chancen aufführen, die sich dem Unternehmen als Ganzes bieten, und die andere die leistungsstärksten Personen im Unternehmen aufführen. Diese Listen sollten dann in einer Managementsitzung diskutiert und zu zwei Schlusslisten von Chancen und Personen konsolidiert werden. Als Nächstes werden nun den unterschiedlichen Chancen die bestgeeigneten Leute zugeordnet. (In Japan wird diese Form der Personalplanung übrigens als die Hauptaufgabe einer jeden Personalabteilung in großen Unternehmen wie auch in staatlichen Verwaltungen gesehen – eine der großen Stärken der japanischen Wirtschaft.)

V. Produktive Meetings

Effektive Führungskräfte halten produktive Meetings ab. Die prominenteste, mächtigste und in vieler Augen effektivste Führungskraft im Amerika des Zweiten Weltkriegs und den Jahren danach war nicht etwa ein Geschäftsmann. Es war Francis Kardinal Spellman (1889–1967), das Oberhaupt der katholischen Erzdiözese von New York und Berater diverser amerikanischer Präsidenten. Spellman sagte häufig, während seiner Wachphase wäre er nur zweimal täglich für jeweils fünfundzwanzig Minuten allein, nämlich wenn er morgens in seiner Privatkapelle die Messe las und wenn er abends seine Gebete vor dem Schlafengehen sprach. Ansonsten befand er sich durchgängig in „Sitzungen" mit anderen, angefangen von einer katholischen Organisation, mit der er sich zum Frühstück traf, bis hin zu einer anderen, mit der er das Abendessen einnahm. Die Topmanager unseres Landes oder die Kabinettsmitglieder der Regierung sind nicht annähernd so von ihren Organisationen beansprucht wie es der Bischof einer großen katholischen Diözese ist. Untersuchungen über den Alltag von jüngeren leitenden Angestellten in der Wirtschaft, in Non-Profit- oder staatlichen Organisationen haben allerdings ergeben, dass sie sich gut die Hälfte ihres Tages in Meetings mit anderen befinden. (Die einzige Ausnahme bilden einige Forscher auf gehobenen Posten.) Und selbst Zeit, die man mit *einer* anderen Person verbringt, ist immer noch ein „Meeting" im strengeren Sinne.

Um also effizient zu sein, müssen Führungskräfte dafür sorgen, dass diese Meetings produktiv sind. Sie machen sie zu Arbeitssitzungen und vermeiden, dass darin bloß Unsinn fabriziert wird.

Effektive Führungskräfte wissen, dass es unterschiedliche Formen von Meetings gibt, und sie wissen ebenfalls, was eine jede dieser Formen verlangt:

- Es gibt Meetings, bei denen Erklärungen, Ankündigungen oder Pressemitteilungen vorbereitet werden sollen. Um sie zu produktiven Meetings zu machen, muss einer der Teilnehmer *vorher* einen Entwurf gefertigt haben. Und am Ende des Meetings sollte ein zuvor bestimmter

Teilnehmer die Verantwortung dafür übernehmen, dass die besprochene Mitteilung auch an die richtige Adresse gelangt.

- Es gibt Meetings, in denen man Erklärungen formuliert, die Veränderung innerhalb des Unternehmens betreffen. Damit solch ein Meeting produktiv ist, sollte man es allein auf die Erklärung und deren Diskussion beschränken.
- Es gibt Berichtsmeetings. Hier wird nichts anderes diskutiert als der vorgetragene Bericht.
  Etwas anderes ist es, wenn mehrere oder alle Teilnehmer ihre Berichte vortragen, z. B. alle Länderverantwortlichen eines großen, multinationalen Konzerns oder alle Büroleiter eines großen Ministeriums. In diesem Fall kommt entweder überhaupt kein Gespräch zustande oder es werden höchstens einige Fragen zur Klärung gestellt. Möglich wäre allerdings auch eine *kurze* Diskussion im Anschluss an jeden einzelnen Bericht, sodass die Teilnehmer Fragen stellen können, was jedoch voraussetzt, dass die Berichte allen Teilnehmern bereits vor der Sitzung vorliegen. Diese Form verlangt außerdem nach einem klaren Zeitlimit, z. B. 15 Minuten pro Bericht.
- Es gibt Meetings, in denen ein Problem, eine Entscheidung oder ein Thema besprochen werden sollen (im Idealfall nur jeweils eines). Hier empfiehlt sich die vorherige Ernennung eines Teilnehmers – und nicht des Vorsitzenden – zum *Berichterstatter*. Diese Person muss sich in das Problem, die zu fällende Entscheidung oder das Thema einarbeiten, und das hinreichend, um die Sitzung souverän leiten zu können.
- Es gibt Meetings, die von der Führungskraft zur Informationsgewinnung einberufen werden. Bei dieser Sitzung hört die effektive Führungskraft zu und stellt Fragen, wird aber ansonsten nicht länger sprechen und auch keine Präsentation abhalten.
- Schließlich gibt es Meetings, deren einzige Funktion darin besteht, dass die Führungskraft sich mal wieder zeigt. Kardinal Spellmans Frühstücks- und Dinnerverabredungen etwa gehörten eindeutig in diese Kategorie. Solche Sitzungen lassen sich schlicht nicht produktiv gestalten, sind aber trotzdem unvermeidlich, hat man erst einmal einen bestimmten Rang erreicht. Topmanager beweisen ihre Effektivität deshalb auch nicht zuletzt dadurch, inwieweit es ihnen gelingt,

diese Art Meetings aus ihrem Arbeitsalltag herauszuhalten. Kardinal Spellman beispielsweise schaffte es, indem er sie auf das Frühstück und das Abendessen beschränkte und sich so den Arbeitstag weitestgehend frei hielt.

Damit ein Meeting produktiv wird, braucht es ein hohes Maß an Selbstdisziplin. Die Führungskraft muss sich fragen: „Welche Art Meeting ist die angemessene?“ und dann bei dieser bleiben. Man kann nicht zwei oder drei Sorten Meeting miteinander verquicken.

Die Produktivität eines Meetings hängt darüber hinaus davon ab, wie konsequent das Ende eingeläutet wird, sobald der Ausgangspunkt geklärt und verabschiedet wurde. Effektive Führungskräfte bringen nun nicht ein anderes Thema auf und leiten die nächste Diskussion ein. Sie *fassen zusammen* und *beenden die Sitzung.*

Gute Führungskräfte kommen immer wieder auf die Ergebnisse abgehaltener Sitzungen zurück. Ein Großmeister dieser Disziplin war Alfred Sloan, Amerikas bekanntester CEO Mitte des 20. Jahrhunderts, und der effektivste Unternehmensführer, den ich kannte. Sloan leitete von 1920 oder 1921 bis in die Fünfziger hinein General Motors (GM) und baute das Unternehmen während der Depression zum weltweit größten und profitabelsten Automobilhersteller aus. Er verbrachte die meisten seiner sechs Arbeitstage pro Woche in Meetings – drei Tage in formellen Komitee-Meetings mit festgelegten Teilnehmern, und die anderen drei Tage in Ad-hoc-Meetings mit einem GM-Manager oder einer kleinen Gruppe von Managern. Zu Beginn der formellen Meetings pflegte Sloan ein paar Worte zu sagen, um den Zweck der Sitzung zu umreißen. Dann hörte er zu. Er machte sich nie Notizen und sprach auch selten, es sei denn, er hatte eine Frage. Am Ende fasste er das Gesagte zusammen, bedankte sich und ging. Nun aber setzte er sich in seinem Büro hin und schrieb ein kurzes Memo, in welchem er die Diskussion zusammenfasste, die Schlussfolgerungen darstellte und damit endete, die Aufgaben zu beschreiben, die man im Verlauf der Sitzung formuliert hatte (einschließlich der Entscheidung, eine weitere Sitzung zu dem Thema abzuhalten oder eine Untersuchung zu veranlassen). Im Memo wurde auch der Name des Verantwortlichen genannt, die Aufgabe und die Frist, innerhalb derer sie zu bewältigen war. Jeder Teilnehmer erhielt eine Kopie des Schreibens.

Durch diese Memos – von denen jedes ein kleines Meisterwerk für sich war – wurde Sloan zu einem auffallend *effektiven* Unternehmensführer.[3]

Und nicht zuletzt sind sich gute Führungskräfte durchaus bewusst, dass es keine „fast richtigen“ Meetings gibt. Sitzungen werden entweder produktiv gestaltet, oder sie sind blanke Zeitverschwendung.

VI Schlussbemerkung

Es gibt nur zwei Regeln, was das *Verhalten* der idealen Führungskraft betrifft, die allerdings strengstens befolgt werden sollten. Sie lauten:

- Effektive Führungskräfte denken oder sagen nicht „ich“, sondern „wir“,
- Effektive Führungskräfte sind die Ersten, die zuhören, und die Letzten, die reden.

Um es noch einmal zu betonen: Gute Führungskräfte unterscheiden sich erheblich in ihren Persönlichkeiten, Stärken und Schwächen, Werten und Überzeugungen. Sie haben nichts weiter gemein, als dass sie effektiv arbeiten, eben das Richtige tun. Es mag Führungskräfte geben, die schon als effektive Manager auf die Welt kommen. Doch die Nachfrage ist viel zu groß, als dass sie allein aus dem naturgegebenen Vorrat von „Napoleons“ gedeckt werden könnte. Effektivität ist eine Disziplin, die man lernen muss. Und diese Disziplin ist für jede Führungskraft auf jeder Ebene dieselbe, vom kleinen Abteilungsleiter bis hin zum CEO. Eine Führungskraft zu sein ist kein Privileg, sondern eine Verpflichtung. Und die *oberste* Verpflichtung dabei ist die zur *Effektivität*.

---

[3] Eine Auswahl der Memos findet man in Sloans Buch *My Years with General Motors*, erstmals 1965 publiziert, Neuauflage 1983.

Fredmund Malik

Konservatismus und effektives Management: Wege aus der Orientierungskrise

Selten zuvor haben Manager mit größerer Effizienz so viel Falsches gemacht wie seit Anfang der 1990er Jahre; – gab es zwar so viel Effizienz, aber so wenig Effektivität; – wurden so viele Unternehmen so falsch geführt.

Selten zuvor wurde und wird so viel Falsches für das Nonplusultra modernen Managements und als Ausdruck exzellenter Leadership angesehen, über die Medien verbreitet, durch Consultants empfohlen und durch zahllose MBA-Programme rund um den Globus verbreitet.

Wir haben eine Krise des Managements – eine Orientierungs-, Werte- und Effektivitätskrise. Ihre Lösung liegt im Titel dieses Buches, in der Ausrichtung der Führung in allen gesellschaftlichen Segmenten auf das, was Prof. Peter F. Drucker die *funktionierende Gesellschaft* nennt und in deren Verwirklichung durch *effektives Management.*

Beides wurde von ihm als Erstem erkannt und von ihm erstmals konsequent durchdacht und ausgearbeitet. Der Zugang zum Verständnis beider Elemente wird durch ideologische Irrtümer und die nicht abreißenden Modewellen im Management verstellt.

Orientierungsverlust und Missmanagement

Wirtschaft und Management sind seit Beginn der 1990er Jahre in entscheidenden Dimensionen aus dem Ruder gelaufen – gemessen daran, was wir über eine funktionierende Gesellschaft und über effektives Management tatsächlich wissen, und was Peter F. Drucker seit über einem halben Jahrhundert lehrt.

Der als ultimative Weisheit verbreitete Neoliberalismus und die auf der Shareholder-Doktrin aufbauende Corporate Governance haben in einem Ausmaß versagt, das selbst die entschiedenen Kritiker, zu denen ich seit Beginn dieser Fehlentwicklung gehörte, anfänglich nur erahnen konnten. Beide Irrlehren entpuppten sich als das, was sie von Anfang an waren: fehlender Sachverstand in glamouröser Verpackung.

Sie haben das Gegenteil von dem bewirkt, was ihre Befürworter vollmundig versprochen haben: Nach diesen Gesichtspunkten geführte Unternehmen wurden nicht stark, sondern schwach, und nicht wenige sind verkommen; die Aktionäre wurden nicht reich, sondern arm und haben über ihre Kursverluste hinaus noch jene Schulden, die ihnen geschichtsignorante Bankberater und Vermögensmanager nachgerade aufdrängten; Topmanager, zwar eine Minderheit, aber doch in maßgeblicher Zahl, haben durch ihr sichtbares Versagen als Unternehmensführer und durch die Bereicherungsexzesse bei Mitarbeitern und Bevölkerung die Glaubwürdigkeit der ganzen Wirtschaft verspielt. An die Stelle von Motivation sind Bitterkeit und Zynismus getreten. Statt des versprochenen Reichtums für alle haben wir eine neue soziale Frage.

Es hätte zu Beginn der 1990er Jahre eine historisch einmalige Chance gegeben, aus den Trümmern des Sowjetkommunismus und dem definitiven, nicht mehr verschleierbaren Kollaps der marxistischen Doktrin eine neue, leistungsfähige Wirtschaftsordnung und gleichzeitig eine Ordnung für eine funktionierende Gesellschaft zu schaffen. Stattdessen wurde von intellektuellen, wirtschaftlichen und politischen Führern unter dem Etikett des Neo-Liberalismus eine neue Heilslehre geschaffen. Unter Missachtung all dessen, was von Peter Drucker zu lernen gewesen wäre, hat das zu einer Denkweise geführt, die wie selten zuvor verengt ist auf das, was man puren *Pekuniarismus* nennen kann.

In Wahrheit ist diese Doktrin nicht am Wirtschaften interessiert, sondern nur an Finanzen. Der Begriff „Gewinn" wird zwar ständig verwendet; tatsächlich geht es aber fast ausschließlich um Geld. Es ist eine Denkweise, die Gesellschaft auf Wirtschaft reduziert und diese auf die Kategorie des Geldes. Unternehmensführung wird auf das verkürzt, was in Geldgrößen quantifizierbar ist. Es ist eine Denkweise, die zum Scheitern verurteilt ist, weil sie den Realitäten von Unternehmen, Wirtschaft und Gesellschaft nicht gerecht wird; sie hat es nie getan, und schon gar nicht passt sie in die Wirklichkeit einer Wissensgesellschaft. Sie richtet immensen wirtschaftlichen und sozialen Schaden an. Er besteht in der massiven Fehlsteuerung von Ressourcen und in der Vernichtung von Kapital in großem Stil. Darüber hinaus werden tiefe Verachtung und Feindseligkeit der Menschen gegenüber der Wirtschaft und ihren Repräsentanten geschaffen.

Ursprung und Zentrum dieser Art des Wirtschaftens und der Unternehmensführung sind die Vereinigten Staaten. Mit der Erfindung des Shareholder Values durch Alfred Rappaport 1986 wurde dieser zum alleinigen Führungsprinzip und einzigen Beurteilungskriterium für wirtschaftliches Handeln. Im Verbund mit dem Börsengeschehen, der Wallstreetindustrie, den Medien und der Psychologie des Publikums konnte eine Zeit lang der Eindruck entstehen, hier entstehe tatsächlich eine neue, paradiesische Wirtschaft.

Es entstand der Mythos von der starken US-Wirtschaft und das Märchen, deren Ursache sei das dort praktizierte Management. Das war die Grundlage für die unkritische, teilweise naive Nachahmung amerikanischer Gepflogenheiten in Europa und weltweit, mit Japan am ehesten als Ausnahme. Die USA wurden zum globalen Universalmodell für richtige Unternehmensführung. Wer nicht denselben Kanon sang, wurde von den Medien und Finanzanalysten geächtet.

Man ist zwei Fehlschlüssen zugleich erlegen: Erstens, selbst wenn die US-Wirtschaft stark wäre, so hätte das andere Gründe als das Management der letzten zehn Jahre. Zweitens aber – und wichtiger: die amerikanische Wirtschaft ist nicht stark. Sie ist im Gegenteil – wegen dieses Managements – schwächer als je zuvor, und sie hat ihre globale Konkurrenzfähigkeit weitgehend eingebüßt. Ob und wie schnell sie sie zurückgewinnen wird, ist abzuwarten. Die amerikanischen Wirtschaftszahlen sind aufgrund statistischer Besonderheiten systematisch geschönt. Amerika ist zum Exporteur abstruser Wirtschaftstheorien und Wirtschaftspolitik geworden.

So sicher Peter Drucker mit guten Argumenten 1942 sein konnte, dass nur die Vereinigten Staaten fähig sein würden, aus dem Debakel des Zweiten Weltkrieg heraus eine funktionierende Industriegesellschaft zu schaffen,[1] so zweifelhaft ist heute die Führerschaft der USA. Selten zuvor hat die Regierung gerade jenes Landes, in dem die richtigen Grundsätze nicht nur gedacht, sondern erstmals praktisch realisiert wurden, diese so missachtet, wie es die Bush-Administration zu genau jenem Zeitpunkt tut, wo sie am meisten benötigt würden, und die Chancen am größten wären, sie anderenorts zu realisieren, wenn sie denn nur glaubwürdig vorgelebt würden.

Die Folge der unüberlegten Übernahme einer scheinbar unfehlbaren Managementdoktrin ist eine wirtschaftliche Wüstenei in jenen Branchen, die sie besonders eifrig befolgten: der Finanzbereich, die Versicherungswirtschaft, die Telekommunikationsindustrie, ein Teil der Medien- und der Informatikindustrie. Bilanzschönung und Bilanzfälschung, Einkommensexzesse, der Egomanie entspringende Fusionen und Akquisitionen, Verschuldungsexzesse und der Verlust von Vertrauen und Glaubwürdigkeit sind die sichtbaren Ruinen.

Wie erwähnt gibt es Orientierungs-, Rat- und Hilflosigkeit in weiten Teilen des Topmanagements. Man begreift, dass an den scheinbar definitiven Wahrheiten etwas nicht stimmen kann, aber man versteht nicht, was es ist. Noch wichtiger: Man hat keine Alternative. Man spürt, dass etwas falsch ist; aber man weiß noch nicht, was richtig ist.

Diese Fehlentwicklungen sind umso schwerwiegender, als sie leicht vermeidbar gewesen wären. Inmitten der falsch geführten Organisationen, insbesondere den Wirtschaftsunternehmen, gibt es auch zahlreiche richtig und gut geführte Unternehmen, die allerdings nicht im Blickpunkt der Medien stehen. Praktisch alle Unternehmen, die in den letzten rund zehn Jah-

---

[1] siehe Peter F. Drucker, *The Future of Industrial Man*, 1942 und 1995, S 189.

ren in Schwierigkeiten waren oder untergegangen sind, wurden nach dem US-Muster des Shareholder Values geführt; und alle gesunden Unternehmen wurden nach gegenteiligen Prinzipien geführt, nach Prinzipien effektiven Managements, wie sie von Peter Drucker entwickelt wurden.

Konservatismus, Liberalismus: wahr und falsch

Die richtige Lösung war verfügbar, als 1990 der Kommunismus zusammenbrach. Sie lag in den Schriften Peter Druckers ausgearbeitet vor. Stattdessen kam eine *Karikatur* von Liberalismus in Mode, die zwar mit intellektueller Arroganz und hegemonischem Sendungsbewusstsein verbreitet wurde, aber nirgends funktioniert hat, weder in Argentinien noch in Russland, auch nicht in den USA, von wo sie stammt. Der *Neo*-Liberalismus, wie er verstanden und praktiziert wird, hat kaum Gemeinsamkeiten mit den Positionen der bedeutenden liberalen Denker.

Schon gar keine Chance hatten *konservative* Ordnungsideen. Allein das Wort „Konservatismus" widersprach dem Zeitgeist von Globalisierung, Deregulierung und allgemeiner New-Economy-Euphorie. Der heute in der Bush-Administration dominierende Neo-Konservatismus entwickelte sich eher unbeachtet von der Öffentlichkeit. Drucker grenzt sich 1995 im Vorwort zur Neuauflage seines für das vorliegende Thema wichtigsten Buches scharf von diesem ab: „ *... while 'conservative' in a very old sense, this book is not 'neoconservative' ... What we now call neo-conservative, I called 'mercantilist' in this book – and I asserted that it had become outmoded and counterproductive – I'd make the same assertion today. For neoconservatism denies rather than affirms the reality of industrial and postindustrial society. It is, in effect, only another term for nineteenth-century Manchester Liberalism that preached that economics was everything. And that is incompatible with a true conservative position.*"[2]

[2] Drucker, a. a. O., S. 9 f.

Die geeigneten Lösungen wurden übersehen oder ignoriert. Wenn schon Liberalismus, so wäre es der richtige Liberalismus statt dem Neo-Liberalismus gewesen; und – wie zu sehen sein wird – noch besser wäre gewesen, den richtigen *Konservatismus* als gesellschaftliche, politische und wirtschaftliche Leitschnur zu nehmen. Es ist der Konservatismus Peter F. Druckers, den er in seinem Buch *„The Future of Industrial Man"* im Jahre 1942 vorgelegt hat. Es hat den Untertitel *„A conservative approach"*, der ohne ersichtlichen Grund in der Wiederveröffentlichung 1995 weggelassen wurde.

Es ist besser, zu sagen, dass *Peter Drucker* in diesem Buch die *erste* und bisher *einzige* allgemeine Theorie einer *funktionierenden* Gesellschaft vorlegt. Diese Formulierung hat die Chance, Interesse zu wecken und nicht im Labyrinth zu verkommen, das sich um die Begriffe Liberalismus und Konservatismus und ihre je zahlreichen, unterschiedlichen und völlig unvereinbaren Bedeutungen entwickelt hat. Es ist unmöglich, diese beiden Begriffe zu verwenden, ohne sofort missverstanden zu werden.

Wenn der Kern beider Begriffe freigelegt wird, stößt man auf die Leitideen der amerikanischen Revolution von 1776 und auf die Väter der amerikanischen Verfassung sowie ihre englischen und schottischen Vordenker. Es ist nötig, auf diese Wurzeln zurückzugehen, um Bedeutung und Problemlösungskraft dessen einzuschätzen, was ich der Kürze halber als wahren oder echten Konservatismus bezeichne.

Der *wahre* Konservatismus ist, wie Drucker zeigt, an *Prinzipien* orientiert; der falsche Konservatismus hingegen ist auf die *Vergangenheit* gerichtet. Falscher Konservatismus will die Bewahrung oder Wiederherstellung eines früheren Zustandes, egal, welche Prinzipien diese Vergangenheit prägten.

Im Wesentlichen dieselbe Kritik am Konservatismus findet sich bei Friedrich von Hayek, der aber keine Unterscheidung von richtigem und falschem Konservatismus vornimmt, sondern den (falschen) Konservatismus zugunsten des echten Liberalismus ablehnt. Hayek sagt prägnant, dass der Konservative (in Druckers Denkweise der falsche) im Kern ein Opportunist sei und keine Prinzipien habe.[3]

Das Wesentliche ist, dass dem falschen Konservatismus die *Chronolo-*

gie wichtiger ist als die *Grundsätze*, an denen sich das Geschehen in der von ihm hochgehaltenen Vergangenheit orientierte. Der falsche Konservatismus kann sich daher problemlos ebenso in den Dienst einer freiheitlichen als einer totalitären Ordnung stellen, wenn es denn nur der Bewahrung der Vergangenheit dienlich ist. Wie Drucker klar herausarbeitet, unterscheidet sich der Totalitarismus des Revolutionärs nur in einem Punkt vom Totalitarismus des falschen Konservativen: *„He says ‚yesterday' where the declared revolutionary says ‚tomorrow'. But there is really no difference between the two absolutist utopias except in political effectiveness.“*[4]

Beide, Drucker und Hayek, weisen den Weg durch das Labyrinth der Begriffe und gelangen zur selben Basis, die sie allerdings je unterschiedlich benennen. Beide machen einen scharfen Unterschied zwischen dem *angelsächsischen* Liberalismus und dem *kontinentaleuropäischen* Liberalismus. Sie zeigen, dass der kontinentaleuropäische Liberalismus in sämtlichen Spielarten alles andere als liberal, sondern tatsächlich totalitär war. Drucker weitet das aus auf den kontinentaleuropäischen Konservatismus: *„The party on the Continent that calls itself ‚Liberal' was rationalist and absolutist; and it was completely opposed to any real freedom. The so-called Conservatives were equally rationalist and absolutist though their rationalism was a reactionary one. The nineteenth-century Continental Liberal was a product of the French Revolution; the Conservative was in reality a survival from the days of Enlightened Despotism. He was the rationalist totalitarian of yesterday.“*[5]

Echter Konservatismus findet sich auf dem Kontinent in der Bewegung der Romantik, die zwar große Erfolge in Literatur, Kunst und Wissenschaft hatte, politisch aber wirkungslos blieb. Politisch findet der wahre Konservatismus seinen Ausdruck in Deutschland in der Staatslehre von Friedrich Julius Stahl, dem einzigen konservativen Denker des Protestantismus, dem es gelingt, wie Drucker in seinem Aufsatz zeigt, die

[3] Was allerdings nicht bedeutet, dass er keine moralischen Überzeugungen haben kann; siehe F. A. von Hayek; *Die Verfassung der Freiheit*; Tübingen 1971; S. 486 (engl. Originalausgabe: *The Constitution of Liberty*, London und Chicago 1960).

[4] siehe Peter F. Drucker, a. a. O. S. 194.

[5] ebenda; S. 167.

Unveränderlichkeit einer Ordnung mit der Veränderlichkeit der Geschichte in Einklang zu bringen.[6]

Sodann muss der *amerikanische* Liberalismus von 1776 vom *englischen* auseinander gehalten werden. Drucker zeigt, dass die Revolution von 1776 nicht etwa von den zu dieser Zeit in England vorherrschenden Ideen geprägt war.[7] Im Gegenteil standen diese dazu in klarem Gegensatz, sonst hätte es keine Revolution gegeben. Ihre Orientierung bezogen sie aus dem England des Jahres 1688, der Zeit der so genannten *„Old Whigs"*, deren politische Ordnungsideen aber im England des Jahres 1776 keine Rolle mehr spielten, sondern durch denselben totalitären Absolutismus wie auf dem Kontinent ersetzt worden waren. *„The great dazzling light of the English political scene in 1776 was not Burke, not Pitt, not Blackstone, not even Adam Smith. It was that most dangerous of all liberal totalitarians, Jeremy Bentham, who had a thousand schemes to enslave the world for its own good."*[8] Erst die erfolgreiche amerikanische Revolution hat den Lehren der „Old Whigs" in England innerhalb kurzer Zeit zur Renaissance geführt und zur Immunität gegen die Irrlehren der Französischen Revolution.

So kommt denn Friedrich von Hayek auf der Suche nach einem zutreffenden Namen für den von ihm vertretenen echten Liberalismus zu keiner anderen als der alten Bezeichnung *„Old Whigs"*, weil alle anderen Bedeutungen des Begriffes „Liberalismus" in falsche Richtungen weisen. *„Es war der Name für die einzigen Ideale, die sich konsequent jeder Willkürmacht entgegenstellten."*[9]

In diesem Begriff und in diesen Idealen treffen sich Hayeks wahrer Liberalismus und Druckers wahrer Konservatismus. Drucker schreibt 1942: *„Every single one of the free institutions of England's nineteenth-century political system actually traces back to the short tenure of office of the ‚Old Whigs' who came to power because they had opposed the war with*

---

[6] Peter F. Drucker, *Fr. J. Stahl,* Tübingen 1933.

[7] Peter F. Drucker, *The Future of Industrial Man;* 162 f.

[8] ebenda, 163.

[9] siehe Hayek; a. a. O., S. 495 sowie seine Analyse in *Individualism: True and False*, Oxford 1946, wiederabgedruckt in *Individualism and Economic Order*, London 1949.

the Thirteen Colonies. ... The England of 1790 was not a very healthy and certainly not an ideal society. But it had found the basic frame for a new free society. And that frame was the principles of the ‚Old Whigs' who had been practically destroyed before the American Revolution ...".[10]

Drucker und Hayek stehen auf demselben Fundament. Sie unterscheiden sich in der Akzentuierung unterschiedlicher Aspekte dieser Ideale, und ihre späteren Interessen gelten der Entwicklung unterschiedlicher Dimensionen dieser Basis. Eine gemeinsame Bezeichnung, vielleicht *Liberalkonservatismus* oder *Konservativliberalismus,* würde Verwirrung vermeiden.[11]

Die funktionierende Gesellschaft

Auf dem Fundament der „Old Whigs" und seiner Verwirklichung in der amerikanischen Verfassung entwickelt Peter Drucker seine Theorie der *funktionierenden Gesellschaft*. Ihre Prinzipien sind heute so gültig, wie zur Zeit ihrer Entstehung. Wo immer sie auch nur ansatzweise realisiert wurden, war Entwicklung und Fortschritt die Folge. Wo immer sie missachtet oder außer Wirkung gesetzt wurden, folgte Niedergang, soziale Instabilität und Zerstörung.

Ich kann hier nicht mehr als eine grobe Skizze der grundlegenden Züge machen. Die *funktionierende Gesellschaft* Druckers besteht aus drei konstitutiven Elementen: Status und Funktion für den Einzelnen und legitime gesellschaftliche Macht. Eine Gesellschaft funktioniert, wenn der Einzelne in ihr Status und Funktion, Stellung und Aufgabe, finden kann. Ihre Macht muss legitimiert sein durch die Partizipation des Einzelnen und durch ihre Verankerung in einem höheren Ideal, in gesellschaftlich akzeptierten Werten, die oberhalb von Gesetzen und Regierungstätigkeit stehen.

[10] Drucker, a.a.O., S. 166 f.

[11] Drucker selbst verwendet den Ausdruck „liberal Conservatives" (S. 132 f.), setzt ihn aber jeweils in Anführungszeichen.

Mittels Status und Funktion integriert Peter Drucker Gemeinschaft und Gesellschaft. Status und Funktion sind das Bindeglied des Individuums zur Gruppe und der Gruppe zum Einzelnen. Status und Funktion etablieren Zweck und Bedeutung der Gesellschaft für den Einzelnen. Sie machen die Gesellschaft für das Individuum verständlich und vernünftig. Die Legitimierung von Macht bestimmt deren Verantwortlichkeit. Illegitime Macht kann nie verantwortet werden, weil es kein Kriterium für ihre Rechtfertigung und Verantwortung gibt. In einer funktionierenden Gesellschaft wird Macht als Autorität ausgeübt, und Autorität ist, wie Drucker treffend formuliert, *the rule of right over might.*[12]

Die Elemente dieser Theorie sind als solche rein formal. Sie sagen nichts darüber aus, welcher konkrete Status und welche bestimmte Funktion einem bestimmten Individuum zukommen; und sie sagen nichts über die konkrete Legitimierung von Macht in einem bestimmten historischen Kontext. Legitimität ist eine rein funktionale Kategorie; sie sagt nichts darüber aus, durch welche ethischen Werte sie fundiert ist. Legitime Macht ist auch nicht identisch mit politischer Regierung. Legitime Macht ist Herrschaft, die ihre Grundlage in gesellschaftlich akzeptierten Werten hat, in denselben Werten, die Status und Funktion des Einzelnen bestimmen.

Der Vorteil einer abstrakten, allgemeinen Theorie ist: Wenn sie stimmt, so ist sie immer gültig, muss aber jeweils neu nach den vorherrschenden Realitäten interpretiert werden. Sie umfasst daher sowohl die Dimension der Bewahrung und Stabilität durch ihre Verankerung in grundlegenden Prinzipien als auch die Dimension der Veränderung und Entwicklung durch die je neue Interpretation und Anpassung an die gegebenen Umstände. Die Theorie ist kulturneutral, und sie erklärt, warum bisherige historische Gesellschaften funktioniert haben und warum sie wieder untergegangen sind.

Formale Gültigkeit ist notwendig, aber nicht ausreichend. Funktionale Effizienz allein würde nicht genügen. Weder die Relativisten haben Recht, für die jede Gesellschaft gleichermaßen gut ist, vorausgesetzt sie funktioniert; noch haben die Absolutisten Recht, die an bestimmten Wer-

[12] Drucker, a. a.O. 36.

ten orientiert sind, aber nicht einsehen können, dass Werte nur in einer funktionierenden Gesellschaft verwirklicht werden können.

Die konservativen Prinzipien können dieses Dilemma auflösen. Es ist das Ideal einer gleichzeitig freien und funktionierenden Gesellschaft. Konservativ im Sinne der „Old Whigs“ zu sein bedeutet, einer funktionierenden Gesellschaft von freien Menschen verpflichtet zu sein. Eben hier treffen sich wahrer Konservatismus und Liberalismus inhaltlich. Das Mittel der Umsetzung ist effektives Management.

Warum Freiheit und nicht etwas anderes die gesellschaftliche Ordnung und Organisation zu bestimmen hat, wurde zu einem guten Teil schon von den schottischen Moralphilosophen des 18. Jahrhunderts begründet und von F. A. von Hayek in eine heute verständliche Sprache gebracht.[13] Es geht um, wie Peter Drucker klarer als andere darlegt, Freiheit nicht als Ziel, sondern als *Organisationsprinzip* des sozialen Lebens, resultierend aus der Unvollkommenheit des Menschen und gleichzeitig seiner Verantwortlichkeit.

Eine freie Gesellschaft ist eine Gesellschaft, in der jede Macht, besonders die der Regierung auch und gerade in der Demokratie, limitiert und kontrolliert ist, in der auch die Mehrheit keine unbeschränkte Macht hat. Es ist eine Gesellschaft, in der Regierungsgewalt (z. B. beruhend auf Wahlen) und soziale Herrschaft (z. B. beruhend auf Privateigentum) separiert sind und in Konkurrenz stehen; in der der Einzelne seine eigenen Fähigkeiten und sein Wissen in den Dienst seiner eigenen Ziele stellen kann, die er frei wählen kann, solange sie mit der Freiheit anderer vereinbar sind. Es ist eine Gesellschaft, die die größtmögliche Nutzung von Information und Wissen ermöglicht, daher das vergleichsweise größte Fortschrittspotenzial und die größte Anpassungsflexibilität hat. Nur aus dieser Sicht lassen sich Gesellschaft und Wirtschaft integrieren, lässt sich der Markt als Koordinierungsmechanismus verstehen und richtig einsetzen, und lassen sich ökonomische und soziale Zwecke vereinbaren.

[13] Vgl. F. von Hayek; *Law, Legislation and Liberty*, 3 Bände, London 1973–1979.

Funktionierende Institutionen und effektives Management

Für die Realisierung ihrer Werte, Zwecke und Ziele braucht eine funktionierende Gesellschaft funktionierende Institutionen, von Regierungsbehörden bis zu Wirtschaftsunternehmen, von Schulen bis zu Krankenhäusern. Sie ist eine Gesellschaft von Organisationen. Deren Funktionsweise muss, angepasst an das jeweilige Sachgebiet, denselben Prinzipien entsprechen wie die Gesellschaft als Ganzes. Sie müssen ihren Mitgliedern Status und Funktion geben, und ihre Macht muss legitimiert sein durch Werte, die gesellschaftlich akzeptiert sind. In der Sprache von Systemwissenschaften und Kybernetik würde man sagen, dass eine funktionierende Gesellschaft *rekursiv* aufgebaut sein muss, dass sich das Ganze im Teil findet und der Teil dem Ganzen entspricht. In der physikalischen Chaostheorie wäre von Fraktalen die Rede. Das Rekursionsprinzip ist eines der wichtigsten Architektur- und Funktionsmuster der Natur und ihrer Evolution.[14]

Die funktionierende Gesellschaft braucht auch funktionierende Vorgehensweisen.[15] Das führt unmittelbar zu effektivem Management oder wirksamer Führung, wie ich es auch nenne,[16] denn es sind die Organisationen der Gesellschaft, die Management – Gestaltung, Lenkung und Entwicklung[17] – brauchen: Mit ihnen wird Management und dessen Effektivität relevant. Die Anforderungen, die zu stellen sind, sind im Wesentlichen folgende:

---

[14] An dieser Stelle ist vielleicht der Hinweis nützlich, dass die Evolutionstheorie nicht von Charles Darwin geschaffen wurde (und dass diese auch gar nicht in den Naturwissenschaften entstanden ist), sondern lange vor Darwin in den damals so genannten Moral Sciences durch die erwähnten schottischen Moralphilosophen des 18. Jhs. Ohne Zweifel hat Darwin ihre Schriften gekannt, bevor er seine „Origins …" schrieb. Siehe dazu F. A. Hayek, *Law, Legislation and Liberty*, Band 3, S. 154.

[15] Siehe dazu das Werk von Hans Albert u. a., *Traktat über rationale Praxis*, Tübingen, 1978.

[16] Siehe mein Buch *Führen Leisten Leben – Wirksame Führung für eine neue Zeit*, Stuttgart/München 2000; 16. Auflage 2004.

[17] Im St. Galler Verständnis der Systemorientierten Managementlehre haben wir Ma-

1. Jede Organisation ist nach den Struktur- und Funktionsprinzipien *lebensfähiger Systeme* zu gestalten. Dazu liegen die bahnbrechenden Arbeiten des englischen Managementkybernetikers, Prof. Stafford Beer,[18] zum sogenannten Model of Viable Systems vor, der die Kybernetik auch als *Science of Effective Organization* bezeichnet.
   Stafford Beer verwendet zwar eine andere Terminologie als Peter Drucker; ihre Arbeiten sind inhaltlich aber gänzlich kompatibel. Drucker erkannte früh die Bedeutung des neuen Weltbilds, auf dem Beers Model of Viable Systems beruht. In seinen *Landmarks of Tomorrow,* 1957, behandelt er explizit die Bewegung von einer cartesisch-mechanistischen Perspektive zu einem Weltbild, das von der Idee der Konfiguration, der Gestalt, oder wie wir heute sagen, des Systems geprägt ist. Im Vorwort zur Wiederauflage dieses Buches bemerkt Drucker 1996, dass an diesem Weltbild genau jene Wissenschaften orientiert sind, die in den letzten 30 oder 40 Jahren die größten Fortschritte erzielten, während die Philosophie selbst davon noch nicht erfasst ist. Ich möchte dazu ergänzen: leider auch nicht Managementlehre und Managementpraxis, obwohl gerade dort Pionierarbeit geleistet wurde.[19]

2. Für effektives Management und eine funktionierende Gesellschaft ist die Corporate Governance und – verallgemeinert – was als Institutional Governance bezeichnet werden kann, kompromisslos von jeder Orientierung an Interessengruppen zu lösen. Unternehmen dürfen nicht zum Objekt von Partikularinteressen und wechselnden

nagement früh als „Gestaltung, Lenkung und Entwicklung von produktiven sozialen Systemen" verstanden. Siehe Ulrich, H., *Die Unternehmung als produktives soziales System*, Bern 1968.

[18] Siehe u. a. Stafford Beer, *Decision and Control*, London 1966 und *The Heart of Enterprise*, London 1979.

[19] Siehe dazu die Schriften zur Systemorientierten Managementlehre, die ab Ende 1960er Jahre von Prof. Dr. Hans Ulrich an der Universität St. Gallen initiiert und maßgeblich geprägt wurde. Für die explizite Integration des Modells lebensfähiger Systeme mit den Arbeiten Friedrich von Hayeks zu den spontanen Ordnungen und den Schriften von Peter F. Drucker darf ich auf mein Buch *Strategie des Managements komplexer Systeme,* Bern 1984, 8. Auflage 2003, verweisen.

Machtverhältnissen von Interessengruppen werden, weder einer einzelnen Gruppe, wie das der Shareholder Approach fordert, noch aller in Frage kommenden Gruppen, wie das durch den Stakeholder Approach geschieht.

Ins Zentrum zu stellen ist das Unternehmen selbst.[20] Daraus folgen die entscheidenden Fragen: *Was ist ein gesundes, starkes, lebensfähiges, eben funktionierendes Unternehmen? Was ist der Zweck eines Unternehmens, was muss er sein? Welche Funktion kommt dem Unternehmen in Gesamtwirtschaft und Gesamtgesellschaft zu? Welchen Beitrag hat es zu leisten? Was müssen seine Ziele und Leistungen sein, nach welchen Gesichtspunkten ist es zu führen und zu beurteilen?*

Drucker hat die Antworten gegeben. Es ist der vielleicht entscheidendste Fehler der 90er Jahre gewesen, dass aufgrund des Einflusses, den das Buch von A. Rappaport über den Shareholder Value hatte, der Unterschied zwischen den Interessen der Shareholder und den Funktionsbedingungen eines gesunden Unternehmens aus den Augen verloren wurde und heute von einem Großteil der jüngeren Manager nicht mehr verstanden wird. Ganzheitliche Unternehmensführung degenerierte dadurch zu rein finanzwirtschaftlicher Führung. Man glaubte, Erfahrung und Urteilskraft durch finanztechnische Kennziffern ersetzen zu können. Man verwechselte Gewinn mit wirtschaftlich-unternehmerischer Leistung. Die Wirtschaft wurde zum Spielfeld von Deal-Makern und Spekulanten, und schließlich kollabierte das System in der Fälschung von Bilanzen und einem Sumpf von Korruption und Wirtschaftskriminalität.[21]

---

[20] Siehe dazu das Gesamtwerk von Peter Drucker. Er hat diesen Ansatz konsequent in allem vertreten, was er zu Management geschrieben hat, vom Zweck des Unternehmens über Strategie und Struktur bis zu den Fragen der Menschenführung.

[21] Ich habe 1997 in meinem Buch über *Wirksame Unternehmensaufsicht* die Gefahren des Shareholder Value Approach dargestellt, und in den späteren Auflagen, die unter dem Titel *Die Neue Corporate Governance*, Frankfurt 1997 und 2002 erschienen sind, den unternehmensschädigenden Charakter und die soziale Gefährlichkeit dieser Art der Unternehmensführung behandelt.

3. Effektives Management ist als ein *Beruf* zu verstehen; weder als eine Berufung für außergewöhnliche Menschen noch als ein Hobby für Amateure. Management hat den Prinzipien beruflicher Professionalität zu entsprechen, wie wir das in allen sonstigen Berufen finden und als selbstverständlich voraussetzen, beim Schreiner wie beim Orchesterdirigenten.
   Das richtet die Aufmerksamkeit auf das Lern- und Lehrbare an Management. Es richtet sie auf die Handwerklichkeit, auf die Aufgaben, die Werkzeuge und die Grundsätze richtiger Führung. Es richtet sie auf die Verantwortung – und nach den Debakeln der letzen zehn Jahre stellt sich auch neu die Frage nach der Haftung von Topmanagern. Peter Drucker hat bereits 1942 festgestellt und das als wichtigstes Ergebnis seiner damaligen Analyse bezeichnet: *„Managerial power today is illegitimate power."*[22] Daran hat sich bis heute nichts geändert. Dieses Problem ist durch die Exzesse der Boom-Epoche schärfer sichtbar geworden denn je, und seine Lösung ist dringlicher denn je.
   Effektives Management steht konträr zu den Obszönitäten der Heroisierung und Idealisierung von Top-Executives; es ist gegen die wieder erwachte Leichtfertigkeit und historische Blindheit der Verherrlichung von Leadership gerichtet; es ist gegen Personenkult und Egomanie. Unternehmen stehen nicht im Dienste der Selbstverwirklichung von Managern, sondern Manager haben sich umgekehrt in den Dienst des Unternehmens zu stellen. Personalentscheidungen und Personalführung haben der Verwirklichung dieser Perspektive zu dienen.
   Effektives Management ist aber nicht nur Management in und von Organisationen, sondern es ist in der Post-Sozialstaatsgesellschaft und in der Wissensgesellschaft vor allem Selbstmanagement, es ist Self-Governance: des Individuums und aller Dimensionen seines sozialen Lebens als Teilsystem im System der Gesellschaft.

Im Lichte der unaufhörlich auftauchenden und wieder verschwindenden Modewellen, von denen Management durchseucht ist, der auf- und ab-

[22] Drucker, a. a. O.; 75.

steigenden Gurus, der selbst berufenen Apostel neuer Heilslehren, der ständigen Suche nach Wunderlösungen, dem Opportunismus der Consulting- und Trainerbranche und den unstillbaren Eitelkeiten der akademischen Welt, nenne ich die aufgestellten Forderungen *konservativ* – im Sinne Peter F. Druckers und einer funktionierenden Gesellschaft.

Die Prinzipien, die Drucker als echten Konservatismus herausarbeitet, sind umso wichtiger, als Wirtschaft und Gesellschaft durch eine der geschichtlich größten und tief greifendsten Transformationen gehen, die er selbst als erster erkannt hat, nämlich der Umwandlung von der Industrie- zur Wissensgesellschaft. Die Situation hat große Ähnlichkeit mit jener, die Drucker in seinem Buch *The Future of Industrial Man* beschreibt. Es ist makaber, dass auf dem Weg zur *postkapitalistischen* Gesellschaft,[23] wie Drucker sie auch nennt, der Vulgärkapitalismus noch einmal einen Boom erlebt und als wegweisende Ordnungsform missverstanden werden konnte.

Wir wissen nicht, wie die neue Gesellschaft aussehen wird. Aber es ist klug, davon auszugehen, dass sie grundverschieden von der industriellen Gesellschaft in fast allem sein wird. Die Komplexität der neuen Gesellschaft, die Realitäten von Wissen als Ressource, des Wissensarbeiters und der Wissensarbeit erfordern neue Zwecke und Ziele, neue Institutionen, neue Statusformen und Funktionen für die Menschen, und es wird eine neue Legitimation gesellschaftlicher Macht benötigt, nachdem weder Privateigentum noch managerielle Position noch auch demokratische Entscheidungsprozesse allein weiterhin Legitimierungskraft haben werden.

Peter Druckers auf konservativen Prinzipien beruhende Theorie der funktionierenden Gesellschaft und effektives Management werden die Orientierungspunkte sein – genau wie beim Übergang von der merkantilistischen zur industriellen Gesellschaft.

[23] Siehe sein Buch *The Postcapitalist Society*, New York 1993.

Literaturverzeichnis

Albert, Hans, *Traktat über rationale Praxis*, Tübingen 1978
Beer, Stafford, *Decision and Control*, London 1966
- *The Heart of Enterprise*, London 1979

Drucker, Peter F., *The Future of Industrial Man*, 1942 und 1995
- *Fr. J. Stahl*, Tübingen 1933
- *The Postcapitalist Society*, New York 1993

Hayek, Friedrich A. von, *Die Verfassung der Freiheit*, Tübingen 1971 (engl. Originalausgabe: *The Consitution of Liberty*, London und Chicago 1960)
- *Individualism: True and False*, Oxford 1946, wiederabgedruckt in *Individualism and Economic Order*, London 1949
- *Law, Legislation and Liberty*, 3 Bände, London 1973 - 1979

Malik, F., *Führen Leisten Leben - Wirksames Management für eine neue Zeit*, Stuttgart/München 2000; 16. Auflage 2004
- *Die Neue Corporate Governance*, Frankfurt 1997 und 2002
- *Strategie des Management komplexer Systeme*, Bern 1984, 8. Auflage 2003

Ulrich, H., *Die Unternehmung als produktives soziales System*, Bern 1968

Bill Emmott

Der Herausgeber als Manager: mehr als nur ein Dirigent

Die Rolle eines Herausgebers, sagte einst ein bemerkenswerter (und erfolgloser) amerikanischer Präsidentschaftskandidat in den 1950ern, Adlai Stevenson, besteht darin, den Weizen von der Spreu zu trennen – und dann die Spreu zu veröffentlichen.

Wenngleich es sich hierbei um einen Scherz handelte, noch dazu einen, den ein Politiker riss, der von der Sensationslust und Trivialitätsbesessenheit der Presse frustriert war, haben wir es keineswegs mit einer Ausnahmemeinung zu tun. Vielmehr stehen die meisten Menschen in den reicheren Ländern den Medien recht ambivalent gegenüber: Sie schätzen sie als unabhängige Kraft, Informationsquelle und Unterhaltungsinstrument jenseits der Machtzentren von Politik und Wirtschaft, aber sie misstrauen ihnen auch, halten sie für unzuverlässig, von Trivialitäten besessen und irgendwie skurril. Zum Teil entspringt diese Einstellung unmittelbar den Verbrauchervorlieben. Drehen wir die Ambivalenz einmal um, dann hätten die Menschen gern Medien, die verlässlicher, verantwortungsvoller und weniger sensationshungrig sind; doch wie bei allen Produkten würden sie auch dieses nicht kaufen, wenn es langweilig, übertrieben ernst und in gewisser Weise lebensfremd wäre.

Für Herausgeber bedeutet diese Ambivalenz, beständig einen heiklen Balanceakt vollführen zu müssen: Der Ruf, und mit ihm das Vertrauen der Leser, ist lebenswichtig, aber zugleich wollen die Leser auch provoziert, stimuliert, unterhalten und überrascht werden. Entsprechend schwierig stellt sich die Managementaufgabe dar: Da gilt es, ein Team von sehr individuellen, skeptischen Journalisten dahingehend anzuleiten und zu motivieren, dass sie originelle, kreative und stimulierende Beiträge für ein klar ausgerichtetes Produkt abliefern, dessen Zweck und Identität den existierenden wie potenziellen Lesern verständlich sind und deren Misstrauen gegenüber Irrtümern, Vorurteilen und Übertreibungen man begegnen muss – von möglichen Verleumdungsklagen ganz zu schweigen.

Das Hollywood-Klischee des typischen Herausgebers zeigt als Standards den grünen Sonnenschutz über den Augen, Trunkenheit zu jeder Tages- und Nachtzeit und den willkürlichen Gebrauch von Angst als Managementmethode. Aus Sicht einer Business School würde man wahrscheinlich eher die Aspekte betonen, die dazugehören, eine Gruppe kreativer Individuen zu führen, sprich: mit einem Kapital zu wirtschaften, das, gemäß dem Klischee, das Firmengebäude Nacht für Nacht verlässt. Beide Extreme bergen ein Körnchen Wahrheit, und die Methoden der unterschiedlichen Herausgeber variieren ebenso sehr wie die unterschiedlichen Firmenchefs. Genau genommen sogar noch mehr, denn was den Herausgeber vom kommerziellen Manager unterscheidet ist, dass er in den meisten Fällen seinen Posten ohne jegliche Führungserfahrung und erst recht ohne Führungstraining antritt. Herausgeber mit MBA-Abschlüssen sind äußerst rar gesät. Viele verdanken ihre leitende Stellung ihrem Schreibtalent, was an sich ein recht einsamer Zeitvertreib ist, nicht aber ihren Führungsqualitäten.

Trotzdem müssen sie schnell lernen, was Management bedeutet, denn zu ihrer Rolle gehört weit mehr als gut schreiben zu können. Dieser Autor und Herausgeber kann nicht für andere Herausgeber sprechen, deren Erfahrungen in bestimmten Bereichen ganz anders aussehen können als seine. Doch aufgrund seiner eigenen Erfahrung aus über elf Jahren Chefredaktion bei *The Economist* kommt er zu einer klaren Schlussfolgerung. Danach ist die beste Herangehensweise an die Aufgabe eine, die auf den ersten Blick paradox wirken mag, wenn man bedenkt, dass Journalismus eine kreative, das Establishment erschütternde und von Skeptik geprägte Tätigkeit ist: Nämlich dass es auf ziemlich konservative Qualitäten wie strikte Disziplin, Detailversessenheit und Übereinstimmung von Produktinhalt und Design geht.

Vielleicht lohnt es sich, mit dem letzten Kriterium zu beginnen, weil wir damit jenen Managementansatz ansprechen, der sich dem Wesen des jeweiligen Kunden anzupassen hat. Eine Veröffentlichung, sei sie täglich, wöchentlich (wie *The Economist*) oder monatlich, ist insofern eine ungewöhnliche Produktart, als sie mit jeder Ausgabe neu erfunden und neu gestaltet werden muss. Und genau das ist der Punkt: Im Gegensatz zu einem Schokoriegel oder einem Auto kaufen Kunden dieses Produkt, weil sie Veränderung kaufen wollen, mit anderen Worten: Sie kaufen die neuen Nachrichten, die neuen Ideen, die neuen Artikel und die neuen Daten. Sie allerdings dazu zu bringen, es täglich, wöchentlich oder monatlich zu tun, setzt voraus, ihnen überzeugend zu vermitteln, dass sich unter all dem Neuen eine Menge Kontinuität und Konsistenz verbirgt, dass die Nachrichten und neuen Ideen in einem konsequenten Format erscheinen, konsequenten Prinzipien entsprechen, von einer konsequenten Gruppe von Menschen zusammengestellt und nach einer konsequenten Methode gestaltet wurden.

Jeder Herausgeber, der schon einmal versucht hat, sein Blatt umzugestalten, wird erkannt haben, wie ungewöhnlich resistent die Leser gegen Veränderungen sind. Im Mai 2001 führten wir bei *The Economist* die grundlegendste Veränderung in der Geschichte des Blattes ein, noch dazu die erste seit 1987, die ein wahrlich wagemutiger Schritt war, denn immerhin sollte die Zeitung fortab durchgehend vierfarbig gedruckt werden. Wir vollzogen diesen Schritt zehn Jahre später als viele andere, und gewiss einige Jahre später als die meisten großen Blätter.

Für unseren späten Wandel gab es mehrere Gründe. Zum einen waren da die Kosten, denn bis ungefähr 2000 war der Vierfarbdruck ausgesprochen teuer und hätte zudem eine komplette Umstellung der Produktions- und Redaktionsplanung erfordert, wodurch das Blatt an Aktualität eingebüßt hätte. Ein weiterer, nicht minder wichtiger Faktor war die erklärte konservative Haltung unserer Leser, die durch Umfragen bestätigt worden war. Nicht dass sie etwas gegen Farbe gehabt hätten, aber sie machten sich Sorgen, der Übergang zum Vierfarbdruck könnte ein Signal sein für weiter greifende Veränderungen im journalistischen Ansatz von *The Economist*: Die Zeitschrift würde vielleicht bunter und mehr bild- statt textzentriert werden, also sensationeller, dafür aber weniger seriös.

Bis 2001 war die Informationstechnologie so weit gediehen, dass sich ein Vierfarbdruck zu moderaten Mehrkosten und ohne größere Auswirkung auf unsere Planung realisieren ließ. Hinzu kamen Umfragen unter unseren Lesern (zum fraglichen Zeitpunkt waren es ungefähr 800.000, von denen 45 Prozent in Nordamerika und 45 Prozent in Europa lebten; während ich diesen Text schreibe, 2004, sind es 930.000, die sich in etwa gleich verteilen), nach denen sie sich hinreichend an den Farbdruck in anderen Blättern gewöhnt hatten, dass eine bunte Ausgabe des *Economist* bei ihnen keine Besorgnis mehr hervorrufen würde. Sie betrachteten Farbdruck nicht mehr als sicheres Zeichen für den beginnenden Abstieg.

Nichtsdestotrotz wollte die Einführung des Vierfarbdrucks behutsam angegangen werden. Unsere Aufgabe bestand zunächst einmal darin sicherzustellen, dass das neue Design zwar das Aussehen des Blattes veränderte, nicht aber den Rest, also die Essenz. Um das deutlich zu machen, mussten wir zwei Prinzipien folgen, wie sich herausstellte. Das erste war, die Farbe und die neuen Designelemente bestmöglich dem inhaltlichen Anspruch anzupassen, sprich: Informationen klar zu transportieren, mit einem Minimum an Jargon oder dekorativem Beiwerk, und bei den Artikeln das Hauptgewicht auf Qualität und Nutzen zu legen statt auf Länge (beziehungsweise auf Größe, wenn es um Bilder geht). Unser zweites Prinzip war die eindeutige Botschaft, dass das Design dem Magazin und damit letztlich dem Leser dienen sollte, nicht aber es und so auch ihn dominieren.

Im Editorial des *Economist* in der Woche nach der Einführung des neuen Designs schrieb ich: „Ein gutes Design sollte, wie ein guter Schreibstil, eher im Hintergrund bleiben. Es dient den Herausgebern wie den Lesern gleichermaßen und ist nicht ihr Herr. Ich hoffe, Sie werden sich schon in ein paar Monaten mit unserem neuen Diener arrangiert haben und ihn als natürlichen Bestandteil des *Economist* betrachten.“

Glücklicherweise erwies sich meine Hoffnung als durchaus berechtigt. Die anfänglichen Leserreaktionen allerdings waren sehr gemischt – womit wir auch gerechnet hatten. Viele Leser schrieben uns, um uns mitzuteilen, dass sie entsetzt seien, das alte Design zurück haben wollten, einen deutlichen Verfall hin zum Billigblatt wahrnähmen oder ähnliche

Veränderungen zum Negativen, die ihnen Sorge bereiteten. Diese Bedenkenträger machten zum Glück nicht die Mehrheit der Leserbriefschreiber aus, und schon bald sollte sich herausstellen, dass die meisten Leser die neue Aufmachung entweder mochten oder gar nicht beachteten. Indem wir uns konservativ gaben – die Betonung beim neuen Design auf Kontinuität und Konsistenz legten statt auf Veränderung als Selbstzweck –, gelang uns der Balanceakt recht gut, zum einen unsere bestehende Leserschaft nicht zu vergällen und uns zum anderen die Möglichkeit zu eröffnen, neue Leser zu gewinnen.

Ähnliches gilt auch für die Identität eines Blattes. Erfolgreiche Zeitungen und Magazine sind jene, die eine klare Identität transportieren, sich einem Ansatz und einem Ziel verschreiben, dem sie treu bleiben. Hier verhält es sich nicht anders als im Produktdesign und Branding allgemein: Entscheide, warum deine Käufer dein Produkt kaufen wollen sollten, und dann bleib dabei, dieses Produkt anzubieten, und sorg dafür, dass es zu den Werten und Ideen der Marke passt. Peter Drucker würde es wahrscheinlich so ausdrücken, dass es wenig mit einer „Geschäftstheorie" (um seinen bekannten Ausdruck zu zitieren) zu tun hat, sondern mit einer „Theorie des Blatts": einem klaren und einfachen Verständnis dafür, warum die Kunden das eigene Blatt kaufen oder kaufen sollten.

Erfolgreiche Zeitungen und Zeitschriften experimentieren mit dem Denken ihrer Leser oder überraschen sie. Aber das können sie nicht, indem sie ihre Blätter zu einer willkürlichen Ansammlung von Artikeln machen oder gar einer willkürlichen Abfolge von Denkansätzen. Eine Zeitung oder ein Magazin muss im Wesentlichen vorhersagbar sein, sonst sehen die Leser nicht ein, warum sie sie oder es regelmäßig kaufen sollten – statt gelegentlich, weil sie sich zufällig für eine Ausgabe interessieren. Natürlich wird es immer Leser geben, die ein Blatt nur dann und wann kaufen, aber sie sind in der Minderheit. Die meisten nämlich schätzen den organisatorischen Vorteil eines regelmäßigen Bezugs, weshalb sie eher eine langfristige Bindung zu einem Blatt eingehen. Markenloyalität ist sowohl ein Wunsch der Leser als auch ein kostbares Gut, das gehegt und gepflegt sein will, da sie die Grundlage für ein stabiles Geschäft bildet, das wenig Marketingkosten verursacht und einen steten Geldfluss sichert.

Die besten Experimente oder die besten Überraschungen sind daher solche, die auf konservative Weise zustande kommen. Dafür brauchen sie weder verhalten noch streng zu sein, denn sie sollen die Markenloyalität nicht gefährden, sondern festigen. Deshalb müssen sie sich ganz klar an der Identität und dem Schwerpunkt des Blattes ausrichten. Ein neueres Beispiel aus *The Economist* war der Artikel, mit dem auf der Titelseite Partei ergriffen wurde für die Homosexuellenehe („The case for gay marriage“, 28. Februar 2004). Dieser Titel schockierte viele Leser, entsprach aber ganz und gar unserer „Marke“, denn unser Blatt zeichnet sich seit 160 Jahren durch einen konsequenten Liberalismus aus. Auch sonst haben wir unsere Leser manches Mal verschreckt, so etwa durch anstößige Titelbilder wie jenen Cartoon von einem Kaktus, der eine obszöne Geste macht (20. September 2003), den wir anlässlich des Abbruchs der Handelsgespräche in Cancun brachten. Damit haben wir einige unserer Leser verärgert, doch aus den zahlreichen Leserbriefen, die wir erhielten, konnten wir ersehen, dass für die meisten von ihnen ein gewagter und leicht provozierender Titel wie dieser durchaus dem entsprach, was sie von unserem Magazin erwarten. Im Gegensatz dazu wäre eine plötzliche Titelgeschichte über eine Berühmtheit oder ein Sportidol weit jenseits dessen, was man sich unter unserer Art des Journalismus vorstellt. Sie wäre zwar nicht schockierend mit Blick auf die Gefühle der Leser, würde aber das Markenimage erschüttern.

* * *

Natürlich wollen Journalisten Dinge wagen. Eine der Aufgaben des Herausgebers besteht darin, die richtigen Journalisten einzustellen und ihnen die Chance zu geben, genau das zu tun. Keine namhafte Zeitung und kein namhaftes Magazin gelang dahin, wo sie oder es steht, weil der Herausgeber sich Journalisten aussuchte, die brav seinen Anweisungen folgten und denen man genau sagen konnte, was sie wie zu schreiben hätten. Ein kreatives Produkt voller Informationen und Ideen muss von unten nach oben kreiert werden, nicht umgekehrt. Es kann nur das Ergebnis der intellektuellen und kreativen Bemühungen einer ganzen Gruppe von Individuen sein.

Erschwerend kommt hinzu, dass die besten Journalisten eher selten begnadete Teamplayer sind. In Gruppen funktionieren sie nicht sonderlich gut. Sie sind von Natur aus Forscher, Fragensteller, Ermittler – ja Menschen mit einem ganz eigenen Bild der Realität. Sie sind nämlich wie Historiker oder Managementtheoretiker gefordert, ein glaubwürdiges Bild der Wirklichkeit zu zeichnen, ohne dabei mit hundertprozentiger Gewissheit sagen zu können, wie genau diese Wirklichkeit aussieht. Sie müssen ihr Bild auf Fakten und detaillierte Nachforschungen gründen, brauchen aber zugleich auch etwas Visionäres, um erkennen zu können, wozu sich die Fakten und Nachforschungen summieren. Sie sind Außenseiter, die Außenseiter bleiben müssen, wollen sie sich ihre Unabhängigkeit, ihre Kühnheit, ihren Skeptizismus und ihre Fähigkeit, neue Ideen und Visionen hervorzubringen, erhalten.

Dem Herausgeber fällt also die Aufgabe zu, ihnen den Raum, die Ermutigung und das Vertrauen zu geben, hinauszugehen und ihre eigenen Entdeckungen zu machen sowie neue Ideen zu entwickeln. Die Rolle des Herausgebers wird häufig mit der eines Orchesterdirigenten verglichen: Er gibt das Tempo vor und koordiniert das Zusammenspiel, die Instrumente aber werden von den Musikern gespielt, einschließlich der virtuosen Soli. Ich finde diesen Vergleich nicht ganz passend, denn in den besten Zeitungen und Magazinen spielen Journalisten nicht bloß die virtuosen Partien, sondern sie komponieren die Musik auch. Der Verleger als Dirigent gibt das Tempo vor und agiert als Koordinator für eine Gruppe von Menschen, die ihre Partituren sowohl erfinden als auch spielen.

Die einzige Methode, wie dies einem Herausgeber gelingen kann, ist die, die Freiheit der Schreiber durch eine klare und strikte Disziplin einzugrenzen. Diese Disziplin nimmt dreierlei Formen an: Die eine ist die der Markenidentität, des konsistenten Konzepts, wie es bereits vorher erläutert wurde und jedem einzelnen der Journalisten vertraut sein sollte; innerhalb dieser Markenidentität genießen die Schreiber absolute Freiheit, außerhalb gar keine. Die zweite Disziplin ist die professionellen Stils und Methodik; gemeint ist die klar formulierte Erwartung oder Aufforderung, dass die Schreiber ihre Arbeit mit der gebührenden Sorgfalt erledigen, einen analytischen Ansatz wählen und sich gegenüber ihren Quellen sowie anderen Außenstehenden fair und moralisch einwandfrei verhalten, indem sie beispielsweise Menschen, über die sie Artikel schreiben, diese vor dem Druck einsehen und zweifelhafte Inhalte richtig stellen lassen. Der beste Herausgeber macht seinen Journalisten klar, dass sie, sofern sie sich an die Grunddisziplinen halten, sich in jedweder Situation – selbst im Falle einer Verleumdungsklage – der vollen Unterstützung des Herausgebers sicher sein können. Sollten sie allerdings gegen eine der Grundregeln verstoßen, sind sie draußen.

Die dritte Disziplin ist vielleicht eher eine Untergruppe der zweiten oder ein Ansatz, der *The Economist* eigen ist, von dessen Herausgeber jedoch für so wichtig gehalten wird, dass sie hier unbedingt erwähnt werden sollte. Im Wesentlichen geht es dabei um die Harmonie von Inhalt und Sprache, insbesondere in dem Fall, da eine explosive oder kontroverse These in einem Artikel erhoben wird. Mit anderen Worten: In solchen Fällen ist es immer besser, ein wenig zu untertreiben statt zu übertreiben. So weit irgend möglich sollte man die Fakten für sich sprechen lassen und es vermeiden, Behauptungen in die Welt zu posaunen. Angesichts der Verlockungen der Publicity und der Notwendigkeit, mittels fesselnder Schlagzeilen das Produkt zu verkaufen, gehört dieses Prinzip eher zu jenen, die man erst wahrnimmt, wenn vehement gegen sie verstoßen wird. Trotzdem ist es ausgesprochen wichtig und sollte jederzeit befolgt werden. Im Enthüllungsjournalismus nämlich kann man davon ausgehen, dass Fakten, die nicht ausreichend für sich selbst sprechen, ein ziemlich sicheres Indiz dafür sind, dass mit der Story und entsprechend mit dem Journalismus etwas nicht stimmt.

Die drei genannten Disziplinen entspringen einer konservativen Geisteshaltung. Die Managementaufgaben eines Herausgebers bestehen nun einmal darin, individuellem Journalismus die Möglichkeit zu geben, so kreativ, originell und abenteuerlich wie möglich zu sein, was wiederum nur dann zu einem großartigen Produkt führen kann, wenn klare und strikte Rahmenbedingungen vorgegeben werden.

* * *

Der Herausgeber als Manager definiert die Marke durch sein Produktdesign und seine Produktideen. Er gibt die Verlagsstrategie vor und lenkt seine Journalisten in die richtige Richtung. Vor allem aber spricht ein bestimmter Aspekt dafür, dass diese Aufgabe am besten zu bewältigen ist, wenn man sich konservativen Werten verschreibt. Es ist die absolute Notwendigkeit der Detailbeobachtung, ohne welche die weltbesten Publikationen nicht dort stünden, wo sie stehen. Viele Manager heutzutage sagen, sie „würden sich nicht für Details interessieren", was ein fataler Fehler ist. Ein Herausgeber, der sich nicht um Details schert, wird nie ein guter und schon gar kein erfolgreicher Herausgeber.

Der große Architekt Mies van der Rohe sagte einmal: „Gott steckt in den Details." Nirgends trifft dieser Satz so sehr zu wie im Verlagswesen. Eine Zeitung oder ein Magazin ist eine Sammlung winziger Details, die zusammen ein interessantes Ganzes ergeben sollen. Wie bereits oben erwähnt, wird ein Blatt mit jeder Ausgabe neu erfunden. Daher muss man sich den vorgegebenen Rahmen wie eine Art Gussform vorstellen, in die man den Inhalt gibt, damit er die entsprechende Gestalt annimmt, nicht aber wie ein Gerüst, bei welchem die einzelnen Elemente tragfähig und in festen Strukturen vorgegeben sind.

Detailgenauigkeit ist in vielerlei Hinsicht von Bedeutung. Vor allem ist sie für den Leser wichtig. Inkonsistenz im Stil oder in der Behandlung eines Themas, mag es sich auch um noch so triviale Dinge handeln – etwa ob von einer Person gleich bei der ersten Nennung oder erst bei der zweiten als von „Herrn ..." geschrieben wird, ob der Premierminister durchgängig mit Namen genannt wird oder ob wir „Photographie" oder „Fotografie" schreiben –, ist letztlich nicht wichtig, sondern lediglich, dass wir bei einer Form bleiben, sobald wir uns für sie entschieden haben. Variationen innerhalb eines Artikels oder eines Blattes lenken den Leser vom Eigentlichen ab und vermitteln einen Eindruck von Schlampigkeit. Wenn eine Zeitung ein und dasselbe Wort dauernd anders schreibt, denkt sich der Leser wahrscheinlich, warum sollte ich dann glauben, dass die Zahlen und Fakten richtig sind? Vielleicht schreibt man bei dieser Zeitung insgesamt eher nachlässig und redigiert nicht.

Damit hätten wir auch schon den zweiten Grund, weshalb der Herausgeber Wert auf Details legen sollte, weil nämlich Details die Kultur ausmachen, und eine feste Kultur wiederum gilt es zu etablieren, damit die Journalisten sich an einheitlichen Methoden orientieren und Fakten richtig vermitteln, seien sie auch noch so trivial. Dies mag im Bezug auf große, kontroverse Details offensichtlich erscheinen, trifft allerdings ebenso auf winzige Details zu. Alle Zeitungen wie auch alle Leser werden zu irgendeinem Zeitpunkt einige dieser Fakten missverstehen. Daher ist es unverzichtbar, dass Zeitungsschreiber die Irrtümerrate minimieren, insbesondere mit Blick auf die kleinen Details, weil eine hohe Fehlerquote das Vertrauen der Leser erschüttert – sowohl in die Faktenübermittlung als auch in das Urteilsvermögen des jeweiligen Blattes.

Warum aber sollte ausgerechnet der Herausgeber sich um die Details kümmern? Der Herausgeber einer Tageszeitung oder eines Nachrichtendienstes kann schon aus rein praktischen Gründen nicht der Wächter über die Details sein, wie es dem eines wöchentlich erscheinenden Magazins möglich ist. Bei *The Economist* bin ich in der Lage, grob geschätzt 90 Prozent unserer Artikel jede Woche im Voraus zu lesen und zu redigieren. Doch selbst bei einer Tageszeitung oder einem Nachrichtendienst ist der Herausgeber derjenige in der besten Position, um die Erwartungen hinsichtlich Detailgenauigkeit und Ton festzusetzen – und, vor allem, regelmäßig Kritik zu üben und zu ermutigen.

Der Ton eines Blattes bezieht sich gleichermaßen auf die interne Sprache und damit den Umgangsstil als auch auf die interne, also die der Zeitung oder des Magazins. Beim Ton kommt es auf Details an: die Nuance der Worte, die Formulierung der Schlagzeilen, die Wahl der Bilder. Entscheidungen hierzu müssen von irgendjemandem getroffen oder zumindest abgesegnet werden, der imstande ist zu überblicken, was mit dem gesamten Blatt vor sich geht wie auch mit jeder einzelnen Ausgabe, denn Konsistenz im Ton und die Vermeidung von unschönen Überlappungen oder Widersprüchen sind ein Muss. Und der Beste für diese Aufgabe ist nun mal der Herausgeber selbst.

Außerdem hat die Aufmerksamkeit des Herausgebers mit Blick auf Detailtreue und Ton einen weiteren nützlichen Nebeneffekt. Indem er bei jeder einzelnen Ausgabe zeigt, dass er sich praktisch engagiert, „Hand anlegt“ sozusagen, bestärkt er dadurch die anderen Disziplinen der Markenidentität und des rigorosen professionellen Standards. Was immer diese kurzzeitig zu wünschen übrig lassen, wird so schneller bemerkt. Und die Journalisten gewöhnen sich daran, dass irgendwelche Ausfälle ihrerseits, ob zufälliger oder absichtlicher Natur, mit allergrößter Wahrscheinlichkeit herauskommen.

Wie gesagt, es handelt sich hierbei um einen konservativen Ansatz. Er wird nicht alle Leser davon abhalten können, Adlai Stevenson zuzustimmen, dass unsere Rolle darin bestünde, den Weizen von der Spreu zu trennen und anschließend die Spreu zu veröffentlichen. Aber vielleicht kann dieser Beitrag erreichen, dass der ein oder andere dieser Behauptung doch widerspricht.

Yoram (Jerry) Wind

Die Balance zwischen Innovation und konservativen Werten: Management als experimenteller Prozess

Während das Webster-Dictionary „konservativ" erklärt als „traditionelle Ansichten und Werte vorziehend" und „eher abgeneigt gegenüber Veränderungen", bietet Ambrose Bierce eine Definition an, welche die Komplexität des Wortes in seiner Verwendung einfängt. In seinem *Devil's Dictionary* definiert Bierce das Wort „Konservativer" humorvoll wie folgt:

„Ein Staatsmann, der sich für die bestehenden Missstände begeistert, im Gegensatz zu einem Liberalen, der sie gern durch andere ersetzen würde."[1]

Wie diese Definition zeigt, hängt die Bedeutung des Begriffs „konservativ" davon ab, welche Person ihn benutzt. In der Politik signalisiert er Stabilität für die Verfechter des Status quo und überkommene Ansichten für jene, die die bestehende Ordnung gern erschüttert sähen. In gewisser Weise haben beide Recht.

Doch die semantische Herausforderung ist vergleichsweise gering ge-

---

[1] Ambrose Bierce, *The Devil's Dictionary*, erschienen 1911, http://www.alcyone.com/max/lit/devils/.

messen an der, Konservativismus mit Wandel in Einklang bringen zu müssen. Dieser Balanceakt aber ist unentbehrlich, wenn Führungskräfte ihren Unternehmen helfen wollen, Chancen für profitables Wachstum zu entdecken und den gewöhnlichen Weg von Reife zum Verfall zu meiden. Während kaum jemand behaupten würde, eine effektive Managementstrategie sei eine, die sich „gegen Veränderungen" ausspricht, so berufen sich erfolgreiche Führungskräfte, Unternehmen und Gesellschaften nicht selten auf ein festes Wertesystem, das ihnen Halt inmitten steten Wandels gibt. Die amerikanische Form der konstitutionellen Demokratie ist ein gutes Beispiel dafür. Die amerikanische Verfassung begleitet das Land bereits seit zwei Jahrhunderten, in deren Verlauf sie sich keineswegs statisch verhielt. Es gab 27 Verfassungszusätze und jede Menge Neuinterpretationen. Wir haben es hier also mit einer Stabilität der zentralen Werte und Strukturen zu tun und zugleich mit einem System, das Veränderungen von sich aus fördert.

Führungskräfte für den Wandel

Die Fähigkeit, den Herausforderungen des Wandels zu begegnen, ist heute wichtiger denn je. Bei einer Vorlesung an der Wharton School erzählte Peter Drucker von Leonardo da Vinci, der einmal von seinem Neffen gefragt worden sein soll, wie die Welt aussah, als er jung war. Daraufhin habe da Vinci geantwortet, niemand, der nicht zu jener Zeit geboren war, könne sich vorstellen, wie die Welt damals ausgesehen habe. Drucker erklärte, wir wären derzeit in einer sehr ähnlichen Situation: „Im Jahre 2010 oder 2020 wird es vielleicht sehr schwer für jemanden sich vorzustellen, wie die Welt in den 1970ern oder 1980ern ausgesehen hat. Sie verändert sich so schnell."[2] In einer solchen Umgebung haben Einzelne wie Unternehmen gar nicht die Option, an der Vergangenheit festzuhalten, wollen sie weiterhin relevant sein.

[2] SEI Distinguished Lecture: Peter Drucker on ‚The New Organization', *SEI Center for Advanced Studies in Management*, 7. April 1993, S. 5.

Ein kurzer Blick auf die „25 einflussreichsten Geschäftsleute der letzten 25 Jahre", welche die Wharton School in Zusammenarbeit mit dem *Nightly Business Report* Anfang 2004 auswählte (siehe Tabelle 1), zeigt, dass viele dieser Führungskräfte Innovationen, Veränderungen oder neue Denkweisen in ihrer Branche einführten. Um nur einige Beispiele zu nennen: Da wäre einmal Andy Grove, der die Strategie Intels und damit der gesamten Computerindustrie revolutionierte; Sam Walton, der dem Einzelhandel rund um den Globus ein neues Gesicht gab; Jeff Bezos, der dasselbe online tat, indem er amazon.com gründete; Herb Kelleher, der die Flugbranche mit seiner Billiglinie Southwest Airlines erdbebengleich erschütterte; Charles Schwab, der mit offenen Investmentfonds und Online-Investments das Anlagegeschäft veränderte; Oprah Winfrey, die das Genre Talkshow wandelte und einen vollkommen neuen Leserkreis für die Belletristik gewann; Mohammed Yunus, dessen Grameen Bank einen gänzlich neuen Blick für die Möglichkeiten der Entwicklungsmärkte eröffnete, und Peter Drucker, dessen Ideen das Managementdenken und die Methoden auf vielfältige Weise veränderten.

Mary Kay Ash	Mary Kay Cosmetics
Jeff Bezos	amazon.com
John Bogle	The Vanguard Group
Richard Branson	Virgin Group
Warren Buffett	Berkshire Hathaway
James Burke	Johnson & Johnson
Michael Dell	Dell Computers
Peter Drucker	Ausbilder und Autor
Bill Gates	Microsoft
William George	Medtronics
Louis Gerstner	IBM
Alan Greenspan	Chairman, Federal Reserve
Andy Grove	Intel
Lee Iacocca	Chrysler
Steve Jobs	Apple Computers
Herb Kelleher	Southwest Airlines

Peter Lynch	Fidelity Magellan Fund
Charles Schwab	Charles Schwab & Co.
Frederick Smith	Federal Express
George Soros	Philanthrop
Ted Turner	CNN
Sam Walton	Wal-Mart
Jack Welch	General Electric
Oprah Winfrey	Oprah
Mohammed Yunus	Grameen Bank

Tabelle 1: Liste der „25 einflussreichsten Geschäftsleute der letzten 25 Jahre“ in alphabetischer Reihenfolge lt. The Wharton School & *Nightly Business Report;* Andy Grove wird als der einflussreichste eingeschätzt, s. http://www.wharton.upenn.edu/whartonfacts/news_and_events/newsreleases/2004/p_2004_1_128.html

Innovation ist unentbehrlich für den geschäftlichen Erfolg. Peter Drucker hat das erkannt, als er in seinem berühmten Ausspruch erklärte, der Zweck eines Unternehmens wäre „Kunden zu schaffen. Daher haben Unternehmen zwei – und nur zwei – grundlegende Aufgaben: Marketing und Innovation. Marketing und Innovation schaffen Resultate, alles andere sind Kosten.“[3] Was aber heißt es, Kunden zu schaffen? Wie können wir die Bedürfnisse der Verbraucher vorwegnehmen, wenn sich ringsum alles im steten Wandel befindet? Wie entstehen durch technologische und andere Entwicklungen neue Bedürfnisse und neue Chancen der Wertschöpfung? Effektives Management ist nicht statisch, sondern verlangt nach einem fortdauernden Veränderungsprozess.

[3] Peter F. Drucker, *Management: Tasks, Responsibilities, Practices*, Harper & Row, New York, 1973, S. 64–65.

Die Balance zwischen Innovation und Kernwerten

Bedeutet die Verpflichtung zur Veränderung, dass das gesamte Unternehmen verändert werden kann? Nein, denn wenngleich sich zahlreiche Aspekte eines Unternehmens verändern lassen, sollten die Kernwerte unbedingt erhalten bleiben. So hat beispielsweise Starbucks einiges an seinem Geschäft verändert, ist der Grundidee des Kaffeegenusses sowie seinen Verpflichtungen gegenüber Partnern und Lieferanten allerdings treu geblieben. Das Unternehmen hat eine Kultur, die es vehement verteidigt. Jeder Verstoß gegen diese Kultur wird aufs Schärfste abgemahnt. Und dennoch schafft Starbucks es, sich ständig neu zu erfinden. Als es von der Regionalliga im Nordwesten der Vereinigten Staaten in die internationale Liga aufstieg, nahm es Produkte wie Milchmixgetränke, Tees und Frappucino in sein Angebot auf. Darüber hinaus wagte sich das Unternehmen in den Supermarktvertrieb vor und führte eine eigene Eiscrememarke ein. Im Laufe der Zeit wuchs es von einem einzigen Geschäft in Seattle zu über 7.500 Niederlassungen mit 75.000 Angestellten weltweit heran.

Eine der größten Herausforderungen für ein Unternehmen wie dieses besteht wohl darin, trotz des rapiden Wachstums die Werte zu erhalten. Zugleich darf man den „Wertkonservativismus" nicht übertreiben, denn dann erstickt er die kreativen Ideen, die man braucht, um weiter zu wachsen und zu gedeihen. Und damit wären wir bei dem Balanceakt angekommen, den jedes Unternehmen zu bewältigen hat: Genug zu verändern, um erfolgreich zu sein, doch nicht so viel, dass die Essenz des Ganzen darüber verloren geht.

Johnson & Johnson hat seit der Gründung gewaltige Veränderungen durchgemacht und macht sie noch durch. Trotzdem bezieht man sich dort bis heute auf das berühmte *Credo,* das Firmengründer Robert Wood Johnson im 1943 für Organisation und Strategie des Unternehmens formuliert hat. Dieses Credo hat J & J geholfen, eine klare und wirkungsvolle Reaktion auf die Tylenol-Krise von 1982 zu zeigen, aus der die Marke und das Unternehmen gestärkt hervorgingen.

Auch Gesellschaften brauchen diese Kernwerte, um zu funktionieren. Adam Seligman, ein Professor der Universität von Boston, wies darauf hin, wie viele unserer sozialen und geschäftlichen Bindungen mit der Zeit „dünner" geworden sind. Seligman unterscheidet zwischen „dünneren" Bindungen, die sich in erster Linie auf geschäftliche Transaktionen beziehen, und „dickeren", die vor allem auf Beziehungen gründen, mithin auf Vertrauen, das über eine gewisse Zeit hinweg aufgebaut wird. Ein Austausch innerhalb einer traditionellen Gesellschaftsform wäre somit ein Indiz für eine „dickere" oder mehrsträngige Bindung, was bedeutet, dass der Verkäufer nicht nur mit einem Käufer verhandelt, sondern mit einem verzweigten Netz von familiären Bindungen.[4] Diese Beziehungen und die Werte, die sie stützen, sind sowohl für Gesellschaften als auch für Unternehmen lebenswichtig.

Denkmodelle: Die Herausforderung des „gelebten Konservatismus"

Wie stellen Führungskräfte ein empfindliches Gleichgewicht zwischen der Notwendigkeit zur Veränderung und der zur Kontinuität her? Peter Drucker schrieb in seinem Buch über Friedrich Julius Stahl, das auch diesen Band inspirierte, Stahls Genialität bestünde darin, dass er „die sterile und inflexible Antithese von Restauration und Revolution zu überwinden versuchte".[5] Stahl vertrat das, was Drucker den „lebendigen Konservatismus" taufte, und erkannte die Notwendigkeit, „die Evolution möglich und die Revolution entbehrlich" zu machen.[6]

---

[4] Adam B. Seligman, *The Problem of Trust,* Princeton University Press, Princeton, NJ, 1997.

[5] Peter F. Drucker, *Friedrich Julius Stahl: Conservative Theory of the State and Historical Development*, S. 1, übersetzt von Martin Chalmers, zuerst erschienen 1933 bei J. C. B. Mohr, Tübingen, http://www.peterdrucker.at/en/texts/p_drucker_stahl_en.pdf.

[6] ebd., S. 7.

Das Gleichgewicht zwischen Stabilität und Wandel verlangt nach „unmöglichem Denken", der Fähigkeit, zwischen unterschiedlichen Denkmodellen hin und her zu pendeln, um der Welt Sinn zu entlocken.[7] Philosophen und Verhaltensforscher sind sich schon seit langem über die Macht von Denkmodellen im Klaren, doch die moderne Neurowissenschaft liefert uns nun den Beweis dafür, dass wir nicht wirklich sehen, was wir zu sehen glauben. Der amerikanische Neurophysiologe Walter Freeman entdeckte, dass die neurale Aktivität aufgrund von sensorischen Stimuli im Kortex verschwindet.[8] Die Werte, die wir haben, und die Handlungen, zu denen wir uns entscheiden, sind in festen Modellen verankert, nach denen wir unser Denken und Tun gestalten. Diese Modelle sorgen dafür, dass wir die Orientierung behalten. Sie helfen uns, die Welt mit Sinn anzureichern und Entscheidungen zu treffen, aber sie können uns auch blind für Möglichkeiten wie Gefahren machen, die direkt vor uns liegen. Deshalb müssen wir diese Modelle begreifen und wissen, wann und wie wir sie verändern können. In einem komplexen, sich rapide wandelnden Umfeld ist die Beherrschung dieser Modelle, nach denen wir der Welt um uns Sinn verleihen, eine der wesentlichen Aufgaben für ein erfolgreiches Management.

In der natürlichen Entwicklung von Individuen, Organisationen und Gesellschaften gibt es einen Lebenszyklus der Festigung solcher Denkmodelle, der sich nach der jeweiligen Fähigkeit richtet, Neues zu erkennen und angemessen darauf zu reagieren. Wie in der Abbildung 1 dargestellt, verfügen junge Leute und junge Unternehmen über einen hohen Grad an Differenzierung (sind also imstande, die Welt unvoreingenommen zu betrachten), allerdings über wenig Handlungsmöglichkeiten.[9] Sie sind offen für neue Ideen und zumeist weniger konservativ. Während sie sich weiterentwickeln, erreichen sie einen Höhepunkt, an dem sie sowohl

---

[7] Yoram (Jerry) Wind und Colin Crook, *The Power of Impossible Thinkig: Transforming the Business of Your Life and the Life of Your Business*, Wharton School Publishing, Upper Saddle River, NJ, 2004.

[8] Walter J. Freemman, *Societies of Brains: A Study in the Neuroscience of Love and Hate*. Lawrence Erlbaum Associates, Hillsdale, NJ, 1995.

[9] Diese Gedanken leiten sich aus einer Interpretation der Arbeit des Nobelpreisträgers und Biologen Gerald Edelman ab.

fähig sind Neues zu erkennen als auch entsprechend darauf zu reagieren. Es folgt die Reifephase, in der sie immer noch gut darin sind, Dinge zu Ende zu führen, allerdings schon merklich gefangen in bewährten Denkmodellen, die sie hindern, Neues zu entdecken. Sie haben nun beträchtlich an Erfahrung gewonnen und neigen dazu, damit alles zu erklären, ganz gleich, ob diese Erklärungen passen oder nicht. Mit sinkender Differenzierungsfähigkeit tritt das Individuum, die Organisation oder die Gesellschaft in ein Verfallsstadium ein, da die Denkmodelle sich zusehends von der Realität entfernen. Um die Gefahren sowohl der naiven Unreife als auch des Verfalls zu meiden, müssen Unternehmen wie Einzelne beständig an dem Gleichgewicht zwischen dem Erkennen neuer Möglichkeiten und dem schnellen und effektiven Handeln, also dem Erhalten und Verändern arbeiten.

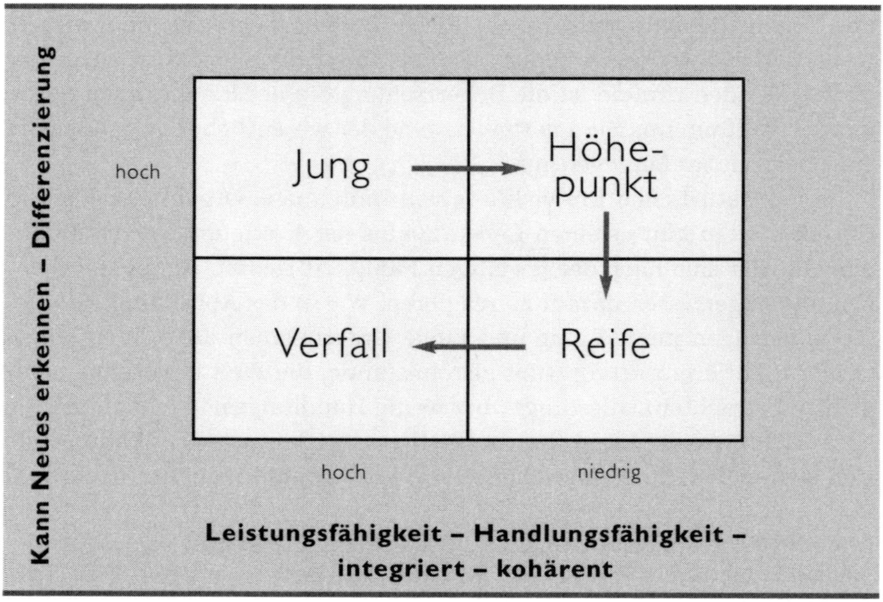

Abbildung 1: Der Lebenszyklus des Wandels

Die Gefahren, die sich ergeben, wenn man sich zu weit von seinen Werten entfernt

Bisher haben wir Beispiele von innovativen Menschen genannt, die erfolgreich waren, doch das Streben nach rapidem Wandel birgt auch große Gefahren. Sehen wir uns zum Beispiel das traurige Schicksal der General Electric Company (GEC) in Großbritannien an (die übrigens nichts mit dem US-amerikanischen Konzern General Electric zu tun hat). GEC galt als extrem erfolgreiches Unternehmen und eine Bastion des konservativen Managements. Als Lord Arnold Weinstock 1996 seinen Posten als Vorstandsvorsitzender aufgab, war GEC eine wahre Gelddruckmaschine, die die britische Verteidigungsindustrie, Stromversorgung und Elektronikbranche beherrschte. Weinstock hatte das Unternehmen 33 Jahre lang mit eiserner Faust geleitet und in den Sechzigern eine Führungsstrategie in dem Konglomerat eingeführt, die zu jener Zeit in Großbritannien geradezu revolutionär schien. Er saß in seinem Büro und führte die über 180 Unterfirmen nach fest vorgegebenen Finanzquoten. Er feuerte Manager, die ihre erwartete Quote nicht erreichten, strich rigoros Unkosten zusammen und sorgte für strenge Kontrollen. Außerdem baute er das Unternehmen durch den Zukauf von neuen Firmen aus. Er schuf ein so überzeugend erfolgreiches Führungsmodell, dass es schon bald zum Standard für andere große britische Firmen wurde.

Doch obschon die Strategie sich finanziell durchaus bewährte, stieß sie wegen ihres konservativen Ansatzes auf wenig Gegenliebe bei den Investoren, die sich mehr für die modernen Technologieunternehmen, Computer und Telekommunikation interessierten als für ein alt eingesessenes Industrieunternehmen. Als George Simpson die Leitung des Unternehmens 1996 übernahm, beschloss er, dass es Zeit wäre für eine Revolution. Er verlegte den Hauptsitz aus dem Altbau am Hyde Park in trendige Büroräume in der Bond Street und änderte den Namen in „Marconi“, womit er die Absicht signalisieren wollte, sich fortan auf den Wachstumssektor Telekommunikation zu konzentrieren. Das Unternehmen stieß sein alt eingesessenes Rüstungsgeschäft an British Aerospace ab und stürzte sich kopfüber in die Telekommunikation. Die Aktionäre applaudierten, und noch im tiefroten Jahresbericht von 1999 hieß es euphorisch: „Unsere Zukunft wird ... digital sein .... Wir werden zu den führenden Global Players in der Kommunikation und im IT-Geschäft gehören.“[10] Die Zukunft stellte sich dann leider doch nicht ganz so strahlend dar.

Aus dem Traum von Marconi wurde ein Albtraum, während das Unternehmen sich in den Telekommunikationswahn reißen ließ, der der globalen Wirtschaft einen Kater im Wert von 750 Milliarden Dollar an Kapitalverlusten und Schulden bescherte. Im September selbigen Jahres stiegen Simpson und seine Topmanager aus dem ins Trudeln geratenen Geschäft aus. Marconi entließ 10.000 Mitarbeiter, und aus den zwei Milliarden Pfund Kapitalreserve, die Simpson bei Amtsantritt übernommen hatte, war mittlerweile ein klaffendes Loch von über vier Milliarden Pfund Schulden geworden. Der Aktienkurs war bis zum Todesjahr von Lord Weinstock, 2002, von 12,50 Pfund auf ein abgründiges Tief von vier Pence gestürzt.[11] Er hat noch miterlebt, wie jenes Unternehmen, das er groß gemacht hatte, an den Rand des Bankrotts gebracht wurde. Es handelte sich, um es mit den Worten der BBC auszudrücken, „um eine der katastrophalsten Unternehmenseinbrüche in der britischen Wirtschaftsgeschichte“.

Wie die Geschichte von GEC illustriert, kann es für ein Unternehmen ernste Folgen haben, wenn es den Blick für die zentralen Werte verliert. Als in Detroit ansässige Autohersteller sich vom Anbieten echter Qualität für den Kunden auf das Sparen von Fabrikationskosten verlegten, öffneten sie damit der japanischen Konkurrenz Tür und Tor. Die Japaner kamen mit der richtigen Art Produkt und einem Kundendienst auf den Markt, der sowohl für die Verbraucher wie auch die Unternehmen eine Bereicherung war. Ein noch extremeres Beispiel von Werteverletzung durch ein Unternehmen ist die Gier und Korruption, welche die Führungskräfte von Enron, WorldCom und anderen verleiteten, ihre eigenen

[10] GEC Annual Report and Accounts 1999.

[11] „Obituary: Lord Weinstock.“ *The Economist*, 27. Juli 2002, S. 85; Heller, Robert. “A Legacy Turned into Tragedy.” *The Observer.* 19 August 2002; http://observer.guardian.co.uk/business/story/0,6903,776226,00.html.

Unternehmen zu unterwandern. Sie haben Werte ihrer Investoren, ihrer Mitarbeiter und ihrer Verbraucher vernichtet.

Management als Experiment

Was ist die Moral aus der GEC-Geschichte? Man mag sie als mahnendes Beispiel nehmen und als nachdrückliche Verteidigung konservativer Werte, doch damit macht man es sich zu einfach. Es gibt ähnlich abschreckende Geschichten von Unternehmen wie etwa Digital Equipment Corporation, die zu lange stillgestanden haben, denen es nicht gelang, ihre Geschäftsmodelle zu verändern, ehe es zu spät war. Und dann sind da noch Firmen wie IBM unter Lou Gerstner, die imstande waren, sich erfolgreich neu zu erfinden. Die Lektion, die GEC uns lehrt, ist nicht unbedingt die, einen klaren Kurs beizubehalten, sondern vielmehr die, vorsichtig zu sein, wenn es darum geht, *wie* sich ein Unternehmen verändern sollte. War der konservative Kurs Weinstocks der richtige? War der revolutionäre Kurs Simpsons der falsche? Ich würde meinen, dass vor allem die Fragen falsch sind. Die spezifischen Strategien eines Unternehmens müssen sich mit der Zeit verändern, doch diese Veränderungen müssen nicht zwangsläufig durch so riskante Wagnisse herbeigeführt werden, wie Simpson sie einging.

Statt solcher Alles-oder-nichts-Veränderungen können wir uns für einen Prozess des kontinuierlichen Experimentierens entscheiden, sprich: für eine Herangehensweise, bei der Erfahrungen experimentell betrachtet und gezielt Experimente zur Bestätigung von Hypothesen durchgeführt werden. Wie Ralph Waldo Emerson sagte: „Das ganze Leben ist ein Experiment. Je mehr Experimente man durchführt, umso besser.“ Wir unterscheiden drei Formen des Experimentierens:

- **Geplante Experimente.** Aufgrund unserer wissenschaftlichen Ausbildung ist dies die Experimentform, an die wir als Erstes denken – kontrollierte und klar definierte Versuche. Wir entwickeln eine Hypothese, entwerfen das dazu passende Experiment und analysieren anschließend die Resultate, um zu sehen, ob sie unsere Hypothese bestätigen oder nicht. Wir beginnen, ein neues Verständnis zu entwickeln, das eventuell neue Hypothesen provoziert oder weitere Tests zu den bestehenden. Diese Methode wandelt willkürliche Erfahrung in systematisches Lernen um, doch die Experimente sind oft schwierig und teuer in der Durchführung, es sei denn, wir befinden uns in einem Umfeld, in dem wir die meisten der Variablen kontrollieren können.

- **Natürliche Experimente.** Aus natürlichen Experimenten lernen wir auf dieselbe Weise, nur dass hier noch mehr Sorgfalt geboten ist. Das tägliche Leben beschert uns riesige Mengen von Informationsdaten, allerdings ignorieren oder verwerfen wir das meiste von dem, was wir sehen oder erleben. Um uns herum finden die ganze Zeit natürliche Experimente statt, wenngleich wir sie nur selten bewusst wahrnehmen. Sobald wir jedoch unser Augenmerk auf diese natürlichen Experimente richten und sie als solche erkennen, können wir sie nutzen, indem wir Theorien entwickeln, mittels derer wir erklären, was vor sich geht und wie die Dinge, die uns umgeben, funktionieren. Unsere Welt hat vielleicht nicht die kontrollierten Strukturen eines formellen wissenschaftlichen Experiments vorzuweisen, aber sie kann uns sehr wohl ein wertvolles Lehrlabor sein.

- **Adaptives Experimentieren.** Die dritte Form, die jeweils in Verbindung mit einer der beiden vorherigen praktiziert werden kann, dient der Vergewisserung, dass der experimentelle Prozess fortdauert. Mit jedem abgeschlossenen und ausgewerteten Experiment wird die Hypothese überprüft und nach Bedarf korrigiert, bevor das nächste Experiment beginnt. Experimentieren ist keine einmalige Aktivität, sondern vielmehr ein kontinuierlicher Prozess von Versuch und Korrektur, bei dem man sich verpflichtet, jeweils neue Experimente zu entwerfen, die auf den Resultaten der vorherigen aufbauen. Adaptives Experimentieren zwingt uns zu bewerten, was wir tun, ermutigt uns zur Innovation und hat sogar noch die angenehme Nebenwirkung, dass es die Konkurrenz verwirrt (die sich schwer damit tut, in der Abfolge unserer Schritte eine klare Linie zu erkennen).

Gegenwärtig beobachten wir den Beginn eines gewaltigen natürlichen, weltweiten Experiments, was die so vielfach angekündigte Verquickung von Computer- und Unterhaltungsindustrie betrifft. Ein frühes Beispiel dafür sind die PCs, die mittels einer Fernbedienung zusätzlich zum traditionellen Keyboard und der Maus beinahe genauso zu bedienen sind wie Fernseher. Die Hypothese hierzu könnte sein, dass der PC in der herkömmlichen Form überkommen ist und der Markt inzwischen reif ist für die Zusammenführung von Computer und Fernsehen. Wie genau die Evolution dieser beiden und anderer Maschinen ablaufen wird, hängt sowohl von den technischen Veränderungen ab als auch von jenen des Verbraucherverhaltens.

Da niemand wissen kann, wann genau und wohin sich die Technik bewegt, experimentieren die Unternehmen mit unterschiedlichen Kombinationen. Microsoft hat sich mit Kabelnetzwerken wie CNBC zusammengetan, um mit Inhalten zu experimentieren. Sony hat sich in die Computer- und Unterhaltungsindustrie vorgewagt. Unternehmen wie Hewlett-Packard entwickeln weiterhin neues Equipment, um zu testen, ob die lang angekündigte Konvergenz inzwischen da ist. Die Hypothese kann sich immer noch als falsch erweisen, wie sie es in den vergangenen Jahren bereits tat, aber das Experimentieren mit dem neuen Denkmodell von der Verquickung von Computern und Unterhaltung geht weiter.

Solche Experimente müssen hinreichend aussagekräftig sein, um neue und existierende Modelle wirklich testen zu können und echtes Wissen zu generieren. Direktmarketingprogramme experimentieren oft mit kleinen Änderungen im Druck, in den Adressenlisten oder dem Design, erwarten aber nach wie vor einen Rücklauf von einem Prozent. Das ist lächerlich. Bei einem derart nichtigen Rücklauf liegt der Schluss nahe, dass sie dringend radikale Experimente unternehmen und neue Richtungen einschlagen sollten. Ein Wechsel von Mailinglisten hin zu Anrufaktionen beispielsweise wäre ein kühneres Experiment. Und könnte der Rücklauf auch nur auf fünf Prozent erhöht werden, dann wäre damit schon eine deutliche Effektivitätssteigerung erreicht. Experimente zielen häufig darauf ab, das bestehende Denkmodell herauszufordern, doch wir brauchen gewagtere, die dieses Modell erschüttern und neue Modelle erforschen.

Offenheit für kontinuierliches Experimentieren setzt Fehlertoleranz voraus. Als ein Manager bei 3M seinen Rücktritt anbot, nachdem er 40 Millionen Dollar Verlust durch die erfolglose Einführung eines neuen Produkts verursacht hatte, weigerte sich sein Boss, das Angebot zu akzeptieren. Stattdessen erklärte er: „Ich will Sie nicht gehen lassen, denn ich habe gerade 40 Millionen in Ihre Ausbildung investiert.“ 3M vertritt Werte, die den Gedanken des kontinuierlichen Experimentierens mittragen und fördern.

Wenngleich Experimente radikal in Design und Konzeption sein sollten, müssen sie nicht besonders riskant ausfallen, um effektiv zu sein. Sie sollten eher kluge Wagnisse darstellen als zu riskieren, ein ganzes Unternehmen für eine unbewiesene These zu verwetten. Experimente bieten eine erstklassige Chance, Neues zu lernen und zu erproben, bevor beträchtliche Ressourcen investiert und große Risiken eingegangen werden. Erstaunlicherweise fällt den meisten Unternehmen diese Art des „Risikodenkens“ schwer, da sie in ihren vorhandenen Weltbildern gleichsam erstarrt sind. Sie schieben all die kleinen Tests weit von sich und stürzen sich dann später kopfüber ins Unbekannte, was häufig fatale Folgen hat.

SEI Investments: Wandel zu einem zentralen Wert machen

Experimentieren zu einem Schwerpunkt zu machen kann Teil des Wertesystems eines Unternehmens sein. SEI Investments hat sein Geschäftsmodell wie auch das Unternehmen im Laufe der Jahre mehrmals verändert (siehe Abbildung 2) und trotzdem an den zentralen Werten festgehalten. Das Bekenntnis zum steten Wandel ist sogar so sehr Teil der Firmenkultur, dass sämtliche Büromöbel auf Rollen stehen und die offenen Büroräume so gestaltet sind, dass sich die Mitarbeiter jederzeit neu gruppieren können. Allen Veränderungen liegt ein Wertesystem zugrunde, das wesentlich zum Wachstum beigetragen hat. Die darin enthaltenen Werte sind gemäß dem Gründer und CEO Al West:

- Kundenzentriertheit
- Kreativität & Innovation
- Empowerment
- Flexibilität
- Schnelle Reaktion auf offene Chancen
- Jeder handelt, als gehörte ihm das Unternehmen

Auf diese Werte aufbauend hat SEI seine unternehmerische Integrität bewahren können, während es kontinuierlich wuchs und sich auf der Wertskala nach oben bewegte, angefangen bei Finanzsoftwareprodukten über Investmentservices bis hin zu Lösungen für die Vermögensverwaltung.

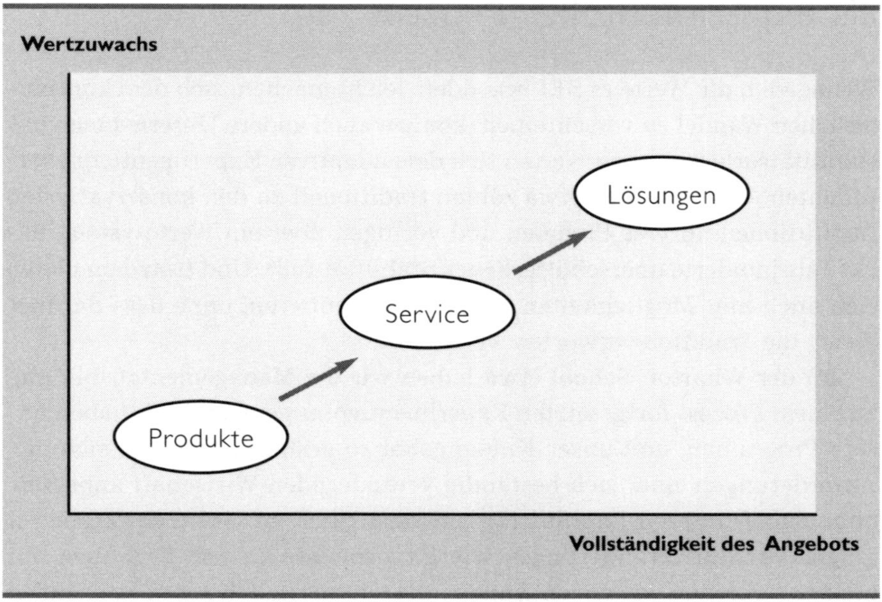

Abbildung 2: SEI Investments: Wie sich das Unternehmen auf der Wertskala nach oben bewegte

SEIs Werte und Kultur bringen eine eingebaute Flexibilität mit, die dafür sorgt, dass das Unternehmen grundlegende Veränderungen durchmachen kann, ohne dabei seine Mitte zu verlieren. Diese Werte – wie Empowerment, Flexibilität und schnelle Reaktion auf offene Chancen – besagen, dass Veränderung selbst schon ein zentraler Wert ist. Die Bereitschaft zum Wandel ist bereits im genetischen Material des Unternehmens angelegt. Deshalb gibt es auch keinen Konflikt zwischen Konservativismus und Veränderung. Und um die Unternehmenswerte zu erhalten, wird man auch in Zukunft damit fortfahren müssen, immer wieder die Richtung zu verändern, um so auf neue Entwicklungen im Umfeld zu reagieren.

Managementausbildung als experimenteller Prozess

Wenngleich die Werte es SEI besonders leicht machen, sich dem kontinuierlichen Wandel zu verschreiben, können auch andere Unternehmen mit stabilitätsorientierteren Werten sich dem adaptiven Experimentieren verpflichten. Universitäten etwa zählen traditionell zu den konservativsten Institutionen unseres Planeten und verfügen über ein Wertesystem, das auf Jahrhunderte unerschütterlicher Stabilität fußt. Und trotzdem bieten sich auch hier Möglichkeiten zum Experimentieren, ohne dass darüber gleich die Tradition verworfen werden muss.

An der Wharton School etwa haben wir die Managementausbildung zu einem Prozess fortgesetzten Experimentierens gemacht. Wir haben unsere Programme und unser Kursangebot so gestaltet, dass sie sich den Anforderungen einer sich beständig verändernden Wirtschaft anpassen, ohne dabei unseren Lehrauftrag aus dem Blick zu verlieren. Zunächst gingen wir die Veränderungen wie Experimente an und begannen mit kleinen Schritten wie neuen Kursen, die wir zusätzlich zum bestehenden Curriculum anboten, sowie neuen Programmen, die eingangs nur im kleinen Rahmen eingeführt wurden.

Vor beinahe dreißig Jahren beispielsweise erkannten wir, dass eine große Zahl älterer Führungskräfte Interesse daran hatte, einen MBA-Abschluss zu erwerben, allerdings ohne dafür die eigene Karriere zu unterbrechen. Also gründeten wir unser MBA-Programm für Führungskräfte. Die Globalisierung schritt voran, und wir reagierten darauf mit der Gründung des Lauder Institute, dem ersten Lehrinstitut, das einen MBA/MA-Abschluss in International Studies anbot. Gleichzeitig entstand das Wharton Global Forum für gehobene Führungskräfte. In einer Welt, in der sich das Wissen rapider ändert denn je, schien uns das Wharton-Fellows-Programm eine adäquate Lösung, nämlich ein Netzwerk des Lernens und Entscheidens. Außerdem überarbeiteten wir das Curriculum unseres MBA-Programms mehrere Male. Größere Veränderungen fanden 1990 statt und im Rahmen einer kürzlich eingeleiteten Initiative, die dazu gedacht ist, Brücken zwischen den einzelnen Disziplinen zu schlagen. Mit unseren Maßnahmen stellen wir uns auf die Bedürfnisse ein, die wir bei unserer Arbeit mit Führungskräften auf der ganzen Welt entdecken.

Doch wenngleich diese Experimente zu erfolgreichen Innovationen und Programmen führten, so haben wir auch schon mit Dingen experimentiert, die sich als weniger erfolgreich erwiesen. Natürlich kennen wir die Verfechter der „virtuellen Universität“, die die alten Universitäten aus Stein und Mauern zu Dinosauriern erklären, die praktisch im Aussterben begriffen sind. Dennoch gingen unsere Experimente eher in eine andere Richtung. Wir erkannten zwar ein gewisses Potenzial in den neuen Technologien, aber zugleich eben auch den Wert des direkten Kontaktes zwischen Lehrenden und Lernenden im Klassenraum. (Hieran kann sich selbstverständlich einiges ändern, je weiter die Technik und Kommunikation voranschreiten.) Statt uns für ein revolutionäres Modell zu entscheiden und alles umzukrempeln, bleiben wir dabei, kleinere Experimente durchzuführen, von denen einige mehr, andere weniger gelungen sind, und aus ihnen zu lernen. Und wir haben unser innovatives Lehrangebot noch ausgeweitet, indem wir das SEI Center for Advanced Studies in Management and Al West Learning Lab ins Leben riefen. (Eine Initiative, die sich mit Al Wests Einstellung zum Experimentieren deckt, wie sie sich in seinem Unternehmen spiegelt.) Außerdem haben wir neue elektronische Hilfsmittel als Teil unserer neuen Wharton-School-Publishing-Initiative eingeführt.

Doch trotz all dieser Veränderungen würde ich immer noch behaupten, dass wir es eher mit einem konservativen Schulkonzept zu tun haben. Unser Gründer, der Industrielle Joseph Wharton, erklärte seinerzeit, die Absolventen der weltweit ersten Business School müssten „mehr tun, als bloß den anerkannten Standards der jüngsten Vergangenheit gerecht werden". Sie müssten, wie er sagte, „den Bedürfnissen einer voranschreitenden und anspruchsvollen Welt genügen". Wir folgen ebenfalls den Fußstapfen des Gründer der University of Pennsylvania, Benjamin Franklin, der mittels verlässlicher und konservativer Werte eine Revolution in der Wissenschaft, der Regierung, der Bildung und in anderen Bereichen anführte, die die Welt veränderte. Wandel und Veränderung sind die Werte unserer Gründer, also könnte man sagen, indem wir nach Wandel streben, folgen wir konservativen Werten.

Dennoch wartet nach wie vor eine Menge Arbeit auf uns. Können wir noch fundamentalere Werte der Universität infrage stellen? Zum Beispiel sind die Lerneinheiten im Klassenraum wie eh und je in Blöcke von einer Stunde und zwanzig Minuten unterteilt. Diese Zeiteinteilung lässt sich allerdings nicht mit den Lernstilen aller Studenten vereinbaren. Auch hier tun sich neue Möglichkeiten radikaler Innovationen und fortgesetzten Experimentierens auf. Ein weiteres Beispiel wäre die Beschäftigungspraxis. An den meisten Universitäten ist es Norm, die Lehrkräfte fest anzustellen. Als wir jedoch unsere IDC-University in Israel gründeten, haben wir das Anstellungssystem abgeschafft. Das war ein Schritt, der weitreichende Folgen für die Einrichtung hatte und noch haben wird.

Welches aber sind die Kardinaltugenden, die Führungskräfte angesichts der Wichtigkeit von Denkmodellen und adaptivem Experimentieren mitbringen sollten?

1. Sie müssen die zentralen Werte und die Kultur des Unternehmens verstehen. Sind diese Werte stark genug, um Stabilität zu geben? Sind sie flexibel genug, um langfristige Relevanz zu ermöglichen?
2. Inwieweit reflektieren die zentralen Werte und die Firmenkultur das sich wandelnde Geschäftsumfeld? In welchem Maße müssen sie verändert werden?
3. Welches Denkmodell liegt den Werten und Strategien zugrunde?
4. Entsprechen die Strategie und die Architektur des Unternehmens jenem Denken und jener Wandlungsfähigkeit, wie sie das wirtschaftliche Umfeld fordern?

5. Wie sollte ein System adaptiven Experimentierens aussehen, anhand dessen wir die Denkmodelle testen, auf die wir die Strategie und Architektur des Unternehmens aufbauen?

Wenn sich die Welt ändert, muss sich die Unternehmenslandschaft ebenfalls verändern. Doch während wir diese Veränderungen durchleben, sollten wir auch konservative Werte im Blick behalten. Unternehmen und Gesellschaften müssen zwischen dem Wesentlichen und dem Veränderbaren unterscheiden können. Offenheit fürs Experimentieren und Lernen ist vielleicht an sich schon ein zentraler Wert, den sich moderne Unternehmen unbedingt erhalten sollten.

Cyril Roger-Lacan

Aus einem regionalen Unternehmen wird ein globales: Wie Tradition Innovation fördern kann

Die Welt der Versorgungsunternehmen kann man allgemein als konservativ bezeichnen. Ihr Konservativismus geht auf mehrere Quellen zurück: Da wäre einmal die Dominanz der Technik, dann die über Jahrzehnte unangetastete Monopolposition, die die Unternehmen genossen, und schließlich die Abwesenheit von Wettbewerb und sonstigen Regulativen. All diese Faktoren trugen dazu bei, dass in diesen Bereichen wenig Anreize für Veränderung gegeben waren, und entsprechend kann man hier beinahe von einem negativen Konservativismus sprechen.

Veolia Water ist mit Abstand die Nummer eins unter den Wasserversorgungsunternehmen weltweit. Es ist ein Tochterunternehmen von Veolia Environnement, einer Gruppe, die derzeit sowohl in Paris als auch in New York notiert und zusätzlich Dienstleistungen in der Abfallbeseitigung und -verwertung, der Energieoptimierung und im öffentlichen Nahverkehr anbietet. Veolia Water steht für die Hälfte des Gesamtumsatzes des Unternehmens – ungefähr 28 Milliarden Euro – und die Hälfte des Gewinns. Das Tochterunternehmen deckt den ganzen Bereich der Wasserversorgung ab – die Aufbereitung und den Vertrieb von Trinkwasser, Abwassersammlung und -reinigung und Ressourcenmanagement für Behördenkunden, normalerweise Gemeinden und Regionalverwaltungen, wie auch für Industriekunden. Außerdem entwirft und baut es Wasseraufbereitungsanlagen für beide Kundengruppen. 1853 unter dem Namen „Compagnie générale des Eaux" in Frankreich gegründet, hat sich das Unternehmen zunächst über hundertfünfzig Jahre hinweg ausschließlich auf dem heimischen Markt betätigt. Wir wandelten es binnen zehn Jahren in ein globales Unternehmen um, das für über 110 Millionen Menschen in 70 Ländern arbeitet. Jeder unserer Verträge stellt für den Kunden wie für den Investoren einen Wertgewinn dar.

Das Anliegen dieses Textes ist es einzuschätzen, inwiefern Konservativismus und Innovation zusammenwirken, um gemeinsam eine erfolgreiche Umwälzung zu bewegen. Ich denke, dass sich ein Teil unseres Erfolges dem verdankt, was Peter Drucker „konservatives Management" nennt, und deshalb lohnt es sich, diesen Punkt zu vertiefen. Obwohl was wir getan haben nicht perfekt ist und uns noch manche Aufgabe erwartet, sollte man nicht vergessen, dass es anderen Wasserversorgungsbetrieben mit einer starken regionalen Basis im selben Zeitraum nicht gelang, Werte mittels internationaler Expansion zu schaffen. Und kein einziger von ihnen wandelte sich vom regionalen zum globalen Unternehmen. Darüber hinaus sollte man noch erwähnen, wie viele große Energieversorger, zumindest in Europa, über eine Expansion in die Wasserversorgung nachdachten, einen Bereich, den sie für dem Energiegeschäft ähnlich hielten. Die meisten von ihnen sind gescheitert und gegenwärtig dabei, ihre Wasserfirmen wieder zu verkaufen. Andere, die große Versorgungsbetriebe kauften, bleiben bislang den Beweis schuldig, inwieweit ihre Investitionen zum Wertgewinn werden. Hier ließ sich weder eine Optimierung der betrieblichen Abläufe noch ein organisches Wachstum beobachten.

Meines Erachtens gibt es zwei Gründe dafür, weshalb sich die etablierten Versorgungsbetriebe mit dem Wasser so schwer tun, und beide wurzeln im Management. Unterschätzte Komplexität könnte das Stichwort lauten.

Wasser nämlich ist ein Geschäft für sich. Um die jüngste Geschichte zu begreifen, sollte man vielleicht die drei wesentlichen Merkmale dieses Marktes kurz darstellen.

1. Wasserversorgung ist ein lokales Monopol. Anders als in der Elektrizitätsversorgung können beim Wasser nicht zwei Anbieter nebeneinander existieren, und zwar aus zweierlei Gründen. Zum einen kann man das Leitungsnetzwerk nicht einfach verdoppeln, weil das enorme Kosten verursachen würde. Zum anderen können keine zwei Anbieter ein und dasselbe Netzwerk nutzen und um Einzelkunden konkurrieren, weil jemand die Verantwortung für die Wasserqualität übernehmen muss. Etwaige Mängel können ernst zu nehmende Folgen für die Gesundheit der Menschen haben. Gleiches gilt für das Abwasser: Die zu erledigende Arbeit hängt von der Qualität des Abwassers und der Art der Verschmutzung ab. Man kann sich nicht frei entscheiden, sein spezielles Abwasser über das globale Netzwerk an einen bestimmten Aufbereiter zu schicken. Wettbewerbsspezialisten sprechen deshalb von einem Konkurrenzkampf *um* den Markt statt *auf* dem Markt. Die Tarife werden von den örtlichen Behörden festgeschrieben, und die Anlagen der Unternehmen unterliegen einer strengen staatlichen Kontrolle, unabhängig von den Eigentumsverhältnissen, also davon, ob es sich um einen privaten oder einen staatlichen Anbieter handelt.

2. Wasserverträge werden für lange Zeiträume ausgehandelt. Bezieht sich ein Vertrag nur auf den Betrieb, die Wartung und Instandhaltung eines großen Systems, dann muss er eine Laufzeit von mindestens fünfzehn Jahren haben, damit das Unternehmen die verschiedenen Aufgabenbereiche optimieren kann, sprich: die Produktivität im Verhältnis zu Betriebs- und Investitionskosten verbessern, Teile mit unterschiedlichen Lebenszyklen zu warten, zu ersetzen oder zu reparieren (wobei die Lebensdauer zwischen zwei und hundert Jahren variiert!) und schließlich die Übernahme oder Vergabe von einzelnen Aufgaben. Gerade die Übernahme von bislang durch Dritte erbrachten Leistungen nimmt zu, weil die Betriebe nach einer optimalen Arbeitsproduktivität streben, und die Arbeiten, die intern erledigt werden, sowohl die technische Kompetenz heben als auch die Ausgaben für Subunternehmer reduzieren. Wenn große Anlagen, beispielsweise eine große Aufbereitungsanlage, von dem Unternehmen genutzt werden muss, das sie gebaut hat und die Startfinanzierung für die Dauer

der Zeit übernahm, bis sich die Investitionen amortisiert haben und die Anlage an die Gemeinde übergeben wird, können die Vertragslaufzeiten zwischen 25 und 30 Jahre betragen (in Kurzform: Bauen, Betreiben und Verträge übertragen).

3. Endverbraucher machen sich gar keine Vorstellung davon, welche tatsächlichen Kosten mit der Wasserversorgung und der Abwasseraufbereitung verbunden sind. Ebenso wenig erfassen sie die technischen Herausforderungen, die eine sichere und moderne Wasserversorgung einer Großstadt mit sich bringt, welche eine angemessene Risikoüberwachung mit Umweltverträglichkeit kombiniert. Deshalb sind sie auch in den seltensten Fällen mit den Wasserpreisen einverstanden. Die Gesamtkosten des Baus, Betriebs und der Instandhaltung von gigantischen Anlagen, die dem Verbraucher weitestgehend unbekannt sind, die hochgradig sensible Natur des Wassers, das in dieser Hinsicht so gar nichts mit Gas oder Elektrizität gemein hat, und die Verknappung der Ressourcen aufgrund von Umweltverschmutzung, all das hat das Geschäft mit dem Wasser zu einem Hightechjob gemacht, bei dem hochpreisige Risikokontrolle im Vordergrund steht. Trotzdem schreiben einige der bekanntesten Zeitungen immer wieder, was für ein wundervolles Geschäft es sein muss, Wasser in Leitungen einzuspeisen und dafür auch noch Geld zu kassieren. Und genau hier begannen die Probleme jener, die solche Behauptungen für bare Münze nahmen: Es sah so einfach aus, also drängten die großen Unternehmen in den Markt, verloren jede Menge Geld und zogen sich wieder zurück. Diese ziemlich weit verbreitete Unkenntnis der zu bewältigenden Aufgaben wie auch der Sensibilität der Verbraucher, was die Preise angeht, sind offenbar wichtige Faktoren im Wassergeschäft.

Unser altes Unternehmen bezieht aus den oben genannten Faktoren jene Prinzipien, die seinen Konservativismus ausmachen. Da wären zum einen unsere Beziehungen zu den städtischen Kunden. Zehn bis fünfzehn Jahre nach Abschluss der Verträge sind die städtischen leitenden Angestellten normalerweise nicht mehr diejenigen, die die Verträge unterzeichneten. Und der ursprüngliche Vertrag deckt meist nicht jede Situation ab, mit der die Partner im Verlaufe der Jahre konfrontiert werden. Daher musste man alles tun, damit eine ausgewogene Beziehung entsteht und erhalten bleibt, die auf gemeinsamen Prinzipien beruht und selbst dann standhält, wenn unvorhergesehene Ereignisse eintreten. Einige unserer Vertragsklauseln sind mit den Jahren zu Standardbestandteilen von internationalen Verträgen geworden, etwa die „force majeure“, ein Begriff, dem man den französischem Ursprung noch ansieht. Die extreme Sorgfalt, die der Vertragsverhandlung gewidmet wird, und die damit verbundene Zeit für Diskussion und Klärung aller Punkte mit städtischen Partnern ist für uns nach wie vor ein Hauptschlüssel zum Erfolg. In jüngster Zeit wurden zahlreiche Vertragsverhandlungen von Konkurrenten unterbrochen, die Debatten über öffentlich-private Partnerschaftsmodelle auslösten, weil weder der Betreiber noch der städtische Kunde genügend Zeit in die Vertragsformulierung investierten und stattdessen alles an Rechtsberater delegierten – vorher wie nachher. Uns passierte das nicht, da wir eine Tradition der extremen Vertragssorgfalt pflegen, mittels derer langfristige Widerstandsfähigkeit durch gegenseitige Einvernahme zwischen unseren Kunden und uns gegeben ist. Ein privates Management von öffentlichen Aufgaben kann ohne ein solches Vertrauen und ohne eine solche Sicherheit nicht funktionieren.

Die Vertragserfahrung, die unser Unternehmen über ein Jahrhundert gesammelt hat, war und ist wesentlich für unsere Weiterentwicklung. Viele Konkurrenten scheiterten, weil sie außerstande waren, die unterschwelligen, langfristigen Risikomuster in ihren Projekten zu erkennen und entsprechend in den Verträgen zu berücksichtigen. Einige von ihnen versuchten, alle Risiken abzudecken, was zur Folge hatte, dass die Vorteile für den Endverbraucher verschwindend gering wurden und daher für die Gemeinde kein überzeugendes Argument mehr übrig blieb, die Wasserversorgung in private Hand zu geben. Andere übernahmen kühn Risiken, die sie nicht einzuschätzen vermochten, und zahlten einen hohen Preis dafür. In diesem Geschäft zehrt man lange von Fehlern. Der Mangel an Vertragserfahrung hat sich besonders bei englischen Unternehmen bemerkbar gemacht, was an den regionalen Gegebenheiten liegt. In England und Wales fand eine zentralisierte Privatisierung der Wasserversorgungsbetriebe statt. Ein nationaler Regulator legt Effizienzziele fest und sorgt dafür, dass Produktivitätssteigerungen dem Endverbraucher zugute kommen. Für die Haushalte hat sich das System bewährt, doch die neuerdings privatisierten Unternehmen hatten keinerlei Erfahrung im Umgang mit dezentralisierten Vertragsbeziehungen zu städtischen Kunden, was sie in ihrem Auslandsgeschäft beträchtlich behinderte.

Wir haben von der vorsichtigen und konservativen Einschätzung unserer Entwicklung, die wir aus unserer Erfahrung ableiten, nur profitiert. Ein klares Beispiel dafür ist soziale Erschwinglichkeit. Wasser ist ein soziales Gut, weshalb die Tarife, die dafür veranschlagt werden, von der gesamten Bevölkerung bezahlbar sein müssen. Sind sie es nicht, braucht man spezifische Lösungen für die Ärmsten, damit sie dieselbe Wasserversorgung bekommen wie alle anderen. Einige Wasserversorgungsbetriebe mussten bereits einen hohen Preis dafür zahlen, dass sie diese Aspekte vernachlässigt haben.

Ein typisches Beispiel ist die Deckung des Wechselkursrisikos bei Geschäften in den neuen Märkten. Die Menschen zahlen in der nationalen Währung, und globale Unternehmen, die ja Investitionskosten in harter Währung zu tragen haben, vermeiden das damit verbundene Risiko gern. Manchmal versuchen sie, es zu umgehen, indem sie einen festen Wechselkurs in die Tarifformulare aufnehmen. Sobald die Dinge sich dann ungünstig entwickeln, verfallen die nationalen Währungen, und die Tarife explodieren. Das kann nicht lange gut gehen. Einige große Fehlschläge wurden mit der Missachtung dieser sozialen Einschränkung in Verbindung gebracht, die sich durch keine magische Vertragsklausel umgehen lässt.

Der dritte Faktor, der bei einer erfolgreichen globalen Expansion in diesem Geschäft berücksichtigt werden muss, ist Zeit und die mit ihr verbundenen Kosten. Projekte zur Vergabe der staatlichen Wasserversorgung gehen zumeist mit sehr langen Entscheidungsfindungsprozessen einher. Hier gibt es keine festen Zeitwerte. Allenfalls kann man sagen, dass oft sieben oder acht Jahre, manchmal mehr vergehen von dem Moment an, da eine städtische Verwaltung die Vergabe in Betracht zieht bis hin zur tatsächlichen Betriebsaufnahme durch einen privaten Anbieter. Und es gibt weltweit jedes Jahr Hunderte von Projekten, wenn auch nur zehn oder zwanzig wichtige, die zu einem erfolgreichen Ende kommen.

Unserer traditionellen Erfahrung nach waren Projektzyklen so lang, dass die Kunst darin bestand, da zu sein, wenn man gebraucht wurde, aber nicht zu viel Geld in die Projekte zu stecken, ehe sie nicht in die Endphase gingen. Außerdem lernten wir, wie wir unsere externen Projektkosten in einem internationalen Umfeld kurzfristig dirigieren konnten.

Unternehmen, die in das Geschäft investieren wollten, das sie als „Geschäft mit dem blauen Gold“ betrachten, begannen oft damit, massive Entwicklungsgelder in ihre diversen Projekte zu stecken. Nach fünf oder sechs Jahre dann erkundigten sich die Topmanager nach den Investitionserträgen und fanden keine. In vielen Unternehmen startete dann ein „Stop and Go“-Kreislauf, der den lokalen Verbrauchern einen Eindruck von Unberechenbarkeit und Unzuverlässigkeit vermittelte. Andere Unternehmen stiegen einfach wieder aus. Obwohl wir einer Lernkurve folgen, was die Überwachung unserer Entwicklungskosten betrifft, hilft uns unsere langjährige Erfahrung, Expansionen mit extremer Sorgfalt und einem Sinn dafür anzugehen, was man wofür ausgeben kann. Und vielleicht kommt uns auch eine bessere Intuition zugute, wenn es um die Einschätzung der Reife von Projekten geht.

Dank all dieser Prinzipien konnten wir die meisten der gängigen Stolpersteine sicher umgehen. Darüber hinaus hielt uns unsere Erfahrung auch von dem ab, was ich die „globalen Fehler“ nennen möchte.

Wenn Managementstudenten oder Dozenten sich die Zeit und Muße nehmen, Bücher zu lesen, die von vermeintlichen „Spezialisten“ für Versorgungsbetriebe oder globalen Beraterfirmen vor vier bis fünf Jahren veröffentlicht wurden, dürften sie ziemlich erstaunt sein festzustellen, dass dort gleich mehrere der klassischen globalen Fehler zu „revolutionären“ Konzepten erklärt wurden.

Damals kamen Konzepte wie die „Kundenzentren“ auf, die vorsahen, dass Unternehmen alle möglichen Versorgungsleistungen anboten, von Wasser bis Strom, von Haushaltshilfe bis sonst etwas, und sie alle über eine zentrale Rechnungsstelle mit dem vollständig computererfassten Kunden abrechneten. Der aufsteigende Stern dieser immateriellen, vollkommen deregulierten und vor Effizienz strotzenden Welt sollte allem Anschein nach Enron sein. Jeder wollte plötzlich „Kundenstützpunkte“ aufbauen, koste es was es wolle, um diesen neuen Kunden alle möglichen

Arten von Leistungen zu verkaufen. „Multi-Utility“ lautete das Zauberwort.

Wir haben darüber lange nachgedacht und fürchteten schon, wie so viele Unternehmen, die aus dem alten „Handel“ kamen, hoffnungslos altmodisch und unflexibel im Denken zu sein. Allerdings stellten wir auch fest, dass die neue Doktrin in ihrer Argumentation die eine oder andere Lücke aufwies.

Zunächst einmal hatten wir den Eindruck, dass Umweltdienste wie Wasser und Abfall, die in erster Linie regional verwaltet werden und zweifellos von der Integration diverser anderer Geschäftssegmente profitieren konnten, nicht mit Energiediensten wie der Gas- oder Stromversorgung zusammenpassen wollten, denen vor allem Deregulierung und Segmentierung zugute kommen könnte und bei denen der Verbraucher die Wahl zwischen mehreren Anbietern hatte.

Daher schienen uns die funktionellen Kosten bei einer gemeinsamen Rechnungsstellung angesichts dieser offensichtlichen Differenzen mittelfristig die Vorteile zu überwiegen. Würde man jedoch die Unterschiede entsprechend berücksichtigen und für Regulative sorgen, dann wäre die „Multi-Utility“ letztlich auf die Energieversorgung beschränkt. Hinzu kam, dass sich echte Synergien aus der Operation mehrerer Netzwerke kaum ergeben würde und die Städte wohl eher abgeneigt sein dürften, sämtliche Dienste einem einzigen Unternehmen anzuvertrauen. Außerdem konnte man davon ausgehen, dass der Endverbraucher seinen Energieversorger lieber nach seinen eigenen Kriterien auswählen wollte – die in erster Linie tariforientiert sein würden und nicht danach, ob ihm ein ganzes Bündel von Angeboten mit Prämien winkte, die sich gegenüber dem vergleichsweise höheren Preis wenig überzeugend ausnahmen. Aber warum ignorierte die Literatur all diese Dinge vor vier bis fünf Jahren?

Wir konzentrierten uns auf unser Konzept der Umweltdienste und verließen uns damit ein weiteres Mal auf unsere Tradition, auf unsere Erfahrung und unsere direkte Kundenbeziehung. Darauf bauend, schlugen wir eigene Wege ein. Eine „konservative“ Wahrnehmung unseres Geschäfts, mag sein, zugleich allerdings auch eine, die intensive Innovation forderte und sich als sehr erfolgreich herausstellte.

Ist Konservativismus demnach der einzige Grund für unseren Erfolg?

Wahrscheinlich nicht. Konservativismus allein hätte uns veranlasst, uns auf unseren heimischen Markt zu beschränken, so wie es die Mehrzahl der Wasserversorger tat. Auch einige Kollegen empfahlen diese Beschränkung und beschworen sie im Namen der Weisheit. Kaum jedoch war die kühne Entscheidung gefallen, unser Unternehmen in ein globales zu wandeln und weltweit die Wasserversorgung und Abwasserbeseitigung unter einen Hut zu bringen, entstand ein einzigartiges Forschungsunternehmen und Wissensnetzwerk, in welches die globalen Erfahrungen einflossen. Und während mit jedem neuen Betrieb das Know-how wuchs, konnten wir uns auf unsere technische Kompetenz und unsere Führungstradition verlassen. Wir setzten auf dezentralisierte Vertragsbeziehungen zu lokalen Behörden, waren voll und ganz für sie da, hatten ein sicheres Gespür für die Stärken und Schwachpunkte im Geschäft, verfügten über ein konservatives Kostenmanagement und verließen uns auf Leute statt auf Strukturen. All das schützte uns vor jenen Risiken, die die meisten Konkurrenten gar nicht und zum Teil nicht einmal wir selbst vorhersahen. Und darin liegt der Schlüssel zu unserem Erfolg.

Ich bin nicht ganz sicher, ob unser Management tatsächlich als „konservatives“ im Druckerschen Sinne durchgehen kann, aber ich entdecke in unserer Geschichte eine Menge der Gedanken, die Peter Drucker zu dem Thema prägte. Letztlich kam unser Erfolg zustande, weil wir uns gleichermaßen auf Tradition und Innovation verließen und einen kühnen Ehrgeiz entwickelten.

Hermann Simon

Führung und Globalisierung

1. Einleitung

Wir leben im Zeitalter der Globalisierung. Doch was bedeutet Globalisierung heute für den Unternehmer? Welche neuen unternehmerischen Herausforderungen entstehen daraus, dass sich Märkte und Wettbewerb beschleunigt internationalisieren? Ich lege in meinen Ausführungen eher die Perspektive des mittelständischen Unternehmens als die des Großkonzerns an. Letztere sind im Prozess der Globalisierung oft weit gediehen und stehen deshalb vor spezifischen Problemen, etwa der globalen Organisation, der Ansiedlung von Kompetenzzentren, Akquisitionen in anderen Ländern und der darauf folgenden Integration. Insbesondere verfügen große multinationale Unternehmen meist über zahlreiche Führungskräfte, die aus verschiedenen Ländern stammen, und umfangreiche internationale Erfahrungen. Einem mittelständischen Unternehmer, der sein Geschäft im Heimatmarkt aufgebaut hat und der irgendwann mit der Entscheidung konfrontiert wird, ins „Ausland zu gehen“, stellen sich andere Herausforderungen. Ich will mich hierbei auf den Führungsbereich konzentrieren. Es geht also um Fragen, wie man Mitarbeiter für die Auslandsaktivitäten gewinnt, entwickelt und hält, wie die Unternehmenskultur gestaltet werden soll, wie Lernprozesse im internationalen Kontext ablaufen und wie sich die persönliche Rolle des Unternehmers verändert. Ich greife weniger auf Literatur als vielmehr auf meine eigenen Erfahrungen zurück, die ich in der internationalen Expansion von Simon, Kucher & Partners (SKP) gewonnen habe. SKP ist im Jahre 2004, als dieser Beitrag geschrieben wird, in acht Ländern mit eigenen Tochtergesellschaften vertreten und beabsichtigt, in den folgenden Jahren neue Büros in weiteren Ländern zu eröffnen. Daneben lasse ich Erkenntnisse aus meiner jahrelangen Befassung mit Hidden Champion-Unternehmen einfließen. Dies sind mittelständische Firmen, die in den letzten Jahrzehnten eine rapide Internationalisierung durchlaufen haben und heute vielfach weltmarktführende Positionen besitzen.[1]

Traditionell verbindet man mit den Begriffen Internationalisierung und Globalisierung Aktivitäten wie Export, Auslandsinvestitionen oder Akquisitionen. Doch das sind nur die sichtbaren und keineswegs neuen Manifestationen des Phänomens der Globalisierung. Die Literatur zu diesen Aktivitäten ist umfangreich, und hier gibt es wenig Neues zu berichten.[2] Für mich lagen und liegen die unternehmerischen Herausforderungen der Globalisierung auf anderen Feldern, vor allem in den Köpfen und den Herzen der Mitarbeiter. Sie sind geistiger, emotionaler und kultureller Art. Das hat damit zu tun, dass heute in verstärktem Maße die Globalisierung von Dienstleistungen, Wissen, Forschung und Entwicklung, Medien oder eben Beratung in den Vordergrund tritt. Es geht nicht mehr nur oder nicht mehr primär darum, Produkte über Ländergrenzen hinweg zu verkaufen und zu transportieren, sondern um die „Internationalisierung von Menschen". Die unternehmerischen Schwierigkeiten dieses Prozesses sind um ein Vielfaches höher. Für Simon, Kucher & Partners geht es in diesem Prozess insbesondere darum, unsere Werte und unsere Unternehmenskultur über Länder- und Kulturgrenzen hinweg zu implantieren. Diese Werte darf man in der üblicherweise gemeinten Bedeutung des Wortes sehr wohl als „konservativ" bezeichnen. Sie sind allerdings alles andere als „konservierend", vielmehr ist unser gesamtes Streben auf Veränderung und Innovation ausgerichtet, wobei stets unsere „konservativen Werte" zugrunde liegen. Die Herausforderung für uns könnte man also wie folgt formulieren: Wie schafft man es in einem Brain-Capital-Unternehmen zu globalisieren und gleichzeitig seine Werte zu bewahren?

---

[1] Vgl. Hermann Simon, *Die heimlichen Gewinner (Hidden Champions)*, Frankfurt am Main: Campus Verlag 1997.

[2] Siehe hierzu u.a. Vern Terpstra, Ravi Sarathy, *International Marketing*, Forth Worth, Texas: Hartcourt College Publishers 2000.

An dieser Stelle erscheint eine Konkretisierung des Begriffes „Globalisierung“ für unseren konkreten Fall angezeigt. In unserem „Vision and Values Statement“ haben wir formuliert: „Being global is a core element of our identity, goals, and strategy. This means having clients, employees, and offices in relevant countries all over the world. English is our corporate language and each employee is required to master it.“[3]

2. Konservative Werte als Fundament der Globalisierung

Um welche Werte geht es konkret? In unserer Vision bezeichnen wir uns als „intellectual republic of self-responsible citizens“.[4] Diese – zugegebenermaßen - etwas plakative Formulierung soll unser Selbstverständnis prägnant zum Ausdruck bringen. Wir haben vier konkrete Prinzipien festgelegt, die in unserer Arbeit unter allen Umständen zu beachten sind:

1. Ehrlichkeit,
2. Qualität,
3. Kreativität,
4. Schnelligkeit.

Jedes dieser Prinzipien hat eine Bedeutung nach innen und eine solche nach außen. Ehrlichkeit nach innen bedeutet, dass wir mit einem Minimum an Kontrollen auskommen wollen und unseren Mitarbeitern vertrauen. Qualität fordert nach innen hohe Qualifikation, nach außen Fehlerfreiheit und anspruchsvolles Niveau der Arbeitsresultate. Kreativität bringt zum Ausdruck, dass wir nach innen von jedem Mitarbeiter ein aktives Mitdenken auch über den eigenen Arbeitsbereich hinaus erwarten. Extern, also im Verhältnis zu unseren Klienten, bedeutet Kreativität, dass wir nicht mit vorgefertigten Rezepten antreten, sondern versuchen,

[3] Simon, Kucher & Partners, *Vision and Values*, Bonn: September 1998.

[4] Ididem.

eine möglichst spezifische Lösung zu entwickeln. Schnelligkeit erklärt sich selbst. In unserem achtseitigen Visionsstatement sind diese Grundprinzipien weiter erläutert. So erwarten wir beispielsweise von unseren Beratern unter dem Aspekt der Kreativität, dass sie selbst publizieren oder Vorträge halten und Wissen nicht nur passiv aufnehmen.

Unser Ziel ist es, diesen Prinzipien möglichst weltweit bei allen Mitarbeitern, egal in welchem Büro oder in welcher Arbeitsgruppe sie tätig sind, Geltung und Anerkennung zu verschaffen. Dabei wollen wir im Sinne der angesprochenen Eigenverantwortlichkeit Indoktrination und „Gehirnwäsche" unbedingt vermeiden. Wir legen Wert darauf, dass unsere Mitarbeiter ihre individuelle Persönlichkeit behalten und nicht in ein klonenhaftes Schema hineingleiten. Die Bewältigung der Polarität zwischen einheitlicher Unternehmenskultur und Führung einerseits sowie der Individualität des Einzelnen andererseits ist nicht trivial. Das Problem wird durch die Globalisierung und das damit einhergehende Aufeinandertreffen sehr unterschiedlicher Typen und Kulturen erheblich verschärft. So finden sich im Jahre 2004 unter unseren 220 Mitarbeitern 25 verschiedene Nationalitäten.

3. Die Globalisierung ist alt und neu zugleich

Unter dem Eindruck solcher Zahlen ist man geneigt, die Globalisierung und die aus ihr resultierenden Führungsherausforderungen für ein neues Phänomen zu halten. Diese Ansicht ist jedoch nur teilweise richtig. Denn die Globalisierung als solche ist keineswegs eine neue Erscheinung. Ein Beispiel für eine sehr alte globale Organisation ist die katholische Kirche, ein anderes der Jesuitenorden, dessen sieben Gründer aus fünf Ländern stammten. Innerhalb einer Generation schafften die Jesuiten es, in allen wichtigen Ländern eine Basis aufzubauen. Der Italiener Matteo Ricci brachte zunächst das „Büro" in Japan ans Laufen und wartete dann in China zwanzig Jahre auf einen Termin beim chinesischen

Kaiser – und bekam ihn. Es gab die „Weltreiche“ von Fugger oder der englischen East India Company. Bayer gründete seine amerikanische Tochtergesellschaft bereits im Jahre 1864. Und Siemens erzielte schon vor dem Ersten Weltkrieg mehr als die Hälfte seines Umsatzes im Ausland, vor allem in Russland. Ähnliches gilt für Robert Bosch, dessen größter Kunde im Jahre 1910 Henry Ford war.

Vor dem ersten Weltkrieg dürfte auch die kulturell am weitesten internationalisierte Gesellschaftsgruppe existiert haben. Ich meine vor allem den Adel sowie das Großbürgertum. Stefan Zweig beschreibt diese mondialisierte Gruppe in seinem Buch *Die Welt von gestern*.[5] Im *Zauberberg* von Thomas Mann scheint diese Gesellschaft ebenfalls durch.[6] Auch Peter Drucker entstammt dieser Welt.[7] Es war beispielsweise selbstverständlich, dass man gemeinsame Werte teilte und zahlreiche Sprachen beherrschte. Heute sind wir von einer Manager- oder Unternehmerelite mit internationaler Kultur weit entfernt. So stellt der Darmstädter Soziologieprofessor Michael Hartmann fest, dass „von einer wirklichen Internationalität der Unternehmensleitung bislang keine Rede sein kann“ und es weder „eine gemeinsame Elitesozialisation“ noch einen „eindeutigen transnationalen Habitus“ gebe. Es fehle bisher an dem, „was die herrschenden Klassen alter Großreiche ausgezeichnet habe: eine gemeinsame Kultur und Sprache“.[8] In einem Unternehmen muss man aber zu einer kulturellen Gemeinsamkeit finden, insbesondere wenn – wie im Falle eines weltweit agierenden Beratungsunternehmens – eine ständige Zusammenarbeit von Beratern aus verschiedenen Büros notwendig ist.

Die modernen Business Schools sind auf dem Wege, eine neue internationale „Managerklasse“ zu schaffen. Dennoch stellen wir heute große Unterschiede zwischen den Absolventen solcher Schulen aus unter-

---

[5] Stefan Zweig, *Die Welt von gestern – Erinnerungen eines Europäers*, Stockholm: Bermann-Fischer 1944.

[6] Vgl. Thomas Mann, *Der Zauberberg*, Berlin: S. Fischer 1924.

[7] Vgl. Peter Drucker, *Adventures of a Bystander*, New York: Harper & Row 1978.

[8] Michael Hartmann, „Das Topmanagement – national oder international?“, in: Hermann Simon (Hrsg.); *Unternehmenskultur und Strategie*, Frankfurt am Main: FAZ-Buch 2001.

schiedlichen Ländern fest. Zudem brauchen wir nicht nur MBAs, sondern auch Ingenieure und Naturwissenschaftler, die sich hinsichtlich ihrer Akkulturation von den MBAs stark unterscheiden.

Ich formuliere ein erstes Zwischenfazit: Die kulturelle und geistige Integration erweist sich als schwieriger als die Internationalisierung der äußeren Aktivitäten. Die größte Herausforderung, der sich vor allem mittelständische (aber durchaus auch große) Unternehmen gegenübersehen, betrifft die Globalisierung der Führung und der Unternehmenskultur.

4. Der Prozess der Globalisierung – zwei Fallstudien

Ein Unternehmen startet normalerweise in einem Land und hat in seiner frühen Phase meist auch nur Mitarbeiter aus diesem Land. Irgendwann kommt dann der Punkt, an dem die Entscheidung ansteht, ins „Ausland zu gehen“. Es stellen sich in dieser Situation die üblichen Fragen wie: in welches Land, in welcher Länderreihenfolge, mit welchen Mitteln etc.? Diese „strategischen Fragen“ sollen uns hier nicht beschäftigen, sondern wir wollen zunächst das Gesamtbild der internationalen Expansion anhand zweier praktischer Fälle betrachten und an diesen die Herausforderungen beispielhaft illustrieren.

Abbildung 1 zeigt die internationale Expansion der Firma Kärcher. Kärcher, heute Weltmarktführer für Hochdruckreiniger, wurde 1935 gegründet. Die erste Auslandsniederlassung wurde erst 1962 in Frankreich errichtet. Auch in den folgenden Jahren verlief der Prozess der Internationalisierung über Niederlassungen in Nachbarländern Deutschlands relativ langsam. Bis 1974 hatte das Unternehmen nur vier ausländische Niederlassungen (Frankreich, Österreich, Schweiz und Italien). Ernsthaft begann der Prozess der Globalisierung erst im Jahre 1975, als ein neues Managementteam die Führung übernahm. In den nächsten beiden Jahrzehnten wurden elf bzw. 14 neue Niederlassungen gegründet. Dahinter stand eine ausgesprochen langfristige Strategie, die 1975 unter dem Titel „Vision 1995" formuliert wurde.

Seit 1995 bis einschließlich 2003 kamen weitere sieben Niederlassungen hinzu. Ohne Zweifel wird die Zahl der Neugründungen in den nächsten Jahren weiter steigen.

Globalisierung: Fallbeispiel Kärcher

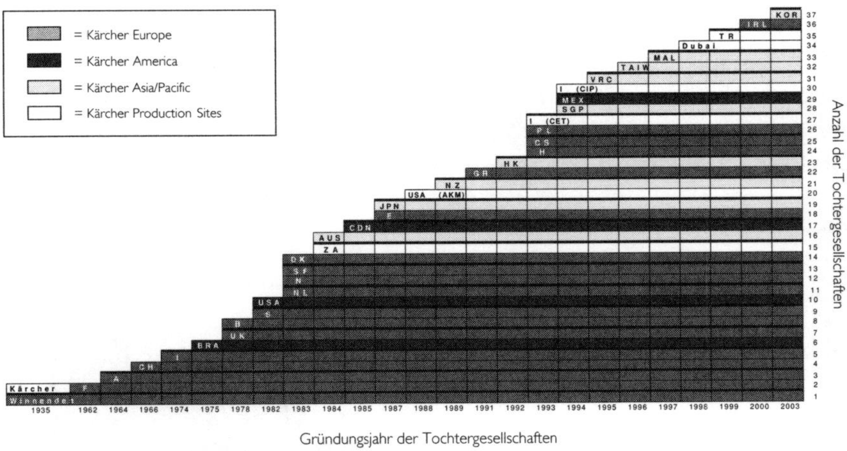

Abb. 1: Der Globalisierungsprozess von Kärcher

Für Kärcher bestand der Engpass der Entwicklung darin, die richtigen Führungskräfte zu finden bzw. zu entwickeln. Der Multiplikationsprozess von Land zu Land hängt mehr von Schlüsselmitarbeitern ab als von Systemfragen. Dies erklärt, warum der Prozess Jahrzehnte dauert. In der Anfangsphase war die internationale Erfahrung bei Kärcher sehr begrenzt. Das Unternehmen hatte nur wenige Mitarbeiter, die ausschwärmen konnten, um Auslandsniederlassungen aufzubauen. Allmählich wurden mehr Mitarbeiter mit diesen Aktivitäten vertraut, und der Prozess konnte beschleunigt werden. Nachdem ein hohes Erfahrungsniveau erreicht war, gelang es Kärcher, sehr schnell zu internationalisieren. Der

Prozess der Globalisierung ist also in erster Linie ein unternehmerischer Lernprozess, man könnte auch sagen, ein Prozess, in dem – neben funktionalen Managementerfahrungen – Werte vermittelt werden. Denn gerade in mittelständischen Unternehmen sind gemeinsame Werte der Kitt, der solche komplexen Gebilde zusammenhält und steuerbar macht. Es versteht sich, dass diese Prozesse nicht glatt und ohne Schwierigkeiten ablaufen. Fast immer erlebt man in den einzelnen Ländern ernste Probleme oder gar Krisen, insbesondere auf schwierig zu erobernden Märkten wie USA oder Japan. Der Globalisierungsprozess von Kärcher und seine Probleme sind typisch für viele Mittelständler.

Ein Beispiel für ein Unternehmen, dessen Globalisierung sich in einem viel früheren Stadium befindet, ist die auf Strategie und Marketing spezialisierte Unternehmensberatung Simon, Kucher & Partners. Abbildung 2 illustriert den internationalen Expansionspfad.

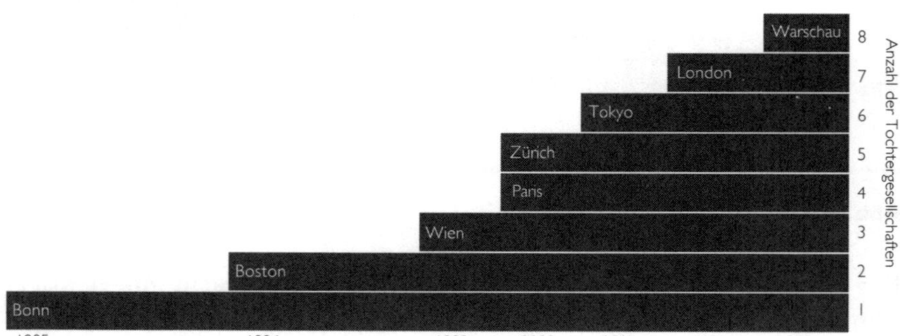

Abb. 2: Globalisierungsprozess von Simon, Kucher & Partners

Nach der Gründung im Jahre 1985 dauerte es elf Jahre, bis das erste Auslandsbüro eröffnet wurde. Es ist ungewöhnlich, dass dieser erste Schritt in den US-Markt erfolgte. Dahinter stand der im Visionsstatement formulierte Anspruch „Our standard is the worldclass" und die daraus abgeleitete Herausforderung, dass man sich in den USA, als dem wettbewerbsintensivsten Markt, behaupten muss. Die Abfolge der weiteren Neueröffnungen erscheint eher unsystematisch, zum Beispiel Tokio ein Jahr früher als London. In der Tat ist diese Sequenz primär personen- und weniger strategiegetrieben. Während die Vision der globalen Expansion konsequent durchgehalten wird, richtet sich der konkrete Zeitpunkt eines Markteintrittes vor allem nach der Verfügbarkeit geeigneter Führungskräfte.

Dieser Faktor lässt sich nicht beliebig langfristig steuern, sondern ist oft von eher zufälligen Gegebenheiten abhängig. Führungs- und Kulturaspekte waren bei SKP stets wichtiger als Strategie- und Organisationskriterien (wie etwa Marktgröße). Diese Einsicht bestätigte sich vielfach in meinen Erfahrungen mit mittelständischen Unternehmen. Diese Unternehmen werden nicht primär durch Systeme, sondern durch eine überschaubare Gruppe von Menschen, die sich gemeinsamen Werten verschrieben haben, geleitet. In unserem Falle sind das die Partner. Sie spielen insofern die zentrale Rolle in der Globalisierung und den damit verbundenen Führungsproblemen.

Als zweites Zwischenfazit sei festgehalten, dass die unternehmerischen Herausforderungen der Globalisierung vor allem Personal-, Führungs- und Kulturaspekte betreffen. Strategische und organisatorische Überlegungen treten im Vergleich dazu deutlich in den Hintergrund.

5. Talente gewinnen und halten

Wie zeigen sich nun die Herausforderungen konkret? Ich will im Folgenden speziell auf Talentgewinnung und Führungskräfteentwicklung eingehen. Bei der Globalisierung geht es nicht mehr primär um Standorte, niedrige Kosten, Währungsaspekte oder staatlichen Einfluss. Mit der angesprochenen Tendenz zur Dienstleistungs-, Informations- und Wissensgesellschaft verlagert sich der Wettbewerb auf Wissen und Talente. Nur wer die Besten gewinnen und halten kann, wird im weltweiten Konkurrenzkampf obsiegen. Dazu schreibt das *Wall Street Journal*: „Global operierende Unternehmen befinden sich im Krieg um die besten Talente des 21. Jahrhunderts. Die Gewinnung von Weltklasseabsolventen wird immer schwieriger. Große wie kleine Firmen müssen diesen High-Potentials überzeugende Gründe bieten, zu ihnen zu stoßen und bei ihnen zu bleiben."[9]

Es versteht sich, dass die Unternehmenskultur in diesem Kontext eine herausragende Rolle spielt. Firmen, die eine stark durch nationale Eigenheiten geprägte Kultur aufweisen, tun sich bei der Gewinnung ausländischer Absolventen schwer. Gerade gute Unternehmen besitzen Unternehmenskulturen mit Ecken und Kanten, die oft nationale oder sogar regionale Tugenden besonders betonen. In dieser Situation gibt es nur zwei Wege, die sich nicht gegenseitig ausschließen, sondern am besten parallel beschritten werden. Zum einen gilt es, gezielt Mitarbeiter anzusprechen, denen die spezielle kulturelle Ausprägung zusagt. Zum anderen ist die angestammte Kultur in Richtung wahrer Globalität weiter zu entwickeln.

Simon, Kucher & Partners hat beides getan. Obwohl wir uns nicht als deutsches, sondern als globales Unternehmen verstehen, werden wir von Bewerbern im Ausland tendenziell als „deutsch" wahrgenommen. Allein die Größe des deutschen Büros und das Übergewicht Deutscher unter den Partnern induziert eine solche Wahrnehmung. In mehreren Ländern haben wir deshalb beim Markteintritt Mitarbeiter angeheuert, die sich durch eine gewisse Affinität zu Deutschland auszeichneten, sei es, dass sie Deutsch gelernt, in Deutschland studiert oder Vorfahren aus Deutschland hatten. Solche Affinitäten erzeugen eine höhere Bindung und Identifikation. Zudem ergeben sich objektive Vorteile bei der Einsetzbarkeit etwa im deutschen Büro oder bei der Übernahme von Wertesystemen. In den USA sind wir aber nach acht Jahren Marktpräsenz so weit, auf diese Auswahlkriterien verzichten zu können. Dort gewinnen wir selbst

[9] *The Wall Street Journal Europe*, February 23, 1999.

von den Top-Universitäten Absolventen, ohne dass die Beziehung zu Deutschland eine Rolle spielt. Die obigen Überlegungen zur Affinität gelten also für die Vorbereitungs- und Eingangsphase, die durchaus mehrere Jahre dauern kann, verlieren aber nach und nach an Bedeutung.

Darüber hinaus arbeiten wir ständig – auch gegen innere Widerstände und Trägheiten – daran, unsere Kultur in Richtung Globalität weiter zu entwickeln. Das betrifft die Mitarbeiterinformation, die Einführung von Englisch als Unternehmenssprache oder auch die Zusammenführung von Mitarbeitern aus verschiedenen Ländern zwecks persönlichen Kennenlernens.

Für neue Mitarbeiter veranstalten wir ein einwöchiges Einführungsseminar in Bonn. Wir stellen immer wieder fest, dass die Gruppen aus demselben Seminar über Jahre zusammenhalten. Ähnliches gilt für Seminare zu Inhalten wie Methodik, Projektmanagement etc. Im Dezember laden wir alle Mitarbeiter weltweit zum „SKP World Meeting", einer Arbeitstagung, sowie zur Weihnachtsfeier nach Bonn ein. In den ersten Jahren hatte diese Feier einen deutlich christlich-deutschen Anstrich („Christmas Party"). Heute haben wir in unserem Kreis jedoch Angehörige jüdischen, moslemischen und shintoistischen Glaubens. Auf Wunsch der Mitarbeiter gestalten wir deshalb die Feier heute neutraler als früher. Sie heißt jetzt „Holiday Party".

Das „World Meeting", an dem im Jahre 2003 nahezu alle 200 Mitarbeiter teilnahmen, widmet sich in erster Linie dem gemeinsamen Kennenlernen und dem Team Building. Bei solchen Aktivitäten beziehen wir selbstverständlich auch Unterstützungsfunktionen wie Sekretariat, Graphik, Information Services etc. mit ein.

Noch wichtiger, aber auch mit größerem Aufwand verbunden, ist der grenzüberschreitende Einsatz von Mitarbeitern. Im Jahre 2004 haben wir Mitarbeiter aus zehn verschiedenen Ländern, die im Hauptbüro Bonn „on the job" trainiert werden. In umgekehrter Richtung wurden in den vergangenen Jahren zahlreiche Mitarbeiter in nichtdeutsche Büros entsandt. Die Aufenthalte bewegen sich dabei zwischen mehreren Wochen, etwa im Rahmen eines Projektes, oder mehreren Jahren bei dauerhafter Entsendung. Der Chef unseres Büros in Tokio ist ein Pole, der Chef unseres Londoner Büros hat vor Jahren bei der Eröffnung des Büros in Boston mitgearbeitet und wichtige Erfahrungen gewonnen. Projektteams bestehen regelmäßig aus Mitarbeitern mehrerer Büros.

Diese länderübergreifenden Aktivitäten bewirken, dass sich möglichst viele Mitarbeiter persönlich kennenlernen sowie eine gemeinsame globale Unternehmenskultur geschaffen wird, die von Mitarbeitern wie Bewerbern als in hohem Maße attraktiv empfunden wird. Dies ist in unserem Falle umso wichtiger, als wir überzeugt sind, dass der Wissenstransfer („Wissensmanagement") am effektivsten nicht über formale Systeme (IT, Dokumente), sondern über persönlichen Austausch erfolgt. Das setzt persönliches Kennenlernen und Vertrauen voraus.

Moderne Kommunikationstechniken erleichtern die Globalisierung in einem globalen Unternehmen erheblich. Als besonders markantes Beispiel sei der „Chairman's Newsletter" genannt, den ich jeden Freitag um 9 Uhr mitteleuropäischer Zeit an alle Mitarbeiter weltweit per E-Mail versende. Der Newsletter erreicht die Mitarbeiter im Büro Tokio gerade noch vor Büroschluss und diejenigen im Büro Boston zum Arbeitsbeginn. Ich nutze diesen Brief sowohl zur aktuellen Information, wie insbesondere auch, um immer wieder unsere Werte zu kommunizieren. Letzteres mache ich in aller Regel an konkreten Beispielen aus der ablaufenden Woche fest, in denen unsere Prinzipien besonders vorbildlich oder eben auch nicht so gut praktiziert wurden. Lob und Kritik kommen gleichermaßen vor.

Ein wichtiger Schritt, den wir im Jahre 1998 vollzogen, war der Übergang zu Englisch als „Corporate Language". Seitdem werden sämtliche Dokumente, die für alle Mitarbeiter gelten, nur noch auf Englisch verfasst. Als Beispiel sei das „SKP Manual" genannt, in dem wir alle für die Mitarbeiter relevanten Informationen und Regeln zusammengefasst haben. Auch die Weiterbildungsveranstaltungen und Seminare finden generell in englischer Sprache statt. Während dieser Übergang auf Seite der deutschen Mitarbeiter teilweise Probleme bereitete, wissen die nichtdeutschen Kollegen die universelle Sprache sehr zu schätzen.

Ich möchte ausdrücklich betonen, dass der Weg zur internationalen Unternehmenskultur schwer ist. Ausländische Mitarbeiter müssen sich in ungewohnten Umgebungen einarbeiten. Verständnis- und Sprachprobleme bedingen Friktionen und Effizienzverluste. Echte und vermutete Vorurteile führen zu falschen Entscheidungen. Solche Hindernisse und Reibungen lassen sich nur überwinden, wenn es seitens der Verantwortlichen eine eindeutige Führung, eine klare Vision, von allen geteilte Werte und ein unbeugsames Durchhalten gibt.

Bei Simon, Kucher & Partners kämpfen wir mit den gleichen Schwierigkeiten wie andere Unternehmen. Unser erstes Auslandsbüro wurde in den USA von einem deutschen Partner, unterstützt durch einen Senior Consultant, gegründet. Idealerweise bereiten wir Mitarbeiter aus dem jeweiligen Land durch einen mehrmonatigen bis mehrjährigen Aufenthalt in der Bonner Zentrale auf den Markteintritt vor. Dies haben wir beispielsweise für Frankreich, Japan, England und Polen praktiziert. Das Hauptproblem dabei sind nicht die Anfänger, sie kommen gerne für einen längeren Zeitraum nach Deutschland. Sehr viel schwieriger ist dies bei erfahrenen Beratern, die nur sehr schwer zu einem längeren Aufenthalt in der deutschen Zentrale oder einem anderen Auslandsbüro bewegt werden können. Neben der Schwierigkeit, Führungskräfte, die aus einer anderen Kultur kommen, zu integrieren, war dies für uns ein sehr wichtiger Grund, verstärkt auf die Entwicklung des Führungsnachwuchses aus eigenen Reihen zu setzen. Allerdings verlängert sich dadurch der Zeitbedarf für die Globalisierung erheblich. Lange Vorlaufzeiten erschweren zudem die Gewinnung von High Potentials. Denn diese sind meist ungeduldig und wollen präzise wissen, wann das neue Büro in ihrem Heimatland eröffnet wird. Diese Präzision kollidiert jedoch mit den Unwägbarkeiten der Personalentwicklung. Wann immer möglich, entsenden wir Mitarbeiter aus der Zentrale bzw. bestehenden Büros mit in die Neueröffnungen. Dadurch erreichen wir eine Mischung von erfahrenen und neuen Beratern. Die Unternehmenskultur lässt sich am effektivsten über die Menschen transportieren.

Ich ziehe ein drittes Zwischenfazit: Im globalen Wettbewerb geht es heute vor allem um die besten Talente. Diese wird man nur gewinnen und halten, wenn es gelingt, eine wahrhaft globale Unternehmenskultur zu schaffen, in der sich Mitarbeiter aus allen Ländern wohl fühlen und die den Wissenstransfer über Länder- und Sprachgrenzen hinweg fördert.

6. Führungskräfteentwicklung

Die Führungskräfte, in unserem Falle sind das die Partner, bilden den Schlüsselfaktor für die erfolgreiche Globalisierung. Diese Aussage hat meiner Erfahrung nach nahezu universelle Gültigkeit. Wie entwickelt man die Führungskräfte, die den hohen Forderungen der globalen Führung gerecht werden?

Im Jahre 2004 haben wir 20 Partner, von denen 14 in Deutschland, vier in USA, einer in Frankreich und einer in England stationiert sind. 18 Partner haben die deutsche Nationalität, viele von diesen umfangreiche Auslandserfahrung. Bei der Auswahl der Partner legen wir großes Gewicht auf die Akzeptanz unserer Werte und auf kulturellen Fit. Jeder Kandidat wird von zwei Partnern intensiv beurteilt, diese kommen idealerweise aus anderen Büros und Ländern.

Die Partner treffen sich viermal im Jahr zu Partners' Meetings, die zwischen ein und zwei Tagen dauern. In Zukunft soll der Anteil von Partnern nichtdeutscher Nationalität stark ansteigen, allerdings ist auch das ein zeitraubender Prozess. Schnelle und kurzfristige Änderungen, etwa durch eine schnelle Hinzunahme von Quereinsteigern, erscheinen mit der Unternehmenskultur nur schwer vereinbar.

Viele Partner haben eine Aufgabe übernommen, die das Gesamtunternehmen betrifft. So ist der Leiter unseres Bostoner Büros weltweit für den Internetauftritt zuständig. Partner in verschiedenen Büros leiten Kompetenzzentren, die länderübergreifend agieren. Auf diese Weise bewirken wir eine Vernetzung zwischen den Partnern, die der natürlichen Tendenz zum „Büro-" oder „Profit-Center-Egoismus" zuwiderläuft.

Ein interessantes Bindeglied bilden die Auftritte von Partnern, aber auch anderer erfahrener Berater, in der internen Weiterbildung, die unter dem Namen „SKP University" läuft. Wann immer Partner an einen unserer Bürostandorte reisen, sind sie aufgefordert, für die Mitarbeiter dort einen Vortrag zu halten. Diese Vorträge können sowohl genereller Art, etwa zu Methoden, Strategieansätzen, als auch projektspezifischer Art sein.

Als viertes Zwischenfazit sei festgehalten, dass die Führungskräfte für die Globalisierung der Unternehmenskultur die zentrale Rolle spielen. Eine globale Unternehmenskultur kommt nur zustande, wenn die Führungskräfte direkt interagieren und sich kennen lernen, um auf diese Weise gemeinsam geteilte Werte zu entwickeln. Alle Maßnahmen, die dieses Ziel fördern, verdienen hohe Priorität. Der Prozess der Internationalisierung der Werte braucht viel Zeit.

7. Begrenzungen durch Distanz und Zeit

Trotz aller Euphorie und der scheinbaren Aufhebung von Ort und Zeit durch die moderne Telekommunikation sollte man auf dem Boden bleiben. Ich meine das im wörtlichen Sinne und will deshalb einige geographische Aspekte der Globalisierung ansprechen. Daraus ergeben sich auch Führungsimplikationen. Wenn ich sage, dass kulturelle Integration persönliche Interaktion erfordert, dann stößt man schnell an physische Grenzen. Allerdings wird dieses Thema in der gesamten Diskussion um die Globalisierung unter den Teppich gekehrt. Das dürfte sich langfristig rächen. Denn die Erde hat nach wie vor 40000 Kilometer Umfang, es gibt Zeitzonen, die Reisegeschwindigkeit hat sich seit den sechziger Jahren nicht erhöht, und das Überschallzeitalter scheint nach dem Rückzug der Concorde dem Ende entgegen zu gehen.[10]

Vor einiger Zeit sprach ich mit dem Vorstand eines Automobilunternehmens. Er berichtete mir über seine zahlreichen Transatlantik- und Asien-Reisen und wie sehr diese an seiner Kondition nagten. Der Geschäftsbereichsleiter eines Elektronikzulieferers, in Frankfurt am Main stationiert, beklagte sich über seine ständigen Reisen zu Kunden in Japan und im Silicon-Valley. Er war Anfang vierzig, sah aber eher wie Ende fünfzig aus.

Auch bei uns gibt es solche Probleme. Manche unserer Partner müssen sehr viel interkontinental reisen, da sie globale Kunden betreuen. Die

---

[10] Vgl. für eine vertiefte Diskussion Hermann Simon, *Think!*, Frankfurt am Main: Campus Verlag 2004.

Lage Westeuropas erweist sich dabei als Vorteil. Die geostrategische Position dieser Region ist einzigartig. Westeuropa ist nämlich die einzige Region der nördlichen Hemisphäre – dort liegen die wesentlichen Wirtschaftszentren, in der man innerhalb etwas ausgeweiteter Bürozeiten mit ganz Eurasien und ganz Amerika (inklusive Westküste) kommunizieren kann. Die Ursache dafür liegt im „Dreieckscharakter" der Erde. Die drei Seiten des Dreiecks sind die eurasische Landmasse, Transatlantica (Westeuropa bis Westküste USA) und der große Pazifik. Westeuropa liegt genau in der Mitte der beiden „Landseiten" dieses Dreiecks. Der geostrategische Vorteil gilt nicht nur für die Telekommunikation, sondern auch für Reisen. Entscheidender Grund ist hier, dass man aus Westeuropa nie den weiten Pazifik überqueren muss, um in die wirtschaftlich bedeutsamsten Länder zu reisen. Man kann also sagen, dass sich Westeuropa als Standort, von dem aus wir unsere internationale Expansion vorantreiben, besonders eignet. Von hier lässt sich die für die Kulturintegration unerlässlich mediale und persönliche Kommunikation vergleichsweise effizient bewerkstelligen. Langfristig muss es aber unser Ziel sein, die Büros in den einzelnen Ländern – auf Basis gemeinsamer Werte – möglichst autonom zu machen, um die kräftezehrenden Reisen zu minimieren.

Unser Ursprung in Deutschland bzw. Westeuropa hat aber auch einen Nachteil. Management, Marketing, Consulting werden in den Augen der meisten Kunden mit USA in Verbindung gebracht. Berater, die dort ihren Ursprung haben, treffen auf eine höhere Anfangsakzeptanz, zumal fast alle großen Beratungsfirmen aus USA stammen. Diesen Nachteil mussten und müssen wir in manchen Erstkontakten mit Klienten außerhalb Deutschlands überwinden.

Ich resümiere, dass die Globalisierung den Gesetzen der Distanzen und der Zeitzonen unterworfen bleibt. Westeuropa besitzt eine für die Globalisierung besonders günstige geostrategische Position, die allerdings in der Beratungsbranche mit einem Imagenachteil verbunden ist.

8. Globalität als Ziel

Die mentale und kulturelle Globalisierung ist eine große Herausforderung für Unternehmer. Für die meisten Menschen ist die Nationalität Teil ihrer Identität. Sie sollen ihre nationalen Werte nicht verleugnen, aber die Mitarbeiter und Führungskräfte müssen über sie hinauswachsen, auf die Werte anderer Länder zugehen und diese integrieren. Sie müssen sich befreien von Vorurteilen, Stereotypen, Präferenzen und Verhaltensweisen, die Menschen aus anderen Ländern und Kulturkreisen stören. Natürlich darf man das reziproke Verhalten von diesen erwarten. Oft muss man aber in Vorleistung gehen. Es geht darum die Zacken zu beseitigen, an denen sich die anderen unnötig reiben. Das Ziel heißt „Globalität". Wahre Globalität der Unternehmenskultur ist erst dann erreicht, wenn jeder Mitarbeiter unabhängig von seiner Herkunft, Nationalität, Kultur und Religion gefördert und befördert wird. Das ist ein langer Weg. Es ist die Überwindung des kulturellen Turms von Babel in den Köpfen und Herzen der Menschen. Der Unternehmer muss auf diesem Weg vorangehen, Vorbild sein und darf nie aufgeben. Das Ziel ist klar: Das Erreichen wahrer Globalität, bei der die Herkunft nach Land und Kultur für das Fortkommen im Unternehmen keine Rolle mehr spielt. Ich kenne kein Unternehmen, dass diesem Ziel heute auch nur nahe wäre.

9. Zusammenfassung

Die gerade erst beginnende Globalisierung konfrontiert den Unternehmer mit großen Führungsherausforderungen. Die größte Herausforderung liegt in der Globalisierung der Köpfe und der Herzen. Im globalen Wettbewerb geht es heute vor allem um die besten Talente und Führungskräfte. Diese gewinnt und hält man nur, wenn die Unternehmenskultur wahrhaft global wird und sich Mitarbeiter aus allen Ländern wohlfühlen. Eine globale Kultur kommt nur zustande, wenn die Menschen direkt interagieren und kommunizieren. Grundlage müssen dabei immer gemeinsame Werte sein. Der Unternehmer muss die Bedingungen schaffen, die Incentives setzen und die richtigen Leute auswählen. Alle Maßnahmen, die diesem Ziel dienen, verdienen höchste Priorität.

Die Globalisierung bleibt den Gesetzen der Distanz und der Zeit unterworfen. Westeuropa besitzt eine geostrategisch einzigartige Position, die eine Globalisierung von Unternehmen in dieser Region begünstigt, aber mit Imagenachteilen verbunden sein kann. Globalität ist nichts anderes als die Überwindung des Turmes von Babel in den Köpfen und den Herzen der Mitarbeiter. Hier liegt der Kern der unternehmerischen Führungsaufgabe im sich globalisierenden Unternehmen.

Klaus Woltron

Die alten Tugenden

Einleitung

Ich werde keine Managementlehre verkünden. Das können andere systematischer, strenger und geordneter als ich, z.B. Prof. Peter Drucker,[1] der Altmeister. Lediglich ein paar Geschichten werde ich erzählen, geistige Angeln auswerfen. Fischen kann jeder dann selber. Zum Leitthema, dem Bewährtheitsprinzip, eine ganz persönliche Position, zum Schluss.

Selbsterdachtes und -erlebtes ist wertvoller als Angelerntes. Gleich jetzt, zu Anfang der Geschichten, die ich erzählen werde, sei es festgestellt: Ich traue keiner gerade hochgejubelten Managementlehre und hege eine tiefe Abneigung gegen Gurus, die im Brustton der Überzeugung Patentrezepte propagieren. *(Das ist, paradoxerweise, wohl auch das Geheimrezept Peter Druckers.)* Ich hänge weder dem Prinzip der totalen Dezentralisation, der reinen Lehre der Economies of Scale, der straffen, zentralisierten Führungsorganisation oder den diversen *Management-by*-Plattitüden an. Jede Medizin will zu ihrer Zeit und ganz individuell eingeträufelt sein. Das kann man natürlich zum Beliebigkeitsstandpunkt erklären. Dennoch lassen sich alle Handlungen und Prinzipien eines Menschen, der für andere Verantwortung zu tragen hat, recht genau an einigen Fixpunkten festmachen.

Welche das sind, werde ich im Folgenden, indirekt, konkretisieren.

[1] P.F. Drucker, *A functioning society*, Trans. Pub. USA/London, 2003.

Zürich/Stockholm, 1988

Der Weltstar: Erfolg und Misserfolg

Percy Barnevik war mein Chef in der Zeit, als der Elektrokonzern ABB jählings zu einem weltberühmten Business Case heranreifte. Aus dem zu Anfang faszinierenden Spross der Hochzeit zwischen der behäbigen Brown Boveri und der skandinavischen ASEA (hinter den sieben Bergen bei den sieben Rentieren) wurde später ein sich selbst verschlingendes Monster, da alle Häuptlinge, wahrscheinlich auch Percy selbst, von der gängigen Hybris der schieren Größe[2] heimgesucht wurden.

Lange vor diesem zweiten, betrüblichen Business Case leitete ich bis 1994 die österreichische Firmengruppe des Konzerns, den Barnevik in zwei Jahren geschmiedet hatte. Ich erinnere mich noch an das Auftaktmeeting aller Konzernmanager in Genf, 1988 oder 89. Die meisten Teilnehmer kannten einander nicht, stammten aus verschiedenen Staaten und Firmen, die einander jahrzehntelang als Widersacher betrachtet hatten.

Barnevik hielt eine mitreißende Rede. Er fütterte zwei vor ihm stehende Overheadprojektoren mit beiden Händen und blauen Folien, um uns die von ihm entwickelten Prinzipien, Ziele, Strukturen, Arbeitsweisen und Routinen zu vermitteln. Er erzählte Erfolgsgeschichten, sprach einige von uns – zu deren schockartiger Erschütterung – in dem riesigen UNO-Tagungssaal namentlich an und hinterließ eine sprachlose, homogene Masse von Menschen, die ab diesem Zeitpunkt davon überzeugt waren, Teil eines Jahrhundertprojekts, Mitarbeiter von einem, der sein Handwerk verstand, kurz: Familienmitglieder einer Aristokratie, zu sein.

Kam Barnevik nach Wien, so wusste er alle Zahlen und Fakten über meine Firmen. Stets hielt er eine Ansprache an meine Führungskräfte, anlässlich derer er, in etwas abgewandelter Form, immer wieder dieselben Themen bearbeitete:

- *Was hält uns zusammen?*
- *Wo sind unsere gemeinsamen Ziele?*

---

[2] K. Woltron, *Die sieben Narrheiten des 21. Jahrhunderts*, NP – Buchverlag, 2003.

- *Wie erreichen wir sie?*
- *Worauf kommts dabei an?*
- *Wie gehen wir miteinander um?*
- *Welche drei Ziele (mehr dürfen es jeweils nicht sein) haben wir uns für das heurige Jahr vorgenommen?*
- *Wie weit sind wir gekommen?*

> *„Don't think I'm a fool 'cause I'm telling always the same story. The really important things you have to repeat a hundred times before they are burnt in everybody's brain."*

Er lebte diese Verhaltensweisen vor. Er nahm sich Zeit für jeden, wurde aber ungeduldig, wenn jemand weitschweifig ausholte. *„You are wasting my time."* Er brachte die Dinge auf den Punkt. Er überblickte, woraufs ankam. Er sprach offen aus, wenn ihm etwas nicht passte. Man wusste, woran man bei ihm war. Er selbst blieb auf dem Pfad, den er uns vorgegeben hatte. Er lockte Spitzenleute von außen an, denen es eine Ehre und ein Vergnügen war, für ihn zu arbeiten.

> Wann ABB vom rechten Wege abkam, was Percival Barnevik selbst dazu beitrug und warum das spätere Übel geschah, weiß ich nicht. Damals war ich schon lange mein eigener Herr und hatte andere Sorgen.

Einer seiner Kollegen – verdrängt sei sein Name – war das glatte Gegenteil. Er war unangenehm freundlich. Kulturbeflissen. Adelsstolz. Immer bestens gekleidet. Bei allen Festspielen präsent. Arrogant. Er sprach in leicht nasalem Ton, und meist Belangloses. Er legt sich nie fest. Wollte man von ihm Rat, zeigte er, sinngemäß, in alle Himmelsrichtungen. Natürlich hatte er dann immer Recht. War's das Richtige, hatte er es bewirkt. Ging's daneben, hatte er gewarnt. Seine zarten Händchen hatten noch nie ein Werkzeug, das schwerer war als fünfzig Gramm, berührt. Wie er an seinen Posten gelangen konnte, blieb schleierhaft. Er brachte nichts wirklich zustande. Manch guter Mann verließ seinetwegen die Firma. Ich *(falls ich einer bin)* tat desgleichen, lange vor dem großen Crash. Ich hatte nicht gewarnt. Bedenken aber hatte ich schon.

Brasilien 1980

Wissenstransfer unter steiermärkischer Patronanz

Wir – 7 Österreicher, etliche Deutsche und einige hundert Brasilianer – bauten eine Schwerkomponentenfabrik an der brasilianischen Atlantikküste, in Itaguaí, 80 km südlich von Rio de Janeiro. Als *Funcionarios* des *Programa Nuclear* brauchten wir keine Strafmandate beim Übertreten der vorgeschriebenen Höchstgeschwindigkeit zu bezahlen. Keiner wusste demnach, wie hoch sie wirklich war.

Und keiner von uns hatte vorher eine auch nur annähernd so herausfordernde Hürde zu bewältigen gehabt. Allen war insgeheim klar, dass wir unserer Aufgabe – wenn überhaupt – erst gewachsen sein würden, wenn sie zu Ende gebracht war und wir also retrospektiv wissen würden, wie's wirklich funktionierte.

Heinrich Dorner war damals unser Fels in der Brandung. Er war Leiter des Projekts. Klein, drahtig, schon gereift, mit unverkennbarem steirischen Akzent (dieser sollte viel später durch Arnie Schwarzenegger zu Weltruhm gelangen) in allen mühsam gesprochenen Idiomen, hatte er es bei der Kraftwerks-Union in Erlangen zum Chef des Bereichs für Nukleare Schwerkomponenten gebracht. Reaktordruckgefäße, Hauptkühlmittelpumpen, Kerneinbauten waren sein offizielles Geschäft. Seine Leidenschaft aber war die Befindlichkeit und Führung von Menschen.

Eine Gruppe von vergleichsweise jungen Leuten, die unter den Argusaugen einer kritischen Umgebung eine schwierige, beispiellose Aufgabe zu bewältigen hat, ist mancherlei Zerreißproben ausgesetzt. Verborgene Charaktereigenschaften zeigen sich nach dem Aufplatzen sorgsam gehüteter Tarnschichten im gnadenlosen Tropenklima. Selbstverständliche Stützen, wie das Telefon, die vertraute Sekretärin, das eingespielte Team, die vielen Spezialisten, all das, was man von zu Hause gewohnt ist, fehlen. Die Kulturdifferenzen und Sprachprobleme tun ihr Übriges. Die meisten Ehefrauen langweilen sich im luxuriösen Ghetto am Palmenstrand, die braunen ortsansässigen Schönen tun das Ihre, um Sand ins überhitzte Getriebe zu bringen. Unser Problem war nicht so sehr, was wir fachlich zu bewältigen hatten. Es waren das Wie und die Umstände, die das Psychotop zum Sieden brachten.

Heinrich Dorner flog alle paar Monate für eine Woche ein. Dann lud er die Ehefrauen seiner Bande zum Abendessen. Allein. Ohne Männer. Er sprach mit dem schwarzen Portier der Fabrik (englisch konnte er nur radebrechen, aber irgendwie schaffte er es, sich zu verständigen). Er ließ sich von jedem von uns genau über den Fortgang berichten, konversierte mit den brasilianischen Kollegen und dem deutschen und österreichischen Botschafter. Nach zwei Tagen wusste er über die Befindlichkeit, die aktuellen sozialen Verhältnisse in der Gruppe, die Eheprobleme, Depressionen und Narrheiten besser Bescheid als wir selbst. Und als man dann daran ging, die offizielle Agenda (Arbeitsfortschritt, Kosten, Qualität, Termine etc.) zu erörtern, flocht er, meist indirekt, sein Wissen ein: Ermahnte diesen, tröstete jenen, teilte einem Dritten mit, dass er selbst, als er *„so jung wie ihr jetzt"* gewesen sei, *„auch die Hosen randvoll"* gehabt hätte. Störenfriede, die trotz Hilfe und Mahnung nicht in die Gruppe passen wollten oder konnten, entschwanden, fast unbemerkt, zurück in die Heimat.

Fachwissen war für Heinrich Dorner selbstverständlich. Er aber wusste mehr. Er kannte unsere Eigenheiten, Stärken, Schwächen, Ängste und Narreteien. Er kannte die krausen sozialen Verhältnisse in der Gruppe und goss, meist unbemerkt, Öl ins knirschende Getriebe. Ganz unauffällig löste er für viele von uns Probleme, die wir selbst nicht entwirren konnten, weil wir zu sehr Gefangene des selbst gemachten Labyrinths waren. Man merkte seine Bedeutung erst, wenn er länger nicht vor Ort war – wie beim Glasperlenspielmeister in Kastalien.[3]

Wir liebten ihn. Auch unsere Frauen taten es, ganz in Ehren natürlich. Das gefiel uns weniger. Wir schafften, wie wir nur konnten, und letztendlich funktionierte alles so, wie es, gemessen an den Verhältnissen, funktionieren konnte. Ich bin heute noch stolz drauf.

---

[3] H. Hesse, *Das Glasperlenspiel*; Suhrkamp 2002.

Österreich 1976

Die Lehren aus dem Rohbau

Als ich 31 Jahre alt war, baute ich mein zweites Haus. Es sollte gemäß den Vorstellungen meiner Frau recht groß werden. Ich hatte nicht genug Geld, um es vollständig von Professionellen errichten zu lassen und wählte daher die damals noch geduldete steuersparende Methode des Baues im Pfusch, mit gedungenen Spezialisten *(nicht gerade den alten Tugenden entsprechend, aber verjährt).* Jene Arbeiten, die ich im Zuge meiner diversen Praktika während des Studiums und bei meinem Vater gelernt hatte (Strom- und Wasserleitungen legen, Installation, Zwischenmauern und Fliesen) verrichtete ich selbst.

Die Leitung der Maurertruppe hatte ein sehniger, junger Bauernbursche aus einem nahe gelegenen Gebirgstal inne. Er war Vollwaise und eine Zeit lang Gemeindekind gewesen. Heimlich bewunderte ich ihn, der ich damals schon Träger zweier akademischer Titel war. Während er die Kelle schwang, eine Schar Hohlblockziegel nach der anderen hinblätterte und auf dem schwankenden Gerüst herumturnte, beobachtete er aus den Augenwinkeln seine Mannen, rief ihnen kurze, präzise Anordnungen zu, beschrieb in deftigen Worten die Konsistenz des zu bereitenden Mörtels, spezifizierte Stunden voraus jene Materialien, die zu beschaffen waren und listete am Ende des Tages wie ein Computer all jenes, das vorzubereiten, zu arrangieren und zu besorgen war, auf.

Er hatte den Überblick. Er dachte vor. *Quidquid agis, prudenter agas, et respice finem.*[4] *Was immer du tust: Sei klug und bedenke das Ende.* Dies schien sein Wahlspruch zu sein, obgleich er weder Latein konnte noch ein guter Rechner war. Letzteres verschloss ihm leider den Weg zum Polier. Dennoch folgte man ihm. Man vertraute ihm. Er verstand sein Handwerk und die ihm innewohnenden Gesetze und Algorithmen. Und er machte es allen anderen selber vor.

---

[4] abgewandelter Bibelspruch. Bei *Sirach 40* heißt es: *„Was du (auch) tust, (so) bedenke das Ende."*

Ein paar Jahre später baute er sein eigenes Haus und rührte ab diesem Zeitpunkt keine Kelle mehr an. Er war Vorarbeiter in einem großen Betrieb geworden. Ich habe viel gelernt von ihm, damals. Kappel heißt er.

Moskau/Wien 1972

Dr. Edelsteijn, die Weltraumsimulationskammer und konservatives Management à la Stachanow[5]

Als Siebenundzwanzigjähriger fand ich mich mit einemmal in der Rolle des Project Manager eines hoch komplexen und noch dazu politisch höchst sensiblen Projekts. Die Russen jagten den Erfolgen der USA in der Weltraumtechnologie nach. Österreich war ein idealer Ort, die damals noch höchst unvollkommenen und unverstandenen Nonproliferation-Bestrebungen der Amerikaner, was Hochtechnologie anlangte, zu umgehen.

So erhielt meine damalige Firma (ein Staatsbetrieb) den Auftrag, ein komplettes System zur Simulation der Klimaverhältnisse in einem Raumschiff und im Weltraum zu bauen – mit künstlicher Sonne, WC, –196 Grad Celsius (weniger ging nicht) und allem Drumherum. Leiter des Projekts auf der russischen Seite war ein brillanter Kenner der Materie, eben Dr. Edelsteijn. Wir flogen mehrfach um den Erdball, um alles, was gut und teuer (und von den USA verboten) war, zusammenzutragen.

Er war die Perfektion und Präzision in Person. Es gab noch keine PCs. Alle seine Aufzeichnungen und Spezifikationen fanden sich in handschriftlich erstellten Aufzeichnungen, die er in dicken Ordnern stets verfügbar hatte. Er befehligte ein Team von exzellenten Spezialisten, die ihm treu zur Seite standen und die er, ein schon etwas älterer, wunderschöner, wie ein Chassid anmutender Russe, wie eine Familie führte. Nie

[5] Am 31. August 1935 gelang es dem Hauer Aleksej Grigorjewitsch Stachanow (1906–1977), die gültige Arbeitsnorm um das Dreizehnfache zu überbieten und in einer einzigen Schicht 102 Tonnen Kohle zu fördern. Unter Berufung auf diesen Erfolg kam es in den folgenden Jahren in der Sowjetunion zu einer intensiven Rekordbewegung zur Steigerung der Arbeitsleistungen.

ein lautes Wort. Jeden Tag, nach Abschluss der Arbeiten, ein präzises „*Prratokol*". Langes Nachdenken, bevor er etwas von sich gab. Pünktlich wie die Uhr. Start um sechs Uhr früh, Schluss um sieben Uhr abends. Dazwischen präziseste, konzentrierteste Arbeit mit uns und seinen Leuten. Keine Attitüden, kein Statusgetue, keine Allüren. Professionellste Bescheidenheit. Nach Dienstschluss ein kleines Fest mit Kwaß, Wodka, Trockenfisch (immer brachte er dabei mit einem Streichholz die Fischblase effektvoll zum Platzen) und, als Krönung, „*Kanjak*" (mit Betonung auf der zweiten Silbe).

Das eindrucksvolle Riesending wurde pünktlich fertig und verrichtete treu seinen Dienst im Institut für Biophysik in Moskau. Bis die Wende kam und alles ganz anders wurde.

Japan 1983

Der Samurai und die Philosophie auf der Serviette

Im Jahr 1983 saß ich, erschöpft von einem anstrengenden Verhandlungstag, den Jet-Lag noch in den Knochen, in einer schummrigen Karaokebar in Tokio. An meiner Seite, schon etwas illuminiert (die Japaner haben im Schnitt eine recht geringe Alkoholtoleranz) einer der mächtigsten Männer des Mitsubishi-Konzerns, mit welchem ich nach monatelangen Verhandlungen einen später sehr erfolgreichen Kooperationsvertrag abgeschlossen hatte.

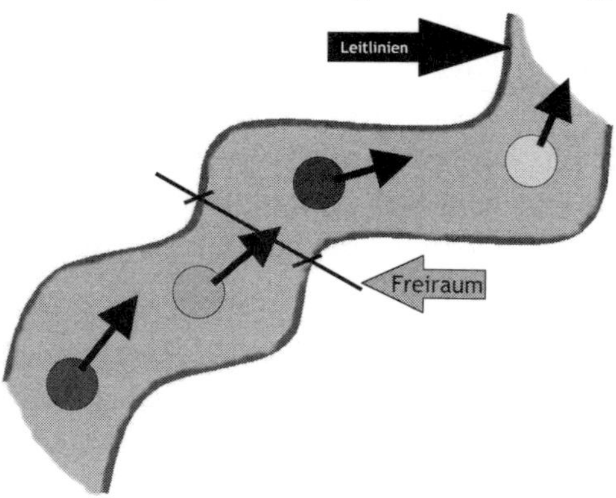

„How are you, Iida-san, (ich glaube, so hieß er) how are you capable to manage such a huge conglomerate: cars, power stations, airplanes and many other sophisticates things? How do you arrange not to be converted into craziness and loose control over all this mess?"

Abb.: Richtung und Freiraum geben – gewähren lassen – befähigen

Mein schon uraltes Gegenüber kratzte sich bedächtig den grauen Kopf, nahm einen Schluck aus dem Whiskyglas und dachte nach. „*Well, I'm already a little bit drunk. And the matter is not so easy. The best is, not to give a sophisticated explanation. I'll make a drawing.*“ Sprach's und zeichnete im Halbdunkel – während auf der Bühne „*Edelweiss, Edelweiss*“, nipponisiert, erklang – eine einfache Skizze (Abb.) auf eine Serviette.

Das Prinzip, welches diese Zeichnung symbolisiert, ist seit jenem Abend bei allen meinen Aufgaben – sei es die Restrukturierung großer, komplexer Firmen, die Führung meiner eigener Gesellschaften oder die Hilfe beim Umbau öffentlicher oder privater Großunternehmen – zu meinem Leitbild geworden.

Der Weg muss klar sein. Er muss gerade so breit sein, dass alle darauf, ihren ureigenen Fähigkeiten und Eigenheiten entsprechend, manövrieren und experimentieren können – und sie müssen durch gemeinsame Ziele und ein alle einschließendes Ethos zusammengehalten werden.

Konservative Werte, effizientes Management ...

... und die Moral von der Geschicht'.

Was eigentlich heißt konservativ? Wie viele Bezeichnungen, die, mehr oder weniger gedankenlos, in der politischen Auseinandersetzung verwendet werden, ist auch diese, gemessen am Wortsinn, über Gebühr missbraucht worden. Konservativ zu handeln bedeutet für mich, Altbewährtes mit Respekt zu würdigen und erst nach strengster Prüfung (auch in der Praxis) gegebenenfalls als nicht mehr aktuell zu verwerfen.

Als „Stammvater“ des Konservativismus gilt der britische Staatsmann Edmund Burke, der 1790 in seinen berühmt gewordenen „*Betrachtungen über die französische Revolution*“ deren Grundsätze und Ziele scharf kritisierte. Burke betrachtete die Gesellschaft als ein organisches, hierarchisch gegliedertes Ganzes und die Individuen als Teile dieses Ganzen mit unterschiedlichen Rollen und bestimmten Funktionen.

Das Neue von gestern ist sehr oft schon das Alte von heute. Viele einstmals durchaus selbstverständliche Ansichten unterlagen dem Wandel der Zeiten und schliffen sich an neuen Verhältnissen ab. In den USA waren Politiker wie John Adams, Alexander Hamilton, James Madison und John Jay zwar stark beeinflusst von den Ideen Burkes, aber die dortige politische und gesellschaftliche Entwicklung unterschied sich erheblich von jener in der Alten Welt. Es gab in den USA stets einen breiten gesellschaftlichen Konsens, der wirtschaftlichen Individualismus und Demokratie um den Preis starker Einschränkungen der Staatsgewalt miteinander vereinte. Überdies pendelten die USA in interessanter Weise zwischen den Polen, je nach Lage der Staatsfinanzen und der politischen Verhältnisse.

Es scheint so, als ob die Wirtschafts-, System- und Wertezyklen im Kapitalismus jenen eines lebenden Zaunes entsprächen: Lässt man ihn nicht eine Zeit lang wild wachsen, verträgt er keinen Schnitt; schneidet man ihn nicht bisweilen zurück, so wächst er in unkontrollierter Form monströs aus und erstickt die am weitesten unten wachsenden Zweige durch Überwuchern. Die immer noch nicht gelöste Frage ist, wie oft, wie radikal und mit welchen Werkzeugen dieser Schnitt erfolgen soll und wie gut die „Hecke“ diesen schmerzhaften Eingriff jeweils ertragen kann. Heutzutage haben sich die meisten konservativen Parteien in Europa weitgehend dem Selbstverständnis des amerikanischen Konservativismus angeglichen und argumentieren mit einer gewissen Beliebigkeit entlang des Begriffspaares Neoliberalismus/Globalisierung und der wie auch immer zu verstehenden Modernisierung.[6]

Der in den letzten Jahrzehnten höchst erfolgreiche Neoliberalismus wirft zunehmend eine Reihe komplexer neuer Fragestellungen auf. Die Erhebung eines einzigen Zieles – der Verzinsung des eingesetzten Kapitals – zum Maßstab allen Handelns wird zunehmend fragwürdig, wie immer, wenn ein Prinzip bis an seine Grenzen ausgereizt wird. Es zeigt

[6] Encarta 2003.

sodann in der Regel Auswüchse und Verfallserscheinungen, welche die Unzulänglichkeit jeglichen menschengemachten Algorithmus' offensichtlich machen. Derzeit scheint der Neoliberalismus und die ihm systemisch innewohnende rekursive Vermehrung des Kapitals eine solche Grenze der Pervertierung zu erreichen. Es wird jedoch, da bin ich ganz sicher, auch für diese weltweite Problematik kreative neue Lösungen geben.[7]

Politische und ökonomische Systeme, die als intellektuelle Konstrukte am Reißbrett entstanden sind – wie z. B. der Kommunismus – zeigen in der Praxis keinerlei Wandlungsfähigkeit. Sie brechen nach einschneidenden Änderungen der Umwelt wie ein ausgeleiertes Getriebe, alt und untauglich, zusammen. Im Gegensatz dazu ruht der konservative Ansatz großteils auf Werten, die unabhängig von politischen Moden, wirtschaftlichen Verhältnissen und technischen Aufgabenstellungen *„ewig menschlich"* sind. Es lassen sich, bei langfristiger Betrachtung, Verhaltensweisen und Regeln zwischen Menschen identifizieren, die ihre Sinnfälligkeit, seit es uns gibt, niemals verloren haben.

Die Alten Tugenden

„Direktor" (Richtung-Geber) in einer unübersichtlichen Welt

Wir leben in einer pluralen Welt, und in dieser existieren keine zentralen Wertegeber mehr. Unsere Wertsysteme sind diffus. Jürgen Habermas spricht von *„der neuen Unübersichtlichkeit"*. Wir haben also ein Wertedilemma. Aber gerade eine plurale Welt braucht Werte und Orientierung, weil *„sonst alles zerfleddert"*.[8] Alle Strukturen – so sagen die Synergetikforscher (Hermann Haken, Ilja Prigogine) bilden sich immer nur durch ordnende Ideen. Energiezufuhr allein, ohne ordnende Ideen, schafft Turbulenz.

[7] (s. z. B. das Projekt *„Kapitalismus – gezähmt?"* des Club of Vienna, http://clubofvienna.org).

[8] Dr. oec. Manfred Sliwka; Vortrag am 22. Januar 2004 in der URANIA, Wien.

Viele unserer Vorzeigemanager strotzen vor Energie. Testosteron ist die treibende Kraft, die – unter anderem – auch bei Enron, Parmalat, WorldCom und anderen ehemaligen Vorzeigeprojekten eines ausufernden Neoliberalismus wirkte. Energie, Wissen und Intelligenz allein können's also nicht sein: Die Kräfte müssen auch sinnvoll kanalisiert werden. An oberster Stelle in der Wertehierarchie sollte das Wohl der Menschen stehen. Das langfristige, selbstverständlich. Keinesfalls allein das Geld.

Moralische Systeme und Werte bilden sich nach ähnlichen Mechanismen heraus wie sie beim Abschleifen von spitzen Kieseln in einem Flussbett wirken: Die ursprünglichen Egoismen schleifen sich so lange aneinander ab, bis die Reibungsflächen untereinander ein Minimum geworden und die einzelnen Teilnehmer am Spiel (die Regeln) ganz rund und glatt geworden sind.[9] Werte sind zunächst ordnende Ideen, die uns Orientierung geben. Werte sind das, was Menschen für wertvoll halten.

Werte können sich, wie schon erwähnt, ändern, damit auch das Umfeld von Verantwortungsträgern. Unverändert über die Jahrtausende aber blieb, folgend dem Bewährtheitsprinzip, der Kantsche kategorische Imperativ: *„Was du nicht willst, dass dir man tu, das füg' auch keinem andern zu."* Unverändert gelten auch die meisten der Zehn Gebote. Für die Praxis, insbesondere im Management, lässt sich dies alles auf die guten *„Alten Tugenden"* zurückführen – Eigenschaften und Verhaltensweisen, welche all die Figuren in den eingangs angeführten Geschichten nachweisen konnten:

1. Menschlichkeit
2. Treue
3. Ehrlichkeit
4. Fleiß
5. Verlässlichkeit
6. Mut
7. Pünktlichkeit
8. Intuition
9. Sachkenntnis
10. Begeisterung

[9] K. Woltron, *Szenarien für die Welt von morgen: Zukunftsentwicklungen in Wirtschaft, Politik und Gesellschaft*. NP Buchverlag, 2003.

In letzter Konsequenz ist die Aufgabe, Menschen verschiedener Ausbildung, Neigung, Fähigkeit, unterschiedlichster Interessen, Frauen und Männer, Junge und Alte, Kreative und Apparatschiks, Schwarze, Gelbe und Weiße für ein gemeinsames Ziel zu gewinnen, ihnen bei der Erreichung dieses Ziels zu helfen, die nötigen Mittel bereitzustellen und alle unerwarteten Klippen erfolgreich zu umschiffen, in einem Satz zusammenzufassen:

> Die Kunst (nicht Wissenschaft!) besteht darin, die Menschen zu verstehen und ihnen –
> **Ziele, Regeln und eine Umwelt zu vermitteln, in welcher sie gemeinsame Ziele in einer Weise erreichen können, in der sich auch ihre ureigenen Interessen und Egoismen wieder finden.**

Das ist – aus meiner Sicht – das ganze Geheimnis. Wer's nicht irgendwie schon in sich trägt, wird's nicht lernen.

Postscriptum. Salzburg 2003

Kreative und Maschinisten: Aufbruch in eine neue Zukunft

Wenn sich eine günstige Gelegenheit ergibt, die Sterne richtig stehen und man Glück zu haben glaubt, beteiligt man sich an einer Firma. Ich versuche in derartigen Fällen das, was ich in fünfunddreißig Jahren gelernt habe, als mein eigener Herr umzusetzen. Erfahrungsgemäß gehen etwa dreißig Prozent dieser Anläufe schief, weil es sich immer um riskante und kritische Fälle auf der letzten Stufe der Leiter (auf welche man besser nicht steigen sollte[10]) handelt. Das macht mir aber mittlerweile nichts mehr aus. Unter dem Strich muss die Rechnung stimmen. Und sie enthält beileibe nicht nur Zahlen.

[10] Wittgenstein.

Bei nicht allzu lange zurückliegenden Affären soll man keine Namen nennen. Also sei nur das Rundum verraten: Vor einigen Jahren entwickelte ein hochkreativer Pharmazeut eine Reihe bahnbrechender biologischer Wirkstoffe. Mit einigen Freunden gründete er eine Firma und begann, diese Wirkstoffe – mit beträchtlichem Erfolg – international zu vermarkten. Nebenbei forschte man unverdrossen weiter und verbrauchte dabei mehr, viel mehr Geld, als das kleine Gärtchen des neuen Geschäfts hervorzubringen vermochte. Fazit: Die Banken verloren die Geduld mit dem – aus ihrer Sicht – Unbelehr- und Unsteuerbaren. Letztendlich fand ich mich in der Rolle dessen, der den verpatzten Start erneuern und alle Akteure davon überzeugen sollte, dass aus der ganzen Geschichte noch etwas Schönes zu machen sei. Das, zwar im Kleinen, verlangt dennoch nach all dem, was ich in den voranstehenden Geschichten von meinen diversen Lehrmeistern lernen konnte:

1. Überzeugungskraft (gegenüber misstrauischen Geldleuten),
2. Führungs- und Motivationskraft (gegenüber hochsensiblen Kreativen),
3. Systemkenntnis (was die nötigen Controlling- und Monitoringinstrumente anlangt),
4. Menschenfängerei (was die noch fehlenden Spezialisten auf dem Marketing- und Eigenkapitalsektor anlangt),
5. alte Tugenden (was die Berechenbarkeit meiner selbst durch all diese betrifft).

In zwei Jahren werde ich es (wieder einmal) wissen, was es mit meinen, hier abgesonderten, Weisheiten in der Praxis auf sich hat. Sie können mich dann ja anrufen. Oder eine Mail senden: woltron@woltron.com.

Peter Paschek

Kardinaltugenden effektiver Personalberatung

Vorbemerkung

Der nachfolgende Beitrag behandelt die Personalberatung, und zwar das Kerngebiet dieses Geschäfts, die gezielte Suche und Auswahl von Führungskräften – kurz und hinreichend treffend *Head Hunting* genannt. Eine Bezeichnung, die sich mittlerweile auch bei uns im allgemeinen Sprachgebrauch etabliert hat. Weitgehend unberücksichtigt bleiben andere Arbeitsfelder der Personalberatung, wie z. B. das Management Audit, das so genannte Coaching, das Out- resp. New Placement oder die Beratung in der Konzeption von Personalstrategien und deren Umsetzung. Diese werden nur in die Betrachtung einbezogen, soweit sie in unmittelbarem Zusammenhang mit der Suche und Auswahl von Management-Personal stehen. Die Begriffe *Manager* und *Führungskraft* werden synonym behandelt.

I. Personalberatung in Deutschland

Als ich vor etwa 25 Jahren in der Personalberatung begann, bezeichnete einer der führenden deutschen Unternehmensberater in einem Zeitungsinterview Head Hunting als „einen aberwitzigen Vorgang". Es war die Zeit der ersten Spin-offs aus großen amerikanischen Executive-Search-

Firmen in Deutschland und des nahezu uneingeschränkten Vermittlungsmonopols der Bundesanstalt für Arbeit. Die Tätigkeit der Head Hunter als diejenigen, die gezielt und direkt auf potenzielle Kandidaten zugehen, war hinter vorgehaltener Hand durchaus akzeptiert und beinahe respektiert. Allgemeine Billigung aber fand zu dieser Zeit hierzulande allenfalls die anzeigengestützte Suche und Auswahl von Führungskräften – ein lukratives Geschäft, insbesondere aufgrund der äußerst gewinnbringenden Anzeigenumsätze. Übrigens hinderte die Aberwitzigkeit des Vorgangs Head Hunting den oben Zitierten nicht daran, mit seiner Schweizer Niederlassung in die Bundesrepublik hinein eben dieses Geschäft zu betreiben.

Die Grundprinzipien effektiver Personalberatung haben nach wie vor Bestand. Sie werden an anderer Stelle eingehend behandelt. Signifikante Veränderungen aber haben die Rahmenbedingungen erfahren, unter denen der Personalberater heute arbeitet. Dieser Wandel lässt sich durch vier entscheidende Merkmale charakterisieren:

1. die Verlagerung der Machtverhältnisse auf den Märkten für Managementpersonal,
2. die vollständige Legalisierung des Berufsstandes,
3. die nachhaltigen Verbesserungen des Instrumentariums der Kandidatenrecherche durch IT und Internet,
4. das langsame Sterben der *free lunch for everybody economy* und die Grenzen internetgestützter Personalberatung.

1. Verlagerung der Machtverhältnisse

Noch bis weit in die 80er Jahre des 20. Jahrhunderts hinein vermittelte die Personalpolitik namhafter Konzerne den Eindruck, es müssten deren Mitarbeiter und Manager am Ende des Monats Geld einzahlen, anstatt Einkommen zu beziehen, da sie bei einem derart bedeutenden Unternehmen tätig sein dürfen, das ihnen darüber hinaus noch nahezu lebenslange Beschäftigung bietet. Diese Zeiten sind vorbei. Zum einen muss heute jedes noch so erfolgreiche Unternehmen um erfolgreiche Manager werben, nicht umgekehrt. Zum anderen gibt es die Sicherheit lebenslanger Beschäftigung nicht mehr. Selbst die Unternehmen, die einst so angelegt waren, dass sie wie Pyramiden dauern, sind heute eher wie Zelte.

2. Die Legalisierung des Berufsstandes

Vor allem in Folge der Vereinheitlichung der EU-Arbeitsmarktgesetzgebung bewegt sich auch der Head Hunter in seiner Tätigkeit nicht mehr in Randzonen der Legalität. Dieser gerade gewonnene Status der Rechtssicherheit wird auf Dauer dazu beitragen, die Personalberatung in der Sicht der Öffentlichkeit als ganz normalen Beruf zu etablieren. Positiver Nebeneffekt dieser Entwicklung: Die Vertreter dieser Profession können sich ganz auf ihre Arbeit konzentrieren und brauchen ihre kostbare Zeit nicht mehr darauf zu verwenden, mit der Aura des *Ominösen* zu kokettieren.

3. Die Verbesserung des Recherche-Instrumentariums

Zwischen den ersten „handgestrickten“ Datenbanken Ende der 70er Jahre und den durch die Informationstechnologie heute einsetzbaren Mitteln der Recherche liegen Welten. Dies gilt sowohl für die interne Datenbank als auch für das Identifizieren von Managementpersonal aller Führungsebenen. IT und hier speziell das Internet machen Organisationen in dieser Hinsicht beinahe per Knopfdruck transparent. Zweifelsohne eine große Erleichterung für den handwerklichen Prozess des Personalberaters, nicht aber für seine eigentliche Beratungsarbeit. Hiervon wird an anderer Stelle die Rede sein.

4. Das Ende der free lunch economy

Peter Drucker kündigte schon in den 70er Jahren das Ende der *free lunch for everybody economy* an und forderte u.a. die Aufhebung des fixierten Rentenalters von 65 Jahren, weil wir es uns nicht mehr erlauben könnten. Mehr als 20 Jahre später zerplatzte der Höhepunkt der *free lunch economy*, die „new economy“, wie eine Seifenblase. Der Versuch, die Grundgesetzte menschlichen Verhaltens und Wirtschaftens zu ignorieren, war wieder einmal am *alten Adam* gescheitert – für die Profession der Berater im allgemeinen und der Personalberater im besonderen hatte diese Trendwende offensichtlich eine heilsame Wirkung. Anstatt in nobel ausgestatteten Büros in der Größenordnung von Reitersälen über das

Unternehmertum und internetgestützte Pools für Aufsichtsräte zu schwadronieren, findet eine Rückbesinnung auf den eigentlichen Kern der Arbeit statt: das dauerhafte Platzieren von Führungskräften.

II. Personalberatung ist Managementberatung

The difference between the almost right word and the right word is the difference between the lightening bug and the lightening.[1]

Der Begriff Personalberater oder die Bezeichnung Head Hunter sind wenig präzise in ihrer Aussage über die Tätigkeit, die sie beschreiben sollen, da sie nicht nur verkürzen, sondern auch verfälschen. Nachlässigkeit im Umgang mit Sprache, wie hier geschehen, rächt sich in irgendeiner Form. Nicht nur in den USA, sondern auch zunehmend hierzulande entwickelt sich ein Verständnis vom Head Hunting als typische Lieferantenfunktion. Folgerichtig schließen Unternehmen mit diesen Lieferanten Werkverträge ab. Der *Kopfjäger* mutiert zum *Kopfgeldjäger.* Die zum Teil börsennotierten Executive-Search-Konzerne haben mit ihrer industrialisierten Beratung, die keine individuelle Dienstleistung zulässt, dieser Entwicklung in die Hände gearbeitet. Gleiches gilt für all diejenigen, die sich auf Erfolgsbasis für eine Führungskräftesuche anheuern lassen.

Der Begriff Personalberater ist ebenfalls ungenau. Personalberater beraten Manager von Organisationen in bestimmten Personalfragen. Personalberatung ist also eine Form der Unternehmensberatung oder präziser der Managementberatung; allerdings eine besondere Form. Personalberater beraten in zwei Richtungen, zum einen in Richtung des oder der beauftragenden leitenden Unternehmensvertreter, zum anderen in Richtung der Manager, die bei den Suchprojekten als Kandidaten angespro-

[1] Mark Twain, zitiert nach George Bainton (Hg.) *The Art of Authorship*, New York 1890, S. 87 f.

chen werden und deren Karrieren der Personalberater zumindest über die Zeit des Projekts begleitet.

Der Personalberater kann also erst dann effektiv sein, wenn er sowohl die ihn beauftragende Organisation dauerhaft zufrieden stellt als auch die von ihm angesprochenen Kandidaten. Für das Unternehmen bedeutet dies, der Personalberater platziert den effektiven Manager. Der platzierte Kandidat wiederum sieht durch den Wechsel seine Karriereerwartung erfüllt und widmet sich effektiv den ihm gestellten Aufgaben.

III. Die Suche nach dem effektiven Manager

1. Der effektive Manager

> *„Das Management ist vielmehr als die Wahrnehmung von Rang und Privilegien, es ist viel mehr als das Abschließen von Geschäften. Das Management beeinflusst die Menschen und wirkt sich auf ihr Leben aus.“* [2]

Effektivität ist nicht abhängig von Intelligenz oder Fantasie, effektive Führungskräfte können in dieser Hinsicht sehr begrenzt sein. Diese treffende Aussage von Peter Drucker hat er einmal mit der Beschreibung des McDonald Gründers Ray Kroc versucht zu verdeutlichen: „Ein genialer Unternehmer, der andererseits nur über einen Sprachschatz von 800 Worten verfügte, 100 für den täglichen Gebrauch und die restlichen 700 unterschiedliche Bezeichnungen für Hamburger.“[3] Und noch einmal Peter Drucker: „Among the effective people I have known and worked with there are extroverts and aloof. Some are fat and some are lean, some are worriers and some are relaxed, some drink quite heavily, others are total abstainers. Some are men of great charme and warmth, some have no more personality than a frozen mackerel. Some are scholars and se-

---

[2] Peter F. Drucker, *Managing in a Time of great Change*, New York 1995, S. 352.

[3] Peter F. Drucker, zitiert nach persönlichen Aufzeichnungen des Verfassers.

rious students, others are almost unlettered. There are men who live only for their work and others whose main interest lie outside in their church, in the study of Chinese poetry or in modern music. What all these effective people have in common is the practices that make effective what ever they have and what ever they are. And these practices are the same whether he or she works in a business or in a government agency, as hospital administrator or as University Dean."[4]

Was sind nun die Kardinaltugenden des effektiven Managers? Peter Drucker hat sie in seinem Beitrag für dieses Buch ausführlich behandelt.[5] Zusammenfassend sind es drei entscheidende Merkmale, über die eine effektive Führungskraft verfügen muss:

- An erster Stelle ist der effektive Manager ein harter Arbeiter. Fleiß und Disziplin sind die Grundvoraussetzungen, auch wenn im englischen Wörterbuch *success* (Erfolg) vor *work* (Arbeit) steht.
- Der effektive Manager begreift seine Arbeit aus der Verantwortung für die Organisation, in der er tätig ist und für ihre Mitarbeiter. Wenn etwas schief läuft – und das soll vorkommen –, dann übernimmt er oder sie die Verantwortung und weist nicht die Schuld irgendeinem Mitarbeiter zu.
- Der effektive Manager erarbeitet sich Vertrauen, ansonsten wird ihm auf Dauer niemand folgen. Einer Führungskraft vertrauen bedeutet nicht, dass man sie oder ihn mögen muss oder mit ihr oder ihm übereinstimmt. Vertrauen ist die Überzeugung, dass die Führungskraft meint, was sie sagt, dass sie über Integrität verfügt. Effektives Management, ganz gleich auf welcher Führungsebene, basiert nicht auf Cleverness, sondern in erster Linie auf beständiger Glaubwürdigkeit.

2.Die Besetzungsverantwortung des Personalberaters

Die soeben dargestellten Merkmale einer effektiven Führungskraft sind zwar schwerlich messbar, aber markante Anhaltspunkte für den Perso-

---

[4] Peter F. Drucker, The effective Executive, New York 1966, S. 23 f.

[5] Vgl. Peter F. Druckers Beitrag im vorliegenden Buch.

nalberater, um mit den Mitteln von Interview, Laufbahnanalyse und Referenzauswertung zu beurteilen, ob ein Kandidat für eine zu besetzende Position über die Potenziale verfügt, um effektiv im Top- oder Senior-Management zu arbeiten. Trotzdem gibt es zahlreiche Fehlbesetzungen auf allen Ebenen ohne und mit Einschaltung eines Head Hunters. Das vermehrte Scheitern von Topmanagern in letzter Zeit erlaubt mit Peter Drucker die Frage zu stellen, ob nicht außer menschlichem Versagen häufig auch ein Systemfehler der Management-Organisation vorliegt. Handelt es sich bei diesen Positionen um *widow makers*, sind es *impossible jobs*?[6] Mit Sicherheit sollte jeder Einzelfall unter diesem Aspekt geprüft werden. Eines bleibt jedoch unstreitig: Kommt ein Personalberater zum Einsatz, dann trägt er die Besetzungsverantwortung. Er trifft zwar nicht die Entscheidung, aber es ist sein Rat, auf den sich Klient und Kandidat verlassen müssen. An diesem Punkt legitimiert sich seine Funktion. Hier wird er glaubwürdig, zeigt sich, ob er effektiv ist oder reine Kostenbelastung und allenfalls Hofnarr. Der Personalberater hat schlecht beraten, wenn unter seiner Mitwirkung ein Anforderungsprofil erstellt wird, welches nur von einem Universalgenie zu erfüllen ist. Der Personalberater hat nicht effektiv beraten, wenn der Kandidat in seiner neuen Tätigkeit Rahmenbedingungen vorfindet, über die er nicht informiert war. Der Personalberater muss seinen Rat in Frage stellen, wenn ein Vorstandsmitglied nach gut einem Jahr das Unternehmen verlässt und nicht den Vorstandsvorsitzenden beschuldigen, er könne sowieso nicht mit starken Leuten umgehen. Ein besonderes Licht auf das Verständnis von Beratung wirft die Aussage, der Klient habe sich ja nur für den Kandidaten Nr. 3 oder 4 der Rangfolge entschieden! – Der Head Hunter trägt die Verantwortung für alle von ihm vorgeschlagenen Kandidaten!

Wenn also eine Besetzung unter Einschaltung des Head Hunters scheitert, ist dieser dafür verantwortlich. Er hat entweder die Orientierung an Grundtugenden vernachlässigt und selbst Kardinalfehler begangen oder den Klienten und Kandidaten nicht davon abgeraten, Kardinalfehler zu begehen.

---

[6] Peter F. Drucker, *The Frontiers of Management*, New York 1986, S. 126 f.

3. Kardinaltugenden effektiver Personalberatung

Die Kardinaltugenden des effektiven Managers wurden weiter oben erörtert. Was sind nun die Tugenden, an denen sich die effektive Personalberatung orientieren muss? *Der Personalberater beeinflusst die Menschen und wirkt sich auf ihr Leben aus.* Diese Abwandlung des an anderer Stelle aufgeführten Zitats von Peter Drucker legt den Schluss nahe, dass die Prinzipien der effektiven Personalberatung ähnlich sind wie die des effektiven Managements. Zuallererst steht wieder das Arbeiten vor dem Erfolg. Daneben ist es einmal mehr der klassische platonsche Tugendkanon, der die Leitbilder setzt. Es sind dies:

- *Die Weisheit als diejenige Geistesverfassung, vermöge derer wir beurteilen, was man tun und lassen muss.*
- *Die Beharrlichkeit als die Kraft, sich nicht von dem abbringen zu lassen, was man vermöge richtiger Überlegungen als recht erkannt hat.*
- *Die Willensenergie als die Aufrechterhaltung bedenklicher Entschlüsse in der Gefahr.*
- *Die Gerechtigkeit als diejenige Seelenbeschaffenheit, vermöge derer man jedem das Gebührende zuerteilt.*[7]

Die Orientierung an diesen Tugenden bildet die entscheidende Voraussetzung für die Effektivität des Beraters. Sie mindert das Risiko, dass er bei der Beurteilung von Managementpotenzialen und bei der Managementberatung Kardinalfehler begeht. Entsprechend diesen Leitbildern zu handeln, diese konsequent zu leben sind das Ziel. Der *alte Adam* legt allerdings auch dem Personalberater hinsichtlich der Vollkommenheit durchaus Grenzen auf, denn wir wissen „*The weakest of all weak things is a virtue which has not been tested in the fire.*“[8]

[7] Platon, *Sämtliche Werke*, Bd. III, Heidelberg 1982, S. 788 ff.

[8] Mark Twain, *Collected Tales, Sketches & Essays 1891–1910*, New York 1992, S. 426.

4. Personalentscheidungen als Risikoentscheidungen

Die wichtigste Arbeitsunterlage des Personalberaters ist das Anforderungsprofil, das er gemeinsam mit seinem Klienten erstellt. Natürlich muss es fordern, denn ob Vorstandsmitglied, Geschäftsbereichsleiter, Verwaltungsdirektor, Aufsichtsratsvorsitzender oder Intendant, es handelt sich um Schlüsselfunktionen, die den Erfolg oder Misserfolg von Organisationen bestimmen. Das Anforderungsprofil skizziert sicherlich eher eine Art Idealbild, muss aber exakt den Kern der Aufgabe definieren und darf keine Wunschbilder von Wundermännern oder Wunderfrauen entwerfen. Hier sind höchste Sorgfalt und Präzision gefragt. Die intellektuelle Integrität des Beraters ist gefordert: nämlich die Dinge so zu sehen, wie sie sind und nicht wie es Klient und Berater vielleicht wünschen.

> *„A senior executive we are told should have extraordinary abilities as an analyst and as a decision maker. He or she should be good at working with people and at understanding organizations and power relations, be good at mathematics and have artistic insights and creative imagination. What seems to be wanted is the universal genius and universal genius has always been in scarce supply. The experience of the human race indicates strongly that the only person in abundant supply is the universal incompetent. We will therefore have to staff our organizations with people who at the best excel in one of these abilities."*[9]

Neben dem Alleskönner gibt es ein weiteres diffuses Wunschbild, das in nahezu allen Anforderungsprofilen und Ausschreibungen zu finden ist: die „unternehmerische Persönlichkeit" oder der „unternehmerische Macher" oder zumindest die „unternehmerisch geprägte Persönlichkeit". Ob Personaldirektor, Werkleiter, Senior Product Manager oder Geschäftsführer, CFO oder Leiter der Materialwirtschaft, die „unternehmerische Prägung" steht als wichtigstes Anforderungskriterium. Die nötige präzise

[9] Peter F. Drucker, *The effective Executive*, S. 123.

Definition wird natürlich nicht geliefert, damit hat die Fantasie keine Grenzen.

> *„Half pop psychology, half Hollywood make them look like a cross between superman and the knights of the round table, alas most of them in real life are unromantic figures and much more likely to spend hours on a cash flow projection than to dash off looking for risks. Entrepreneurship is behaviour rather than personality trait and its foundation lies in concept and theory rather than in intuition."*[10]

Präzision, Sorgfalt und Realitätssinn sollten den Personalberater im Wesentlichen bei der Erstellung des Anforderungsprofils leiten. Die beiden ersten Kriterien sind ebenso zentrales Erfordernis für den nächsten Arbeitsschritt der Kandidatenrecherche. Bei diesem handwerklich professionellen Prozess fungiert der Personalberater als Projektmanager, indem er das Projekt dahingehend steuert, dass das entsprechende Managementpersonal aus den relevanten Suchfeldern der Branchen und Unternehmen umfassend identifiziert wird. Recherche-Arbeit ist harte Präzisionsarbeit. Ferner muss der Researcher über eine hohe Frustrationsschwelle verfügen, und da jeder von uns geneigt ist, sich das Leben ein wenig leichter zu gestalten, ist es ratsam, die Steuerung und Kontrolle eines jeden Rechercheprojekts von folgendem Grundsatz leiten zu lassen: *„There is no decision unless there is a person to execute it with a deadline."*[11]

Wie bereits an anderer Stelle bemerkt, kommt es immer wieder auch unter Einschaltung des Head Hunters zu Fehlbesetzungen. Diese sind nicht nur von nachhaltiger Tragweite für das Geschäft des Personalberaters und für die Existenz des betreffenden Kandidaten, sondern auch für den Verantwortlichen im Unternehmen, der diese falsche Entscheidung trifft. *„Executives who do not make an effort to get their people decision right do more than risk poor performance. They risk their organizations respect."*[12]

---

[10] Peter F. Drucker, *Innovation and Entrepreneurship*, New York 1985, S. 139, S. 26.

[11] Peter F. Drucker, zitiert nach persönlichen Aufzeichnungen des Verfassers.

[12] Peter F. Drucker, *The Frontiers of Management*, S. 128.

5. Die Kardinalfehler der Beurteilung

Selbstverständlich bleiben Personalentscheidungen Entscheidungen von hohem Risiko, zumal wir weder testen noch vorhersagen können, wie die Mentalität eines Menschen in ein neues Umfeld passt. Nur durch Erfahrung finden wir dieses heraus. Dennoch gibt es in der Management-Beurteilung, dem Mittelpunkt der Arbeit eines Personalberaters, zwei Kardinalfehler, deren Vermeidung das Risiko wesentlich kalkulierbarer machen:

a) Die Überbewertung der akademischen Ausbildung

> *„Most people from business schools think that plans can move mountains. They forget that only bulldozers can do it."*[13]

In einem Gespräch mit dem Vorstandsvorsitzenden eines großen deutschen Unternehmens sagte mir dieser kürzlich, dass eigentlich alle Absolventen namhafter Business Schools, ehemals ausersehen für Vorstandspositionen, im mittleren Management stecken geblieben sind und mittlerweile das Unternehmen verlassen haben. Ich zeigte mich nicht überrascht, *denn warum soll es jungen Menschen von etwas mehr als 20 Jahren, die für Lernen von Buchwissen und nicht für Leistung ähnlich hofiert werden wie Jungstars im Profi-Fußball, nicht ebenso zu Kopfe steigen wie einigen der letztgenannten?* Es bedarf schon eines starken Charakters, um in dieser Situation tugendhaft und standhaft zu bleiben. Deshalb ist es wichtig, sich nicht nur bei der Beurteilung von Nachwuchsführungskräften im Falle eines Absolventen einer Business School auf das Leistungsprofil zu konzentrieren, sondern auch, wenn es darum geht, Senior-Management-Positionen zu besetzen. Der weltweite Wildwuchs und das mediale Spektakel um die Business Schools verstellen die klare Sicht für die wesentlichen Tugenden eines effektiven Managers. Und mit Hinblick auf die soziale Verantwortung und Funktion des Unternehmens bleibt anzumerken:

---

[13] Peter F. Drucker, zitiert nach persönlichen Aufzeichnungen des Verfassers.

> *„The substitution of the diploma for performance as the key to opportunity and advancement restricts, oppresses and injures individual and society alike."*[14]

b) Die Überbewertung von Präsentationen

> *„Thunder is good, thunder is impressive but it is lightening that does the work."*[15]

Personalausschusssitzung des Aufsichtsrates eines großen Dienstleistungsunternehmens. Einziger Tagesordnungspunkt: Kandidatenvorstellung zur Berufung eines neuen Vorstandsmitgliedes. Nach einem dieser Gespräche ergreift ein Ausschussmitglied das Wort: ehemaliger Konzernchef, Mitglied vieler Aufsichtsräte, erfahrener Manager. Allerdings führt er die umfangreichen Unterlagen über die Kandidaten, die ihm vor Tagen zugingen, nicht bei sich. Er urteilt: „aus den Unterlagen konnte ich nicht viel erkennen, aber es hat mich sehr beeindruckt und überzeugt, wie glänzend dieser Kandidat sich präsentiert hat, und außerdem hat er meine Fangfrage clever beantwortet". Die Gegenrede: *„Would you please accept that executives aren't paid for good presentation, they are paid for results."*[16] Es geht um die Gewichtung der Merkmale bei der Beurteilung von Managementpersonal – und eloquente Selbstdarstellung ist ebenso wie cleveres Antworten nicht das primäre Unterscheidungskriterium zwischen einem effektiven Manager und einem Manager-Darsteller. Im soeben dargelegten Fall stimmten sowohl Leistungsprofil und Präsentationsvermögen, sodass die Besetzung ein Erfolg wurde. Es gibt jedoch Karrieren, die ausschließlich auf Selbstdarstellung aufgebaut sind. Der designierte Vorsitzende der Geschäftsführung eines mittelständischen

---

[14] Peter F. Drucker, *The Age of Discontinuity*, New Brunswick / London 1992 (Ersterscheinung 1969), S. 332.

[15] Mark Twain, zitiert nach Albert B. Paine (Hg), *Mark Twain's letters*, Bd. 2, New York 1917, S. 818.

[16] Peter F. Drucker, zitiert nach persönlichen Aufzeichnungen des Verfassers.

Unternehmens sagte mir eines Tages: „Bei Amtsübernahme habe ich vor, die Position Leiter Unternehmenskommunikation neu zu besetzen, ich denke dabei an Dr. Z. Er hat zwar als operativer Manager bisher keine besonderen Erfolge zu verzeichnen, aber ist sehr gebildet, äußerst eloquent und verkauft sich blendend. Er verbreitet eine derartig gute Stimmung, dass er auch unser Unternehmen bestens repräsentieren wird." Meine Antwort: „Dr. Z. ist in der Tat ein netter Kerl für ein launiges Gespräch beim Wein, aber der Leiter Unternehmenskommunikation muss sich in den Dienst seiner Aufgabe stellen und sich selbst zurücknehmen. Dr. Z. kann seine Eitelkeit nicht domestizieren. Er verkauft sich und allenfalls seine Großmutter an der nächsten Ecke. Mit einer derartigen Besetzung schwächen Sie sich in Ihrer neuen Aufgabe." Glücklicherweise konnte mein Geschäftspartner Dr. Z. kein Angebot machen, da dieser wieder eine exponierte Aufgabe im operativen Senior Management gefunden hatte; sein vierter Firmenwechsel in einem Zeitraum von 8 Jahren – und weiterhin schenken ihm sehr erfahrene und erfolgreiche Führungskräfte Glauben, wenn er eloquent erläutert, wie er immer wieder zum Opfer seiner *unternehmerischen Ungeduld* wird. Sicherlich ein extremes Beispiel, aber die Z.s mit oder ohne Dr. sind in moderater Ausprägung kein Einzelfall. Umso wichtiger ist es, bei der Beurteilung von Managementpersonal das Leistungsprofil in den Mittelpunkt zu stellen. Das gilt auch für den Fall, bei dem der Kandidat während der Vorstellung ins Stocken gerät und keine clevere Antwort parat hat.

6. Der kleine Unterschied

Mit Peter Drucker stimme ich weitgehend überein, dass Typus und Ausbildung keine entscheidenden Kriterien darstellen, um den effektiven Manager von der ineffektiven Führungskraft zu unterscheiden. Dennoch habe ich bei den vielen Begegnungen mit Managern nahezu aller Branchen und aus unterschiedlichen Ländern Merkmale festgestellt, über die diejenigen verfügen, die sowohl effektiv arbeiten als auch der Organisation, die sie führen, im Sinne ihrer sozialen Funktion dauerhaft einen guten Geist einhauchen:

- Er oder sie verfügt über eine Grundbescheidenheit und sind sich vollkommen bewusst, dass nicht die ganze Welt unter ihrer Kontrolle steht.
- Er oder sie sind in der Lage, ihre Eitelkeit im Zaum zu halten. *„There are no grades of vanity there are only grades of ability in concealing it.“*[17]
- Er oder sie ist nicht *lautstarker Macher,* der erst einmal alles einreißt, sondern der leise, besonnene Veränderer *„durch ein starkes, langsames Bohren von harten Brettern mit Leidenschaft und Augenmaß zugleich“.*[18] Über diese Menschen gibt es wenig Spektakuläres zu berichten. Sie werden höchst selten zum Manager des Jahres gekürt. Übrigens ein durchaus zweifelhafter Ruhm, bedenkt man, dass einige derart ausgelobte kurze Zeit später in Nacht und Nebel aus dem Unternehmen entfernt wurden oder sogar hinter Gitter landeten. Das Motto des besonnenen Veränderers lautet hingegen: *„Wann immer wir verändern, sollten wir Raum für weitere Veränderungen lassen. Wir sollten uns umblicken und prüfen, um festzustellen, was wir bewirkt haben. Dann können wir mit Zuversicht fortfahren.“*[19]
- Er oder sie ist ein disziplinierter Zuhörer und vermittelt Dinge in einer klaren Sprache. Bewusst oder unbewusst ist Sprache für ihn oder sie nicht Kommunikation, sondern durch sie bildet sich Gemeinschaft.

Des weiteren erhöhen eine Regel und eine Kardinalfrage, die ich von Peter Drucker gelernt habe, die Entscheidungssicherheit bei der Managementbeurteilung. Die Regel lautet: Man stelle niemals einen Manager ein, der keine Fehler begangen hat, denn dann erhält man bestenfalls Mittelmaß. Die Frage lautet: *Wenn ich eine Tochter oder einen Sohn hätte, würde ich es zulassen, dass sie oder er für den Betreffenden arbeitet? Wenn ja, warum? Wenn nein, warum nicht?*

---

[17] Mark Twain, zitiert nach Albert B. Paine (Hg), *Mark Twain's Notebook*, New York 1935, S, 345.

[18] Max Weber, „Politik als Beruf“ in Johannes Winkelmann (Hg.), *Max Weber Gesammelte Politische Schriften*, Tübingen 1958, S. 548.

[19] Edmund Burke, zitiert nach Christian Graf von Krockow, *Die Zukunft der Geschichte: Ein Vermächtnis*, München 2004, S. 63.

IV. Der Personalberater als Managementberater und Manager

„Schmeichelei bezeichnet diejenige Art, mit jemandem umzugehen, bei der man bloß das Angenehme und nicht das Beste ins Auge fasst.“[20]

Männer und Frauen an der Spitze oder in Spitzenpositionen verfügen in der Regel über eine ausgeprägte Willensenergie, sie haben ihren eigenen Kopf. Je höher sie in der Hierarchie ihrer Organisationen stehen, umso mehr sind sie von Ja-Sagern umgeben. Die Rede von der Einsamkeit an der Spitze ist keine leere Phrase, sondern Realität. Hier kann der Berater als Korrektiv wirken, vorausgesetzt er oder sie besitzt einen unabhängigen Geist und ebenfalls ausgeprägte Willensenergie. Selbstverständlich ist da auch noch das Spannungsfeld zwischen Beratung und Geschäft. Doch – ohne die Orientierung an Werten wie Verantwortung und Integrität wird ein Berater auf Dauer nicht effektive Arbeit leisten können, ganz gleich ob er in Sachen Personal, Organisation oder Strategie berät. Reiht er sich ein in die Schar von Schleppenträgern und Schmeichlern, taugt er nicht einmal zum Hofnarren.

„The consultant is the ox who stands by and tells the bull how to mount the cow.”[21] Mit dieser Aussage zeigt Peter Drucker drastisch die Grenzen des Managementberaters auf. Dieser trifft weder die Entscheidung, noch setzt er diese um. Seine Rolle als teilnehmender Beobachter gibt ihm aber die Chance zur konstruktiven Distanz und eröffnet ihm die Möglichkeit zur erhöhten Umsicht und Weitsicht wie die des Türmers im Faust: *Zum Sehen geboren, zum Schauen bestellt.*[22]

Zum Abschluss noch eine Bemerkung zum Berater als Manager seiner eigenen Firma. Rückblickend darauf, wie wir selbst gelegentlich die Re-

---

[20] Platon, *Sämtliche Werke Bd. III*, S. 796.

[21] Peter F. Drucker, zitiert nach persönlichen Aufzeichnungen des Verfassers.

[22] Johann Wolfgang von Goethe, *Faust, Der Tragödie zweiter Teil*, München 1994, S. 340.

krutierung von Mitarbeitern, ja sogar Partnern praktiziert haben und angesichts des New-Ecconomy-Wahns, dem nahezu alle Berater verfielen – hiervon kann ich mich allerdings ausschließen – fällt mir nur ein Satz Peter Druckers ein, den er mir vor vielen Jahren einmal zuraunte: *„Das Motto des Beraters lautet: Mach es bitte wie ich es dir rate, aber bloß nicht so wie ich es tue.“*[23]

[23] Peter F. Drucker, zitiert nach persönlichen Aufzeichnungen des Verfassers.

Roxane B. Spitzer

Gegen den Strom schwimmen: Die Herausforderungen des Gesundheitswesen

Krankenhäuser stellen für Manager eine ganz besondere Herausforderung dar. In den Vereinigten Staaten existieren sie zu dem Zweck, Heilfürsorge zu bieten. Ihre Aufgabe ist also ziemlich klar umrissen. Die Herausforderung besteht nun darin, das vielfältige Können und Wissen von Ärzten, Schwestern, technischem und sonstigem Personal so zu koordinieren, dass sie dieser Aufgabe gerecht werden. Und zudem auch den Ansprüchen diverser Investoren und Beteiligter, deren Interessen sich nicht immer mit denen des Krankenhauses decken. In diesem chaotischen Umfeld gewinnen Manager häufig das Gefühl, sie müssten gegen eine starke Strömung anschwimmen.

Dies wird offensichtlich, wenn man einen genaueren Blick auf die Einzelfälle und die darin involvierten Interessengemeinschaften wirft. Der Patient und seine Angehörigen wünschen eine Heilung um jeden Preis; die Versicherungsgesellschaft erwartet, Profite zu machen und will entsprechend die Kostenkontrolle in der Hand behalten; das Krankenhauspersonal möchte ein sicheres, liebevolles Umfeld, das nach neuestem Stand ausgestattet ist, die modernsten Technologien und „genug" Personal bietet, damit die Arbeit bestmöglich erledigt werden kann ... was alles auf hohe Kosten hinausläuft.

Nun unterscheiden sich zwar die Perspektiven von Profit-Häusern von denen von Non-Profit-Häusern, aber letztlich müssen beide Gewinne erwirtschaften, wollen sie überleben. Am Ende ergibt sich die Differenz nur noch daraus, wo diese Profite investiert werden. Wenngleich jedes Krankenhaus den Patienten im Mittelpunkt sieht, ist der erste Kunde des auf Gewinne ausgerichteten Hospitals doch der Investor, wohingegen eine nicht auf Gewinne fixierte Einrichtung positive Margen direkt in die Institution zurückfließen lässt. Ärzte, die im Krankenhaus ihren Arbeitsplatz haben, investieren weder in Personal noch in Material, Vorräte etc. und stellen trotzdem ihre Leistungen in Rechnung. Darüber hinaus zahlen diejenigen, denen die Leistungen zugute kommen, immer höhere Eigenbeiträge und Zusatzleistungen. Dennoch sind Arbeitgeber und Staat nach wie vor die Hauptlastträger der wachsenden Gesundheitskosten, die seit dem Jahr 2000 jährlich um 11,5 Prozent steigen.[1] Das und die Tatsache, dass es 43 bis 47 Millionen nicht-versicherte Amerikaner gibt, macht die Notwendigkeit eines neuen Finanzierungssystems für die Gesundheitsfürsorge deutlich.

Managementherausforderungen

Das Management von Krankenhäusern hinkte dem in der Wirtschaft allgemein an Effektivität stets hinterher, nicht nur weil die Interessen der Investoren dem System per se widersprachen oder die Kostenerstattung erhebliche Lücken aufweist (z. B. im Falle der Nicht-Versicherten), sondern auch aufgrund der Traditionen, denen Krankenhäuser verhaftet sind.

Die Einrichtung des Krankenhauses geht auf zwei verschiedene Institutionen zurück, die Kirche und das Militär. Solange man sie unter dem rein wohltätigen Aspekt betrachtete, hegten Patienten und Personal gleichermaßen einen geistigen Anspruch auf Heilfürsorge, der über Jahrzehnte hinweg den Gedanken an die Kunst und Wissenschaft des Managements weit von sich wies. Bis Mitte der Achtziger und vor allem infolge der Medicare-/Medicaid-Programme in den Sechzigern, verfügten

[1] Kaiser Family Foundation, *2003 Employer Health Benefits Survey Charts (Arbeitgeberanteil zur Gesundheitsfürsorge)*, Exhibit 1.1.

die Krankenhäuser über hinreichend Ressourcen, um ihren Ansprüchen gerecht zu werden. Die Tätigkeit des Managements, also der Verwaltung, bestand in erster Linie darin, „wohlmeinend“ auf die Ärzte einzuwirken, die die Anschaffungen kontrollierten und so letztlich über den finanziellen Erfolg entschieden. Diese Zeiten haben sich grundlegend geändert. Die Kosten sind gestiegen und werden immer weniger durch Versicherungen gedeckt, und der Wettbewerb hat zugenommen.

Gegenwärtige Probleme im Gesundheitswesen der USA

Zu den vorrangigen Problemen im amerikanischen Gesundheitswesen zählen eben jene, die sich auch in anderen Wirtschaftsbereichen beobachten lassen. Dazu gehören:

1. Erhöhte Kosten – Sehen wir uns die neuesten Technologien und Pharmazeutika an, die das Leben verlängern und seine Qualität verbessern sollen. Allein im vergangenen Jahr stiegen die Kosten für Medikamente um 30 Prozent.
2. Personalknappheit – Sie trägt zur Kostenerhöhung bei, weil alle Krankenhäuser darum kämpfen, sich ihre ausgebildeten Kräfte wie Krankenschwestern, Radiologie- und Labortechniker zu erhalten. Aufgrund des Missverhältnisses zwischen erhöhter Nachfrage und abnehmendem Angebot werden die Personalkosten bis 2012 um 21 bis 35 Prozent zunehmen.[2]
3. Gestiegene Kundenansprüche – Sie bieten den Dienstleistern im Gesundheitswesen eine exzellente Gelegenheit, sinnvoll mit einer informierten Öffentlichkeit zu kommunizieren. Allerdings haben Kunden, die einen Zugang zu Informationen haben, wie er ehedem undenkbar gewesen wäre, häufig auch überhöhte Ansprüche, die wiederum zu

[2] US Department of Labor, Bureau of Labor Statistics, Handbuch über die Perspektiven des Arbeitsmarktes, 2004.

teuer sind, als dass die Gesundheitsfürsorge sie erfüllen kann. Ein Beispiel dafür ist die Direktbewerbung für bestimmte teure Medikamente, welche die Verbraucher dann von ihren Ärzten verschrieben haben wollen. Hier muss dringend ein Gleichgewicht zwischen dem informierten Kunden einerseits und realistischen Erwartungen andererseits gefunden werden.

4. Wettbewerb, der die Profite verschlingt – Wettbewerb gehört nun einmal zu den Wesensmerkmalen einer kapitalistischen Gesellschaft, doch wo genau ist sein Platz in der Gesundheitsfürsorge? Wenn Spezialkliniken oder Spezialbehandlungen (etwa Leistungen eines Herzspezialisten) „den Rahm abschöpfen" von jenem Gewinn, der eigentlich sämtlichen Heildiensten zugute kommen sollte, wie werden dann solche Krankenhäuser weiter arbeiten können, die zwar negative Margen erwirtschaften, dafür aber Leistungen anbieten, die von der breiten Öffentlichkeit dringend benötigt werden?
5. Begrenzter Kapitalzugang[3] – Dieser Aspekt trifft vornehmlich die öffentlichen, Non-Profit-Einrichtungen. Ihre Möglichkeiten, veraltete Ausstattung und Geräte durch Neuanschaffungen zu ersetzen, sind enorm eingeschränkt durch ihren nur begrenzten Zugriff auf Kapital, und die Krankenhäuser mit den geringsten Mitteln sind die, welche die Benachteiligsten der Gesellschaft behandeln. Sollten diese Menschen zweit- oder drittklassige Behandlung bekommen? Eine Frage, der sich unsere Gesellschaft nicht verschließen darf.

Darüber hinaus stehen Krankenhäuser vor der Aufgabe, Managementpersonal auszubilden, das auf diese Rolle überhaupt nicht vorbereitet ist und keine der geschäftlichen Fertigkeiten beherrscht, die sowohl für Profit- wie auch für Non-Profit-Einrichtung erforderlich sind. Bis heute ist es die beste klinische Schwester, die zur Managerin aufsteigt, obwohl sie keinerlei Erfahrung mitbringt und auf die Infrastrukturen wie die Ressourcen verzichten muss, die für eine steil ansteigende Lernkurve unentbehrlich sind.

---

[3] HFMA „Financing the Future" („Die Zukunft finanzieren"), GE Financial Health Care Series, Januar 2004.

Eine weitere Herausforderung besteht darin, dass strategische Planung zwar stattfindet, jedoch selten umgesetzt wird. Angesichts immer neuer und komplizierterer Regulierungen und Vorschriften von einem ganzen Hort externer Regierungs- und anderer Behörden, den ständigen Kämpfen um die Finanzierung von Materialien und Technik sowie dem Ringen um das Schritthalten mit den anderen verkümmern strategische Pläne zumeist auf den Regalen. Und solche Pläne, die nicht dynamisch abgefasst sind, verfallen normalerweise innerhalb von drei Monaten. So variiert die Auffassung zum Thema, ob die Regierung den öffentlichen Krankenhausbereich unterstützen sollte oder nicht, mit jeder Regierung, was beim Management wie bei dem Pflegepersonal und bei der Ärzteschaft für ein hohes Maß an Verunsicherung sorgt, da sie ihre Jobs bedroht sehen, was letztlich eine Verschlechterung der Arbeitsmoral zufolge hat. Der Wunsch nach positiven Ergebnissen ist bei allen gleichermaßen stark vertreten, doch hängt seine Erfüllung in erster Linie davon ab, wie finanzierbar die dafür wesentlichen Ressourcen sind.

Wie bereits zuvor erwähnt, sind auch die Interessen der Investoren zu berücksichtigen, die bisweilen in krassem Widerspruch zu denen der übrigen Beteiligten stehen. Die Zahlenden etwa, Arbeitgeber und Staat, möchten die Kosten reduzieren, die Ärzte wollen die beste und modernste Behandlung bieten, ohne Rücksicht auf die Kosten, die Angestellten möchten die bestmögliche Pflege leisten und sitzen häufig zwischen allen Stühlen, während die Verbraucher sich zwar mit Kosten befassen, wenn es um die Zahlung von Versicherungsbeiträgen, Zusatzleistungen und Eigenbeteiligungen geht, nicht aber wenn ihre oder die Behandlung ihrer nächsten Angehörigen ins Spiel kommt.

Diese vielfältigen Herausforderungen führen zu einem chaotischen und spannungsreichen Umfeld, welches all jene von uns besonders in die Pflicht nimmt, die sich dem Dienst an den Benachteiligten, den Nicht-Versicherten, den Armen und den chronisch Kranken verschrieben haben, wenn sie erreichen wollen, dass ihre Leistungen auch in Zukunft zur Verfügung stehen.

Krankenhäuser haben mit einigen derselben Probleme zu kämpfen, die auch die übrige Wirtschaft bedrohen. Beide Bereiche sind einem kontinuierlichen Wandel unterworfen, auf den schnell reagiert werden muss, und der nach strategischer Planung verlangt, will man den veränderten Marktbedingungen so begegnen, dass das eigene Überleben gewährleistet ist. Der Unterschied zwischen Krankenhäusern und sonstigen Wirtschaftsbetrieben besteht jedoch darin, dass es in den USA keine Sozialpolitik für das Gesundheitswesen gibt. Zur grundlegenden Frage, ob die Gesundheitsfürsorge ein Recht oder ein Privileg ist, steht die Antwort noch aus. (Die fehlende soziale Gesundheitsfürsorge in den USA macht es gerade im Interesse der benachteiligten Gruppen erforderlich, für eine staatliche Unterstützung zu sorgen, indem man soziale Werte in allen Bereichen durchsetzt. Der Wert einer angemessenen Gesundheitsfürsorge für eine starke Gesellschaft sollte allen Managern und Führungskräften klar vermittelt werden, damit sie erkennen, weshalb sie zu einer funktionierenden Krankenversicherung für alle beitragen sollten.)

Erfolgreiches Management ist häufig reaktiv, sprich: wir überleben trotz der Probleme! Wenn Ressourcen im Überfluss vorhanden sind, stellt sich die Rolle und Funktion des Managements gänzlich anders dar als in Zeiten, da Entscheidungen getroffen werden müssen, wie die raren menschlichen, finanziellen und technischen Ressourcen zu verteilen sind. Und genau an dieser Stelle zeigt sich der Bedarf an modernem Management. Die Prinzipien des modernen Managements wurden erstmals in den 1880ern formuliert und haben sich mittlerweile zu einem „Baby-Boomer“ des 21. Jahrhunderts gemausert, der nach neuen Erfolgsmaßnahmen verlangt sowie nach neuen Wegen zum Erfolg.

Effektives Management

Ein Unternehmen erfolgreich zu führen und effektives Management zu bieten erfordert übermenschliche Anstrengungen von Seiten des CEO, des Managementpersonals und der Mitarbeiter. In einem Krankenhaus kann erfolgreiches Management an folgenden Ergebnissen gemessen werden:

1. Eine Qualität der Pflege, die für kürzere Patientenaufenthalte sorgt, erhöhte medizinische Sicherheit, positives Miteinander von Ärzten

und Pflegepersonal sowie zufriedenstellend informierte Patienten und Angehörige. „Wir werden wieder hierher kommen, wenn es nötig ist“, wäre ein Satz, an dem sich der Erfolg messen lässt.

2. Sicherung der finanziellen Rentabilität, damit in die Menschen, das Kapital und den technischen Fortschritt reinvestiert werden kann. Eine Marge von 10 Prozent des Nettoumsatzes ist ein exzellentes Ergebnis im Non-Profit-Bereich und ein Wunder im öffentlichen, wo schon ein Gleichstand von Kosten und Gewinn als Erfolg gilt.
3. Ein Unternehmen, in dem Patienten und Personal beständig dazulernen. Der Wissenserwerb vermittels Strukturen und Prozessen, die die Bildungs- und Förderchancen der Leute in den vordersten Reihen erhöhen, lässt sich am leichtesten anhand der Kurse messen, die absolviert, und der Ziele, die erreicht wurden. Förderprogramme, die Minderheiten ermutigen, leitende Positionen zu übernehmen, machen einen wesentlichen Teil unseres Unternehmens aus. Das Rekrutieren und Erhalten von solchen raren Arbeitskräften ist ein exzellenter Indikator dafür, ob ein Unternehmen auf diesem Sektor erfolgreich ist. Dabei bemisst sich der Erfolg, ebenso wie in anderen Branchen auch, anhand des prozentualen Verhältnisses zur Gesamtbelegschaft.
4. Ein weiteres verlässliches Erfolgsbarometer ist die Einhaltung von gesetzlich vorgegebenen Standards. Die Akkreditierung etwa, die alle drei Jahre durch die Joint Commission on Healthcare Organizations erfolgt, beurteilt sowohl die Arbeitsweisen als auch deren Ergebnisse. Indem man sich kontinuierlich für eine Überprüfung durch diese Agentur bereithält, werden die steten Prüfungen und Verbesserungen zur Routine. Andere Regierungsstellen, wie das Center for Medicare and Medicaid, haben bestimmte Maßstäbe vorgegeben, was die Behandlungserfolge von einzelnen Therapien wie beispielsweise bei Herzerkrankungen betrifft. Sie haben Punktesysteme eingeführt, anhand derer darüber entschieden wird, welches Krankenhaus welche Mittel bekommt. Ein ausgesprochen wirksames System! Darüber hinaus informieren sich Patienten im Internet, welches Krankenhaus die besten Testergebnisse hatte, und richten ihre Wahl der Klinik danach aus. Die Wahl, die sie treffen, wird langfristig dazu führen, dass all jene Krankenhäuser von der Bildfläche verschwinden, deren Leistun-

gen nicht den Standards entsprechen. Selbstverständlich beeinflussen diese Maßnahmen den Erfolg des Managements, und sie werden zur Entscheidungsfindung von jenen genutzt, die die Wahl haben.

Zentrale Werte

Nicht-gewerbliche und vor allem staatliche Krankenhäuser verfügen über sehr begrenzte Infrastrukturen und Ressourcen, um mit den Veränderungen Schritt zu halten. Die Balance zu meistern zwischen der Versorgung von einer täglich wachsenden Zahl nicht- oder unterversicherter Amerikaner und dem Erhalt einer stabilen Finanzgrundlage verlangt einen Einfallsreichtum, ein Durchhaltevermögen und eine Verlässlichkeit, wie sie selbst die besten und klügsten der CEOs auf die Probe stellen. Genau an dieser Stelle können die Mission und die weithin anerkannten Werte auf allen Ebenen als „Trumpfkarte" ins Spiel kommen.

Streng konservative Werte sind die Grundlage für effektives Führen/Management. Konservative Werte sind eine Kernkompetenz für Unternehmen, die in einem unbestreitbar chaotischen Umfeld erfolgreich sein wollen. Sie können nur mit starken und positiven konservativen Werten anhaltenden Erfolg erreichen, und zwar mittels effektiver Managementmethoden. Wir brauchen uns bloß den Niedergang von Enron und Martha Stewart anzusehen um zu erkennen, wie kritisch das Glauben und Festhalten an diesen Werten ist. Werte sind häufig nicht messbar, welche Ergebnisse sie hervorbringen allerdings sehr wohl.

Diese Werte zu kommunizieren ist ebenso wichtig wie sie zu demonstrieren. Wer sie nur proklamiert, ohne sie in der Infrastruktur und den Arbeitsabläufen umzusetzen, wird keinerlei Wirkung feststellen. Werte müssen eine Mission mittragen. Und wenn diese Mission attraktiv und messbar, fest im Bewusstsein verankert und in den strategischen Mittelpunkt gerückt wird, dann bilden die Werte eine solide Grundlage.

Unser städtisches Krankenhaus beispielsweise ist das Lehrkrankenhaus für eine der vier vornehmlich von Schwarzen besuchten medizinischen Hochschulen in den USA. Es befindet sich in einem Einzugsbereich, in dem vor allem Lateinamerikaner und Afroamerikaner leben. Viele von ihnen sind nicht oder unterversichert und leiden an Krankheiten und Komplikationen, die bei ihnen zwei- bis dreimal so häufig vorkommen wie bei der weißen Bevölkerung.[4] Deshalb hat unser Managementteam vor einigen Jahren, als wir über unsere Aufgabe nachdachten, beschlossen, hundertprozentigen Zugang zu Pflege ohne Rücksicht auf ethnische Unterschiede zu unserem Mantra zu machen. Von ihm ist unser Denken, Sagen und Tun geleitet, und es wird auch durch alle Hierarchieebenen und an alle Stakeholder kommuniziert. Nicht selten hört man die Angestellten sagen: „Ich bin hier, um die Mission zu erfüllen." Und wenn man eine Mission wie die unsere hat, ergeben sich die konservativen Werte beinahe von selbst, auf denen die Methoden zu ihrer Umsetzung aufbauen.

Der erste und alle weiteren bestimmende Wert, auf dem eine Myriade anderer gründen, ist gegenseitiger Respekt. Er bildet die Grundlage für den Entwurf des täglichen Handelns. Respekt bedeutet, dass die Leistung aller Angestellten gleichermaßen gewürdigt wird, ungeachtet dessen, welche Arbeit sie tun. Was der Hausmeister zur Erfüllung unserer Mission beiträgt, wird nicht minder respektiert als das, was die Ärzte dazu beitragen. Und der Wert des gegenseitigen Respekts kommt der Bevölkerung zugute, für die wir da sind, da wir den Ärmsten dieselbe Pflege und Fürsorge zuteil werden lassen wie den Reichsten. Meine berufliche Laufbahn wurde stets von diesem Wert dominiert, und er half mir, niemals aus den Augen zu verlieren, wie wichtig die Mitarbeiter für das Wohlergehen der Patienten und ihrer Familien sind. Respekt ist für mich so etwas wie eine „Zusammenfassung" einer wertvollen Lektion, die Peter Drucker mich gelehrt hat. Es geht dabei um die Rolle des CEO als Steward, der sowohl die Mitarbeiter als auch den Vorstand bedient. Professor Drucker war mein Mentor, der mir beibrachte, dass ein erfolgreiches Management das langfristige Wohlergehen seiner Mitarbeiter und so den Erfolg des ganzen Unternehmens sicherstellt.

Ein berühmter New Yorker Restaurantbetreiber glaubt fest daran, dass seine Mitarbeiter seine besten Kunden sind, und gut behandelte

[4] Tennessee Departmen of Health, 30. Oktober 2002.

Mitarbeiter auch die Kunden entsprechend gut behandeln – eine Win-Win-Situation für alle. Wenngleich wir im Gesundheitswesen sehr viele Kunden haben, schwöre auch ich auf das Konzept, dass mit Respekt behandelte Mitarbeiter die Patienten gut behandeln, womit die Hälfte des Erfolgs bereits gewonnen wäre. Teamwork ist ein Symptom für ein Umfeld, indem Respekt und Würde geachtet und gefördert werden. Sie unterstützt die aktive Beteiligung aller bei Entscheidungsfindungsprozessen, welche der Effektivität und Effizienz dienen. Allerdings erreicht man mit Teamwork keine organisatorischen Ziele, solange sie nicht auf Kernwerte gründet, die mit dem Aufgeben von Kontrolle und dem Teilen von Verdiensten zu tun haben. Ich bin davon überzeugt, dass positive Ergebnisse in einem chaotischen Umfeld wie der Gesundheitsfürsorge nur zustande kommen, wenn man einer Philosophie huldigt, die alles für möglich hält, solange man sich nicht darum schert, wer die Kontrolle hat und wer die Lorbeeren erntet. Es kann nicht einen Einzelnen geben, der ein effektiver Manager ist, ohne die Köpfe und die Energie des gesamten Managementteams und der Mitarbeiter.

Der zweite zentrale Wert ist Ehrlichkeit und Integrität, also zu tun, was man sagt, und zu sagen, was man tun wird. Sobald das Management sich zu diesen Prinzipien erklärt, entsteht Vertrauen. Erfolgreiche Veränderungen stehen und fallen mit Vertrauen! Wenn die Mission Wandel motiviert und die Mitarbeiter respektiert werden sollen, müssen Ehrlichkeit und Integrität feste Bestandteile der Unternehmenskultur sein. Nur dann werden die Angestellten die Veränderungen „schlucken" und aktiv an ihnen mitwirken. Natürlich setzt das eine kontinuierliche Kommunikation voraus, und zwar in unterschiedlichen Szenarien, wie Meetings, E-Mail, Memos und „Hotlines". Job-Evaluationen sollten die Beiträge jedes einzelnen Mitarbeiters zur Mission messen, und Anerkennung sollte sowohl ihren individuellen wie den Teamleistungen gezollt werden.

Einige der wesentlichen Veränderungen, die in Krankenhäusern initiiert, aber bislang nicht wirklich verstanden oder erfolgreich zu Ende geführt wurden, sind jene, die der Steigerung der Produktivität dienen. Krankenhäuser, die überholten Traditionen und alten Ängsten verhaftet sind, sie würden irgendwie ihre Patienten übers Ohr hauen, gaben ziemlich schnell auf, als es um das ging, was Drucker als die Systematisierung der Produktion[5] bezeichnet. Drucker stellte fest, dass die Produktivität von Büroangestellten „grotesk unproduktiv" ausfällt,[6] und nirgends sei das augenfälliger als im Gesundheitswesen. Das vorherrschende Denken wird durch ein „So haben wir es immer schon gemacht" dominiert, gegen welches sich schwerlich Veränderungen durchsetzen oder die Überzeugung vermitteln lässt, Vertrauen und Integrität seien die Grundlagen sinnvoller Veränderungen.

Produktivität verlangt verbesserte Arbeitsabläufe; erhöhte Produktivität kann allerdings auch durch die richtige Anwendung von Informationstechnologien in Krankenhäusern erreicht werden. Die Optimierung der Arbeitsabläufe nämlich garantiert nicht an sich schon eine erhöhte Produktivität, sondern bildet vielmehr die Basis, auf welcher an integriertes IT-Umfeld erfolgreich funktionieren kann. Es ist erstaunlich, dass es immer noch viele Krankenhäuser gibt, die nicht vollständig auf digitalisierte Abläufe umgestellt sind – andererseits vielleicht sogar ein Glück, denn vor der Digitalisierung sollte eine kulturelle Umwälzung stehen, weil die Automatisierung alter Abläufe zwangsläufig zu denselben Ergebnissen führt wie zuvor, die wiederum kaum den gegenwärtigen, geschweige denn den zukünftigen Ansprüchen gerecht werden dürften. Unternehmen müssen zunächst einmal Veränderungen einläuten, um die Arbeitsabläufe zu verbessern, und dazu sind bisher die wenigsten bereit.

Die beste Geschäftsstrategie in einem wettbewerbsdominierten Klima ist hervorragender Kundenservice. In Krankenhäusern steht und fällt er mit Kernkompetenzen wie Pflege und Mitgefühl. Sie sind die treibenden Kräfte hinter dem Auftrag, den sich das Gesundheitswesen stellt. Pflege und Mitgefühl sind wesentliche Werte für Patienten und deren Familien, wenn sie mit Krankheiten zu kämpfen haben.

Pflege und Mitgefühl sind die Grundpfeiler, auf die sich ein Heilsumfeld stützt, weshalb sie quer durch das ganze Unternehmen entsprechend repräsentiert sein müssen. Als CEO demonstriert man seine Wertschätzung für diese Aspekte durch die Art, wie man die Ressourcen zuordnet. Kosteneinsparungen sollten nicht direkt bei der Patientenpflege anset-

---

[5] Brent Schlender, „Drucker Sets us Straight", *Fortune* 3.12.29, 15. Januar 2004.

[6] Brent Schlender, ebd.

zen, es sei denn als allerletzte Maßnahme. Und selbst dann sollten sie nur durchgesetzt werden, wenn sie eine echte Chance bieten, Qualitätspflege einzuführen und/oder zu erhalten, während zugleich die Produktivität gesteigert wird. Pflege und Mitgefühl bedeutet im Bezug auf die Mitarbeiter Pflege, Mitgefühl und exzellenter Kundenservice in einer Atmosphäre, in der sich Patienten und ihre Familien häufig hilflos und ausgeliefert fühlen.

Der letzte Wert schließlich, auf den ich zu sprechen kommen möchte, ist die Rechenschaftspflicht gegenüber der Gesellschaft. Natürlich gibt es noch eine Menge anderer Werte, dieser jedoch ist besonders wichtig für ein erfolgreiches Management. Er setzt eine sichere und effektive Diagnostik voraus und ein Behandlungsumfeld, in dem sich alle wohl fühlen, die Patienten wie die Mitarbeiter. Des Weiteren motiviert die Rechenschaftspflicht zur kontinuierlichen Leistungsverbesserung, zur Formulierung der gewünschten Ergebnisse und zur Prüfung der Aufgaben und Arbeitsabläufe gemeinsam mit den Hauptinvestoren. Hier liegt unsere Verantwortung, und zwar nicht bloß, weil wir den regulierenden und kontrollierenden Behörden unterstellt sind, sondern weil wir, die wir Gesundheitspflege leisten, eine Verpflichtung gegenüber unseren Patienten und der Gesellschaft eingehen.

Rechenschaftspflicht ist auch die Grundlage für ein Lernumfeld, das Kompetenz am Arbeitsplatz fördert. So wie Teamwork auf Werte wie Ehrlichkeit und Integrität aufbauen muss, damit Vertrauen entsteht, baut die Rechenschaftspflicht auf die Bereitstellung von Möglichkeiten für das Personal, sein Können und Wissen zu erweitern, wie auch auf die Schaffung eines Umfelds, innerhalb dessen Manager Risiken eingehen können, um die Leistungen zu verbessern. Hin und wieder zu scheitern ist nämlich um ein Vielfaches besser als niemals etwas auszuprobieren.

Ein Fortbildungsangebot im Umgang mit den neuen Technologien, den Sicherheitsmaßnahmen und der Patientenuntersuchung ist nur ein Teil davon. Wesentlich ist, dass den Mitarbeitern an vorderster Front geholfen wird, sich neue Fertigkeiten anzueignen, wie etwa die Arbeit mit Computern, Zeitmanagement und sogar grundsätzliche Dinge wie Lese- und mathematische Fähigkeiten. In unseren Einrichtungen haben wir ein Schule-bei-der-Arbeit-Programm eingeführt, um unseren Mitarbeitern die Chance zu geben, ihr Können auszubauen und entsprechend mehr Selbstvertrauen zu gewinnen. Außerdem bieten wir Kursprogramme für alle an, die innerhalb der Krankenhaushierarchie aufsteigen wollen. Dadurch umgehen wir das Outsourcing, da wir die Kompetenzen, die wir brauchen, innerhalb des Hauses schaffen. Uns ist die Rechenschaftspflicht gegenüber den Mitarbeiter nicht minder wichtig als die gegenüber unseren Patienten.

Verantwortungsbewusstsein zeigt sich in einer starken Wahrnehmung sowohl der externen wie auch der internen Gemeinschaftsstrukturen. Wir haben Beratungsgremien von Verbrauchern eingerichtet, um nicht nur positive Präsenz zu beweisen, sondern darüber hinaus immer wieder daran erinnert zu werden, dass wir Versprechen abgegeben haben, die wir einhalten müssen. Die Verbraucherforen helfen uns mit einer Art „Getarnter Kunde“-Programm, unsere Leistungen klar einzuschätzen. Der Seniorenservice wird durch eine Gemeindeabteilung bereichert, die sowohl Kurse als auch soziale Angebote für Senioren aus dem Haus und von außerhalb anbietet. In unserer Gemeinde gelten wir als ein verantwortungsvolles Mitglied. Dadurch können wir auf politische Unterstützung zählen, wann immer wir sie brauchen, und zugleich die städtischen Autoritäten stets daran erinnern, wie wichtig die Krankenhäuser gerade für die mittellosen Gemeindemitglieder sind. Es gibt noch eine Vielzahl anderer Dienste, die wir anbieten, und sie alle bestätigen unseren Leitgedanken der hundertprozentigen Heilbehandlung für jeden, unabhängig vom sozialen Status.

Die genannten Werte sind keineswegs selbstverständlich im Gesundheitswesen, und dennoch halte ich sie gerade auf diesem Sektor für wesentlich. Kulturelle Normen, die kontinuierlichen Wandel bejahen, basieren auf Symbolen und Zeremonien, die genau diese Werte reflektieren. In der heutigen Welt, in der Ethik, langfristige Rentabilität und Erfolg den kurzfristigen Gewinnen und der Gier geopfert wurden, können Werte die Rettung für das Grundgerüst unserer Gesellschaft und damit für langfristig hochwertige Leistungen und Produkte bedeuten, national wie global. Nie waren solche Werte, auf denen jedes effektive Management basiert, wichtiger als heute.

Einige abschließende Worte

Effektive Managementmethoden – gefördert von Kernwerten und Teamwork – sind nur ein Teil des Gegen-den-Strom-Schwimmens. Mein Erfolg als CEO hängt von dem Erfolg anderer ab. Das Feiern von individuellen wie gemeinschaftlichen Errungenschaften, Sinn für Humor am Arbeitsplatz, häufiges Zusammensein des CEOs und des Managementpersonals mit allen anderen Mitarbeitern, Gerechtigkeit bei Löhnen, Beförderungen und Boni, ein bunt gemischtes, kompetentes Umfeld, das die Gesellschaft widerspiegelt, Partnerschaften mit Ärzten, Lieferanten und der Gemeinde – all das geht Hand in Hand mit erfolgreichen Managementmethoden.

> „Man sieht nur mit dem Herzen gut;
> das Wesentliche ist für die Augen unsichtbar."
> – Antoine de Saint-Exupéry

Mathias Döpfner

Die Welt gehört denen, die neu denken

Als ich 1994 Chefredakteur der Wochenpost war, wurde mir eine Seite mit einem ziemlich wirren Artikel vorgelegt, der die Israelis als Kriegstreiber beschimpfte und die Palästinenser als Friedensengel pries. Ich warf den Text aus dem Blatt und erklärte auf der nächsten Konferenz, warum. Ich wurde ein bisschen pathetisch und grundsätzlich: „Eine Zeitung braucht eine Linie. Wir sind uns einig, dass wir für die Deutsche Einheit und die Marktwirtschaft schreiben. Aber in unserem Blatt sollten auch keine antiisraelischen Texte stehen, die ..."

„Na, dann können Sie ja gleich zu Springer gehen", bellte ein Ressortleiter vor versammelter Mannschaft dazwischen, „da steht das in den Verträgen."

Ich war doppelt irritiert. Über den Zwischenruf. Aber auch, weil ich nicht die geringste Ahnung hatte, was in den Verträgen des Axel Springer Verlages steht. Also recherchierte ich und wurde schnell fündig. Die vier Präambeln lauteten:

1. Das unbedingte Eintreten für den freiheitlichen Rechtsstaat Deutschland als Mitglied der westlichen Staatengemeinschaft und die Förderung der Einigungsbemühungen der Völker Europas.
2. Das Herbeiführen einer Aussöhnung zwischen Juden und Deutschen, hierzu gehört auch die Unterstützung der Lebensrechte des israelischen Volkes.
3. Die Ablehnung jeglicher Art von politischem Totalitarismus.
4. Die Verteidigung der freien sozialen Marktwirtschaft.

Meine Neugier war geweckt. Was veranlasste ein Verlagshaus, das bereits aufgrund seines publizistischen Erfolgs und der Massenbeliebtheit seiner Titel regelmäßig in das Visier öffentlicher Kritik geriet, seine Journalisten auf einen Kanon von Grundsätzen zu verpflichten, der von seinen Kritikern als Einschränkung der redaktionellen Unabhängigkeit und geistigen Freiheit missverstanden wurde? Musste ein solches Verlagshaus nicht befürchten, gerade jene intelligenten und unabhängigen Talente abzuschrecken, die allein das kreative Fundament für langfristige verlegerische Erfolge garantieren können?

Wäre mir damals das Werk Peter Druckers bekannt gewesen, hätte ich diese Fragen systematisch analysieren können und wäre zu dem Schluss gelangt, dass genau das Gegenteil der Fall war. Als Journalist aber blieb mir damals nur, meiner Intuition zu folgen und selbst zu recherchieren.

Meine Intuition hat mich nicht getrogen. Die Grundsätze, die Axel Springer 1967 in der Tradition des großen Berliner Verlegers Leopold Ullstein zu formulieren begann, markieren auch heute – beinahe vier Jahrzehnte später – eine der größten Stärken des Hauses im publizistischen und unternehmerischen Wettbewerb. Das geistige Fundament eines bürgerlichen und im besten Sinne patriotischen Weltbildes sichert dem Verlag seither die Toleranz, Weltoffenheit und geistige Freiheit, die es ermöglicht, die besten und kreativsten Talente anzuziehen und damit die wohl wichtigste Ressource eines Verlagshauses dauerhaft zu sichern. Wir tun dies auf der Basis unserer drei Unternehmenswerte: Kreativität, Unternehmertum, Integrität.

Aus heutiger Sicht ist es erstaunlich, wie sehr Axel Springer beim Aufbau seines Unternehmens damit Führungsprinzipien etabliert hat, die gerade Peter Drucker – als Vordenker der Managementtheorie – als wettbewerbsentscheidend für die *postkapitalistische* Gesellschaft identifiziert hat. Erst bei näherer Betrachtung kristallisieren sich zwei Erklärungsansätze heraus, auf die ich im Folgenden näher eingehen möchte:

- Das Wesen eines Verlagshauses als Prototyp eines *wissensbasierten* Unternehmens.
- Der Irrtum über die Zukunfts- und Entwicklungsfähigkeit konservativer Werte.

Verlagshäuser als Prototypen wissensbasierter Unternehmen

Seit dem Beginn der neunziger Jahre widmen sich die Arbeiten Druckers der Herausforderung der langfristigen Wohlfahrtssicherung in der *postkapitalistischen* oder nachindustriellen Gesellschaft. In den Mittelpunkt seiner Überlegungen stellt Drucker die Rolle des Wissens als zunehmend wichtigster Ressource hoch entwickelter Volkswirtschaften. Inhaber der Ressource Wissen sind jedoch nicht die Unternehmen, sondern die Mitarbeiter selbst. Darin unterscheidet sich die postkapitalistische von der klassischen Industriegesellschaft – der *knowledge worker* steht im Zentrum der Wertschöpfung. Die Organisation selbst liefert nur die Infrastruktur und die nachgeordneten klassischen Produktionsfaktoren, die ihn in die Lage versetzen, sein Wissen produktiv anzuwenden. Drucker löst die mit dieser Entwicklung einhergehenden Problemstellungen allgemein für Organisationen und ihre Führungskräfte im gesellschaftlichen Kontext des 21. Jahrhunderts.

Verleger wie Leopold Ullstein, Axel Springer oder Joseph Atkinson und Eugene Meyer jedoch waren bereits Mitte des vergangenen 20. Jahrhunderts gezwungen, diese Managementherausforderung zu lösen. Ihr Produkt war stets auf die geistige Wertschöpfung ihrer Journalisten angewiesen. Intuitiv verstanden sie schon damals den Redakteur als ersten *knowledge worker*. Was braucht ein Verlag zum Erfolg? Sicherlich nicht Bodenschätze, Schienen oder Wasser. Zuallererst braucht er zwei Dinge: Information und kreatives Talent. Erst im zweiten Schritt bedarf er eines Verwaltungsapparats und einer Distribution, die es erlaubt, die Informationen und Ideen möglichst vielen Menschen nach Hause zu bringen. Der Apparat und auch die Logistik sind in modernen Industriegesellschaften austauschbar – Ideen aber sind einzigartig und Informationen hoffentlich exklusiv.

Axel Springer hat dies bereits früh verinnerlicht. Noch heute gibt es unzählige Anekdoten, wie sehr ihm seine Journalisten am Herz gelegen sind – manchmal selbst zum Leidwesen des Managements, das augenzwinkernd als „Flanellmännchen“ in die Unternehmenshistorie eingegangen ist. Die Journalisten wurden als Ressource und – damit einem weiteren Postulat Druckers vorgreifend – als Vermögenswert verstanden. Sie galt es auszubilden, zu pflegen und eben nicht als Kostenfaktor zu managen. Die Organisation, d.h. das Unternehmen Axel Springer hatte die Aufgabe, kreative Ideen der Redakteure von BILD bis HÖRZU und weiteren 200 Zeitungen und Zeitschriften ökonomisch so effizient umzusetzen, dass die publizistische Unabhängigkeit gewährleistet blieb. Das Wechselspiel der beiden Kulturen, die des Journalisten, der sich auf die publizistische Kreativität konzentriert und die des Verlagsmanagers, der die Menschen und die Arbeit im Dienste der ökonomischen Zielsetzung organisiert, sind das Wesen eines Verlagshauses.

Die wirtschaftlichen Ziele, also das Ordnungsprinzip der Manager im Verlag, folgen dabei den Umsatz- und Renditeanforderungen eines neutralen, zunehmend globalen Kapitalmarktes. Es basiert auf einem wirtschaftlichen Anreiz- und Belohnungssystem und muss sich im Wettbewerb um Führungskräfte mit anderen Verlagen, aber auch Industriezweigen vergleichen lassen. Das publizistische Profil eines Verlags dagegen ist einzigartig. Für einen Journalisten stellt es damit unabhängig finanzieller Anreize das einzige wirkungsvolle Führungsinstrument dar. Je klarer das Profil definiert ist, desto eher hat der Journalist die Möglichkeit, das Wertesystem seines Verlags grundsätzlich zu beurteilen. Axel Springer hat dies durch die klare Definition seiner Grundsätze manifestiert. Sie sind der Ausdruck eines Gestaltungswillens des Gründers, dem Verlag neben seiner wirtschaftlichen Zielsetzung eine klare publizistische Aufgabe zu geben. Jeder Grundsatz steht für sich ganz konkret – aber auch eben als Symbol für ein größeres Ganzes. Kann sich der Journalist – bei dem Einstieg in den Verlag, d.h. bei Vertragsschluss – mit diesem Ganzen identifizieren, kann er sich darauf verlassen, die optimale Organisation zur Unterstützung seiner geistigen Wertschöpfung gefunden zu haben. Die Organisation / der Verlag dagegen kann darauf bauen, dass die zukünftigen Investitionen in den *knowledge worker* aufgrund des gemeinsamen Wertesystems durch ein hohes Maß an Loyalität geschützt sein werden.

Das Führungsprinzip publizistischer Grundsätze ist übrigens nicht so ungewöhnlich, wie es im Hinblick auf Axel Springer häufig diskutiert wird. So basieren auch die Erfolge anderer internationaler Verlagshäuser nicht zuletzt auf klar formulierten publizistischen Grundsätzen.

Die *Washington Post* begann ihren Siegeszug als eines der erfolgreichsten und anerkanntesten Verlagsunternehmen der Welt, nachdem Eugene Meyer bald nach seiner Übernahme des Unternehmens 1933 die journalistischen Prinzipien festlegte und sich auf der Titelseite dazu bekannte. Die Prinzipien der *Washington Post* vom 05. März 1935 betonen die Unabhängigkeit der journalistischen Wahrheitsfindung und lauten im Original:

1. The first mission of a newspaper is to tell the truth as nearly as the truth can be ascertained.
2. The newspaper shall tell ALL the truth so far as it can learn it, concerning the important affairs of America and the world.
3. As a disseminator of news, the paper shall observe the decencies that are obligatory upon a private gentleman.
4. What it prints shall be fit reading for the young as well as the old.
5. The newspaper's duty is to its readers and to the public at large, and not to the private interests of its owners.
6. In the pursuit of truth, the newspaper shall be prepared to make sacrifices of its material fortunes, if such a course be necessary for the public good.
7. The newspaper shall not be the ally of any special interest, but shall be fair and free and wholesome in its outlook on public affairs and public men.

Vor diesem Hintergrund verwundert es nicht, dass gerade die *Washington Post* mit der Aufdeckung der Watergate Affäre und dem anschließenden Rücktritt von Präsident Nixon das wohl prominenteste Beispiel für einen unabhängigen Investigativjournalismus der Pressegeschichte geliefert hat.

Auch der Erfolg eines der größten nordamerikanischen Verlagshäuser, Torstar, basiert gerade mit Blick auf seine Regionalzeitungen auf den Prinzipien, die Gründer Joseph E. Atkinson seit 1899 für den Toronto Star entwickelt hat. Das Wertesystem des Toronto Star basiert dabei weniger auf der Rolle des Journalismus, als vielmehr auf der Verpflichtung zur Stärkung eines sozial orientierten Gemeinwohls bei gleichzeitiger Wahrung bürgerlicher Rechte und Freiheiten. Die Verpflichtung gegenüber der Heimat Toronto und der Unabhängigkeit Kanadas bilden das geistige Fundament der führenden kanadischen Regionalzeitung. Bis heute werden die Atkinson Principles durch eine Stiftung gewahrt, die die mehrheitlichen Stimmrechte des börsennotierten Unternehmens kontrolliert.

Lassen Sie uns aber zu Axel Springer zurückkehren. Eine Diskussion der Grundsätze als Führungsinstrument wäre nicht vollständig, wenn nicht auch der Inhalt dieser Grundsätze betrachtet würde.

1. Der erste Grundsatz ist der Deutschen Einheit und der Einigung der Europäischen Völker gewidmet. Er beschreibt Springers größten Wunsch, dessen Erfüllung er aber selbst nicht mehr erlebt hat: die Wiedervereinigung.
2. Der zweite Grundsatz gilt der Unterstützung der freien sozialen Marktwirtschaft. Er ist ein Bekenntnis zum Kapitalismus, als dem am wenigsten ungerechten und zugleich menschenwürdigsten und erfolgreichsten aller Wirtschaftssysteme.
3. Die Bekämpfung jeglicher Art von Totalitarismus als Grundsatz erscheint beinahe als Selbstverständlichkeit – er ist jedoch auch vor dem Hintergrund der deutschen Geschichte ein Grundsatz, der gerade für Presseunternehmen von großer Bedeutung ist und bleibt.
4. Der kontroverseste Grundsatz gilt der Aussöhnung mit den Juden und der Unterstützung der Lebensrechte des Staates Israel. Die Unterstützung der einzigen Demokratie, der einzigen freien Marktwirtschaft, des einzigen Brückenkopfs der westlichen Wertegemeinschaft im Nahen Osten ist nicht allein im Zusammenhang mit der historischen Verantwortung Deutschlands zu betrachten, sondern vielmehr eine weltpolitische Schicksalsfrage. Eine Schicksalsfrage, die wie das Festhalten der Vereinigten Staaten von Amerika an West-Berlin vor einigen Jahrzehnten, den Schlüssel zu einer sicheren und stabilen Welt bedeuten kann.
5. Der fünfte Grundsatz wurde erst 2001, also lange nach dem Tod Axel Springers, nach den Terroranschlägen auf das World Trade Center als Symbol der westlichen Welt in die Unternehmensverfassung aufge-

nommen und fordert die Solidarität in der freiheitlichen Wertegemeinschaft mit den Vereinigten Staaten gerade auch in Zeiten, in denen Amerika vor allem aus Europa kritisiert wird, weil es die Freiheit verteidigt.

Anders als bei Eugene Meyer und eher vergleichbar zu Joseph E. Atkinson bekennt sich der Verlag Axel Springer zu einem eigenen unternehmensspezifischen Wertesystem. Eine kontroverse Diskussion dieses Wertesystems ist Bestandteil einer gesunden demokratischen Kultur und würde den Rahmen dieses Aufsatzes sicher sprengen. Das Führungsinstrument der Grundsätze selbst und dessen Effektivität für das Management von Verlagshäusern bleibt von dieser Diskussion jedoch unbenommen.

Wie aber – und diese Diskussion gilt es aus Sicht der Managementtheorie sehr wohl zu führen – verträgt sich das dargelegte Führungsinstrument mit der anderen Hauptanforderung Druckers an Unternehmen in einer wissensbasierten postkapitalistischen Gesellschaft?

Der Irrtum über die Zukunfts- und Entwicklungsfähigkeit konservativer Werte

Eine erfolgreiche wissensbasierte Organisation muss nach Drucker kontinuierlichen Wandel und Innovation zum Teil seines Unternehmensverständnisses machen. Kann ein individuelles, im Falle Axel Springers beinahe persönliches Wertesystem fester publizistischer Grundsätze dies leisten oder stellt es nicht gerade ein Hindernis für die organisatorische Lernfähigkeit dar?

Beantwortet man diese Frage mit Ja, unterliegt man dem weit verbreiteten Irrtum, dass wertkonservative Verhaltensprinzipien per Definition innovationshemmend und vergangenheitsorientiert wirken. Vergleicht man den persönlichen Erfahrungskontext sowohl Axel Springers als auch Peter Druckers, so wird deutlich, dass beide gezwungen waren, diesem weit verbreiteten Irrtum häufig entgegenzutreten und den scheinbaren Konflikt zwischen einem konservativen, bürgerlichen Wertesystem mit ihrer zukunftsorientierten, visionären Weltsicht in Einklang zu bringen. Beide wurden kurz vor Ausbruch des Ersten Weltkriegs[1] geboren und in ihrer Kindheit von einer großbürgerlichen Weltanschauung geprägt, die Bildung, Kultur und Geschichtsbewusstsein ganz oben in der Werteordnung ansiedelte. Gleichzeitig wuchsen sie in Elternhäusern und städtischen Umfeldern auf, in denen Urbanität und internationale Offenheit durchaus großgeschrieben wurden. Beide haderten daher schon früh mit der beschränkten Vergangenheitsorientierung ihrer humanistischen Bildungstradition. Einer Tradition, die sich immer weniger an die gewachsenen Anforderungen einer zunehmend über den Nationalstaat hinausreichenden Gesellschaft anpassen konnte. In seiner Autobiographie macht Drucker deutlich, wie sein Streben, Wissen und aktuellen Erfahrungen unabhängig zu analysieren und darauf aufbauend eigene Standpunkte zu formulieren, ihn bereits als Kind den Ruf eines Außenseiters einbrachte.[2] Auch Axel Springer machte durch seine verlegerischen Ideen deutlich, wie sehr er bereit war, sich von gelernten, traditionellen Konventionen zu lösen und große unternehmerische Risiken einzugehen, um Konzepte umzusetzen, die dem Empfinden der Menschen entsprachen. Allen voran BILD – die Idee, eine Zeitung als gedrucktes Fernsehen zu machen.

Es verwundert daher kaum, dass das Menschenbild, das Drucker als Kern der postkapitalistischen Wissensgesellschaft definiert, sich auch in den Führungsprinzipien des von Axel Springer begründeten Verlagshauses intuitiv widerspiegelt. Nach Drucker bedarf die postkapitalistische Gesellschaft einer einigenden Kraft. „Sie bedarf einer Führungsgruppe, welche die separaten lokalen Traditionen in ein auf gegenseitigem Respekt beruhendes Wertesystem und ein gemeinsames Leistungskonzept einbindet."[3] Diese Führungsgruppe ist genau das, was gemäß Drucker Dekonstruktionisten, radikale Feministen oder die Gegner der westlichen

---

[1] Axel C. Springer 1912 in Altona; Peter F. Drucker 1909 in Wien.

[2] Drucker, Peter F., *Schlüsseljahre* (1979).

[3] Drucker, Peter F., *The Post Capitalist Society* (1993).

Kultur ablehnen, eine *universell gebildete Person*. Gleichzeitig unterscheidet sich die universell gebildete Person jedoch auch sehr deutlich von dem Ideal, das die Humanisten anstreben – den gebildeten Menschen im Sinne der deutschen humanistischen Tradition.

Unternehmen und Manager, die geprägt von ihrer Ausbildungstradition den humanistisch gebildeten Menschen ins Zentrum ihrer Führungsaufgabe stellen, orientieren sich in ihrem Tun stets an der Vergangenheit. Ihre Mitarbeiter werden eben nicht dazu motiviert, die Gegenwart unabhängig zu interpretieren und die Ergebnisse ihres Denkens gemeinsam mit ihrem Wissen zur kreativen, innovativen Gestaltung der Zukunft zu nutzen. Unternehmerische Grundsätze, die über neutrale wirtschaftliche Zielsetzungen hinausgehen, verkommen in einer solchen traditionsbeseelten Führungskultur sehr schnell zu Leitlinien zur Bewahrung des „Altbewährten" und damit zum unüberwindbaren Hindernis kreativen unternehmerischen Schaffens.

Unternehmen, die sich hingegen das Ideal der gebildeten Person im Sinne Druckers in ihrer Führungskultur zu Eigen machen – und dazu möchte ich das Unternehmen Axel Springer zählen – fördern und fordern neben klassischer Bildung die offene Wahrnehmungsfähigkeit und das analytische Denkvermögen ihrer Mitarbeiter gemäß unserer drei Grundwerte: Kreativität, Unternehmertum, Integrität. Als gebildete Personen werden diese Mitarbeiter in der Lage sein, sich mit anderen Traditionen und Kulturen vertraut zu machen, aktuelle Entwicklungen zu analysieren und im Gesamtkontext ihres unternehmerischen Handelns zur Anwendung zu bringen. Dies kann, ja dies muss bedeuten, bestehende Grundsätze regelmäßig zu überprüfen und wenn nötig zu verändern und weiterzuentwickeln.

Bei Axel Springer zeigt dies nicht nur die Weiterentwicklung des ersten Grundsatzes im Anschluss an die Wiedervereinigung Deutschlands nach 1989.

- Version vor 1989: *Eintreten für die friedliche Wiederherstellung der Deutschen Einheit in Freiheit, nach Möglichkeit in einem vereinten Europa.*
- Version seit 1990: *Das unbedingte Eintreten für den freiheitlichen Rechtsstaat Deutschland als Mitglied der westlichen Staatengemein-*

schaft und die Förderung der Einigungsbemühungen der Völker Europas.

Bedeutender erscheint an dieser Stelle jedoch die Einführung des neuen Grundsatzes:

> *Die Unterstützung des transatlantischen Bündnisses und die Solidarität in der freiheitlichen Wertegemeinschaft mit den Vereinigten Staaten von Amerika*

im Anschluss an die Terroranschläge auf das World Trade Center am 11. September 2001. Durch diese Entscheidung haben die Führungsorgane Vorstand und Aufsichtsrat nicht nur den publizistischen Auftrag des Verlags um eine weitere aus Sicht des Unternehmens entscheidende Komponente erweitert. Darüber hinaus haben sie gezeigt, wie lebendig die Grundsätze unseres Verlags heute sind und wie erfolgreich sich konservative Werte und effektives Management vereinbaren lassen, wenn die Unternehmensführung eines nicht vergisst:

DIE WELT GEHÖRT DENEN, DIE NEU DENKEN.

Nicolas Zimmer

Politische Führung in Zeiten der Unsicherheit

1. Unsicherheit und ihre Folgen

Wir leben in Zeiten der Unsicherheit. Und es stimmt, für keinen von uns ist die Zukunft in allen ihren Facetten mit Sicherheit vorhersehbar; die Ungewissheit über das vor uns Liegende ist seit jeher ein Begleiter des Menschen und der von ihm geschaffenen Organisationen. Aber die Welt um uns herum ist vor allem nach den Umbrüchen im letzten Jahrzehnt des vergangenen Jahrhunderts zunehmend komplexer geworden, die Anzahl der Faktoren, die über das weitere „Schicksal“ entscheiden, hat zugenommen. Hinzu kommt, dass sich die in vielerlei Hinsicht verlockende Vorstellung, alle (sozialen) Risiken könnten bequem – quasi mit Hilfe einer Art von umfassender Versicherung – bei dem über die Jahre immer mehr Raum einnehmenden bundesdeutschen Sozialstaat abgeladen werden, erkennbar als Illusion erwiesen hat. Das deutsche Wirtschafts- und Sozialsystem steuert in Konsequenz dieser Fehleinschätzung auf ein Dilemma zu, indem es dem Einzelnen zwar nicht verbietet, für sich selber zu sorgen, aber als Folge der in guter Absicht geschaffenen Rahmenbedingungen in die Handlungsunfähigkeit fast aller Beteiligten führt. Die sich immer deutlicher abzeichnende Alternative, Chancen und Risiken eigenverantwortlich gegeneinander abzuwägen, sich selbständig zu bewegen und damit aus eigener Kraft überdurchschnittlich erfolgreich sein zu können, oder aber auch zu scheitern und neu beginnen zu müssen, hat für viele Betroffene bedrohliche Züge, da unklar ist, was auf sie zukommt.

Die Folgen einer global agierenden Wirtschaft, der unausweichliche Wandel des Sozialstaats und die Transformationsprozesse der sich weiterentwickelnden Wissensgesellschaft machen es für die Menschen, aber auch für regional agierende Unternehmen, zunehmend schwer, sich auf zukünftige Entwicklungen einzustellen und ihr Verhalten entsprechend auszurichten. Es fehlt an Informationen, aber auch an Leitlinien für das notwendige Handeln, denn die Strategien, die in der Vergangenheit richtig gewesen sind, erweisen sich für die Herausforderungen der Zukunft als untauglich.

Diese Unsicherheit hat ganz reale Folgen. Sie senkt die Produktivität einer Gemeinschaft, denn in eine für das Individuum schwer vorhersehbare Zukunft werden kaum Investitionen getätigt. Diese Zurückhaltung bezieht sich nicht nur auf die finanziellen Investitionen; auch Arbeitskraft wird (paradoxerweise) in einer Vielzahl der Fälle eher weniger als mehr eingebracht, wenn der eigene Job gefährdet ist. Gewerkschaften leisten zwar häufig aus unterschiedlich zu bewertenden Motiven ihren Beitrag dazu, aber nicht selten sehen auch die Arbeitnehmer keine Möglichkeiten, dem unsicheren „Schicksal“ eines Arbeitsplatzverlustes zu entgehen. Warum sollte es sich dann wohl noch lohnen, Energie zu investieren?[1] Das gleiche Phänomen tritt übrigens auch auf, wenn auch nur unklar ist, was eigentlich das Ziel der eigenen Tätigkeit sein soll.

Der Kreis schließt sich bei den gesellschaftlichen Investitionen des Einzelnen, dem sozialen Engagement. In einer Gemeinschaft, die den Blick nicht auf ein zukünftiges Ziel richten kann, die also keine Zuversicht hat, werden erfahrungsgemäß die verfügbaren Ressourcen für den Eigenbedarf aufgespart.

Investiert wird nur, wenn dabei die Absicht zu Grunde liegt, mit diesem Einsatz auch etwas zu erreichen. Um für die Zukunft zu planen, werden Informationen benötigt, die Rahmenbedingungen müssen defi-

[1] Die von den Betroffenen selten gegebene, aber wohl zutreffende Antwort lautet, dass nur eine Steigerung der eigenen Produktivität die Grundlage für einen Erfolg des Unternehmens im Wettbewerb sein kann. Dieses Beispiel macht deutlich, dass auf Grundlage beschränkter Informationen auch nur begrenzt rationale Entscheidungen möglich sind.

niert sein und Ziele gesetzt werden. Dies ist für den Einzelnen häufig nur unter einem unverhältnismäßig hohen Aufwand möglich, wenn nicht gar tatsächlich ausgeschlossen. Neben vielen anderen Gründen ist dies ein Aspekt, warum sich Menschen zu Gemeinschaften zusammenschließen, sich organisieren.

2. Politik und Management als Führungsaufgaben

Wie jede Organisation braucht auch die Gesellschaft Führung. Die Führung in einem Staat wird traditionell nicht als Management bezeichnet, es gibt aber in ihrem Kern zwischen der Führung eines Unternehmens und der eines Staates eine wesentliche Übereinstimmung: Die charakteristische Aufgabe besteht darin, zukünftige Aufgaben zu definieren, Strategien zu deren Lösung zu erarbeiten und benötigte Ressourcen bereitzustellen. Durch das Setzen von Zielen und das Beschreiben der Schritte zu deren Erreichen macht sie die Zukunft für die Mitglieder der Organisation planbar und setzt die notwendigen Rahmenbedingungen. Zweifellos werden diese Ziele, die in ihrer Gesamtheit als Politik bezeichnet werden können, nicht immer den maximal erreichbaren Erfolg beschreiben, also optimal sein. Aber auch suboptimale Ziele, auf ihnen basierende Entscheidungen und Maßnahmen zu deren Umsetzung sind besser, wie der Zustand der Unsicherheit zeigt, als überhaupt keine.

In einer Demokratie ist es die Aufgabe der durch Ämter und Mandate in Verantwortung stehenden Politiker, gesellschaftliche Führung auszuüben. Die Mittel hierfür sind vielfältig. Im Idealfall erklären politische Parteien ihre Ziele in Wahlprogrammen, beschließen Parlamente Gesetze als abstrakte und allgemeingültige Regeln und setzt die Regierung diese durch geeignete Maßnahmen um. Der Zweck der *Organisation Staat* ist in ökonomischer Hinsicht, dafür zu sorgen, dass die Mitglieder dieser Organisation (also die Staatsbürger) in ihrer Gesamtheit materiell zukünftig besser gestellt werden als in der Vergangenheit, also ihre Wohlfahrt gemehrt wird.

Natürlich wird dieser materielle Zuwachs nicht gleich verteilt sein. Traditionell haben europäische Staaten unterschiedliche Methoden entwickelt, durch so genannte Transferleistungen, die sich in der Regel aus dem Steueraufkommen finanzieren, einen Ausgleich zu schaffen. Je geringer diese Pflicht zur Entschädigungszahlung des Begünstigten an den weniger Begünstigten ausfällt, desto höher ist allerdings der Anreiz zu Flexibilität und Wettbewerb. Ein solches Modell wird jedoch nur unter der Maßgabe Akzeptanz finden, dass unabhängig von einer sozialen Grundsicherung jeder theoretisch mit der gleichen Chance rechnen kann, sowohl auf der Seite der Verlierer als auch der Gewinner zu stehen. Ein Staat, der diese Chancen bei minimalen Ressourceneinsatz maximiert, ist effektiv. Umgekehrt hat ineffektives Handeln der Verantwortlichen zur Folge, dass der Zweck der staatlichen Gemeinschaft nicht oder nur unzureichend erreicht werden kann. Sind die Entscheidungen der Politiker nicht effektiv, zahlen die Bürger den Preis.

An welchen Grundsätzen muss sich politisches Handeln orientieren, damit es effektiv ist? Die Antwort gibt *Peter F. Drucker*: Dass effektives Handeln nur dann möglich ist, wenn es sich an konservativen Werten orientiert, ist in seinem wissenschaftlichen Werk in bemerkenswerter Klarheit seit den dreißiger Jahren des vergangenen Jahrhunderts deutlich geworden. Führung muss von einem festen und klar definierten Standpunkt ausgehen, wenn sie erfolgreich sein soll.[2]

3. Das Fundament effektiver Führung: Konservative Werte

Der Begriff „konservativ“ lässt sich je nach Perspektive und wissenschaftlicher Disziplin in unterschiedlicher Weise interpretieren. Mit der in der parteipolitischen Auseinandersetzung auf der Tagesordnung stehenden Verwendung von schlagwortartigen Begriffspaaren im Sinne von

---

[2] Zu den weiteren Überlegungen vgl. insbesondere Drucker, *The Effective Executive*, New York 2002 (1967); sowie ders., *Managing for the Future*, New York 1992.

„konservativ und progressiv", „konservativ und sozialistisch" oder gar „links und rechts" ist es mit Sicherheit nicht getan. Denn tatsächlich handeln die Prinzipien der effektiven Führung nicht von den bisweilen fast folkloristischen Abgrenzungsversuchen politischer Lager oder Parteien. Diese werden, am Rande bemerkt, mit der fortschreitenden Auflösung der traditionellen Wählermilieus – und zwar nicht nur aus der Warte des außenstehenden Beobachters, in der eigentlichen Substanz auch zunehmend diffuser.

Stattdessen lässt sich durch die Beobachtung von effektivem Verhalten in verschiedenen Lebensbereichen ein Muster erkennen. Wird dieses Muster analysiert, dann ergibt sich ein Leitbild, welches auf Grundannahmen und daraus resultierenden Verhaltensregeln beruht. Und dieses Leitbild lässt sich, wie sich zeigen wird, am treffendsten als *konservativ* charakterisieren.

Zunächst zu den drei wichtigsten Grundannahmen, auf denen die weiteren Überlegungen beruhen, nämlich die des Realismus, des Individualismus und der Evolution. Dazu im Einzelnen:

Ein wirklich effektives Verhalten basiert unbedingt auf **Realismus**. Die Welt, in der wir leben, gibt den Rahmen für unser Handeln vor, denn nur auf Tatsachen kann auch angemessen und richtig reagiert werden. Nur so können mit einiger Sicherheit auch die Folgen der eigenen Aktivitäten abgeschätzt und damit weitere Maßnahmen geplant werden. Auf der irrealen Basis einer Scheinwelt, auf der Suche nach einer utopischen Alternative getroffene Entscheidungen führen neben vielen anderen Unzulänglichkeiten nicht in eine bessere Welt, sondern bestenfalls zur Jagd nach einem Phantom und im Ergebnis zur Vernachlässigung des Notwendigen.

Dem menschlichen Wesen wird nur die Anerkennung seiner **Individualität** gerecht. Jeder Mensch hat die Möglichkeit, aber auch die Verantwortung für eigenständiges Handeln, und nur so ist ein erfülltes Leben möglich. Damit korrespondiert die seit Jahrzehnten zu beobachtende Entwicklung, dass Autoritäten durch Informationen ersetzt werden. Dies bedeutet auch faktisch mehr Eigenverantwortung. Bei aller Freiheit braucht eine Gesellschaft ein festes moralisches Fundament, denn es ist davon auszugehen, dass Menschen regelmäßig diejenige Lösung vorziehen, die für sie den größtmöglichen Nutzen neben anderen realisierbaren Möglichkeiten bietet.[3]

Effektives Verhalten ist das Ergebnis einer persönlichen und gemeinschaftlichen **Evolution**. Jede erfolgreiche Gesellschaft lebt von der Weiterentwicklung. Sie baut auf das Erreichte auf, bewahrt das Bewahrenswerte und gibt dem Neuen Vorrang vor dem Bisherigen, wenn es sich als besser erweist;[4] das ist der eigentliche programmatische Kernsatz des Konservativen. Kein dogmatischer Umgang mit der Vergangenheit, sondern Pragmatismus für die Gegenwart und Erneuerungswille für die Zukunft.

Aus diesen Grundannahmen lassen sich drei elementare Verhaltensregeln ableiten:

- Jedes Verhalten ist zunächst an den Bedürfnissen und Notwendigkeiten zu orientieren und der Prüfung zu unterziehen: Nutzt es oder nutzt es nicht? Dies ist der objektive Maßstab.
- Da der Mensch für sein Verhalten verantwortlich ist, sind Integrität und Charakter der subjektive Maßstab.
- Jedes Handeln ist auf den eigenen Beitrag zu einer positiven Weiterentwicklung auszurichten. Das gilt sowohl für den persönlichen als auch den gesellschaftlichen Fortschritt und kann als der Programmsatz gelten.

Aus diesem Leitbild lassen sich weitere Aussagen für effektive Führung ableiten. Diese gelten sowohl für das Management eines Unternehmens oder einer anderen Organisation als auch für die Politik.

Führung hat übrigens nicht zwangsläufig etwas mit Charisma zu tun. Häufig ist das Gegenteil der Fall, denn Menschen mit dem (selbst gewählten oder verliehenen) Prädikat eines *Führers* sind in der Mehrzahl

3 Allerdings wird für den Einzelnen nicht immer der optimale Nutzen zu erzielen sein, weil sein Nutzen nicht dem seines Gegenübers entspricht, es müssen also Kompromisse geschlossen werden. Die sprichwörtliche Umschreibung für dieses Phänomen lautet: „Der Spatz in der Hand ist besser als die Taube auf dem Dach."

4 Im Gegensatz dazu verteidigt die so genannte Restauration die Vergangenheit um ihrer selbst willen. Sie ist damit eine Form von „Rückschrittsglaube", die jede Veränderung verhindern will und den derzeitigen Zustand verteidigt.

unflexibel, überzeugt von eigener Unfehlbarkeit und unfähig, sich zu verändern. Dies gilt auch nicht selten für Politiker, und die Geschichtsbücher legen beredtes Zeugnis ab über Persönlichkeiten mit derartigen Charakterzügen, aber auch über die Folgen für alle Beteiligten. Ihnen fehlt die Fähigkeit zum Realismus und zur Fortentwicklung. Insoweit ist das Modell der effektiven Führung ein überzeugtes Plädoyer für pragmatische Politiker, nicht jedoch zwangsläufig auch für die nicht selten anzutreffende uninspirierte Variante.

Führung ist Arbeit. Sie beinhaltet, das Ziel der Organisation zu durchdenken, Leitlinien zu definieren und klar und deutlich festzulegen. Auch deren Einhaltung muss überwacht werden. Zwar ist auch Kompromissfähigkeit erforderlich, aber sie muss immer mit den Zielen und Leitlinien vereinbar sein. Führen kann daher nur, wer auch Verantwortung übernimmt. Die in der Politik zu beobachtende Tendenz, zu jeder Fragestellung eine Kommission einzusetzen oder zumindest Sachverständigengutachten abzufordern, bedeutet den Abschied von der Verantwortung, wenn die Ergebnisse zunehmend vorbehaltlos übernommen werden und nicht nur als Faktengrundlage für eigene politische Entscheidung dienen.

Führung setzt Vertrauen voraus. Vertrauen wird durch Integrität geschaffen. Integrität ist die Konsequenz zwischen Überzeugungen und Handeln. Leitlinien, die einmal festgelegt worden sind, müssen mit dem eigenen Verhalten vorgelebt werden. Denn Beliebigkeit und Wechselhaftigkeit von Entscheidungsträgern machen eine Identifikation mit den Zielen einer Gemeinschaft unmöglich. Geradezu zwangsläufig führen Skandale, also Regelverstöße, dazu, dass diese Leitlinien bis hin zu Gesetzen von einer wachsenden Anzahl der Mitglieder einer Gemeinschaft nicht mehr als verbindlich akzeptiert werden. Aber auch der Umstand, dass sich Politiker zunehmend an der wechselhaften Meinung einzelner Medien oder den variablen Ergebnissen von Meinungsumfragen orientieren, führt zu einem ähnlichen Effekt. Es ist nicht mehr erkennbar, was die Leitlinien eigentlich ausmachen. Derartige Regeln sind nicht mehr das Ergebnis eines Entscheidungsprozesses auf Grundlage des konservativen Leitbildes – und damit auch nicht mehr effektiv.

Führung bedeutet, Verantwortung und Pflichten zu tragen, nicht aber Rang und Privilegien zu besitzen. Das heißt auch, die Verantwortung für

Fehler zu übernehmen. Im Umkehrschluss hat eine effektive Führungspersönlichkeit keine Angst vor starken Mitarbeitern, denn sie wird auch im Positiven die Verantwortung für deren Erfolge übernehmen können. Nicht, um sich mit fremden Federn zu schmücken, aber der Beitrag eines jeden Mitarbeiters zum Erfolg der Organisation ist auch ein Gradmesser für die Leistung der Führungskräfte. Auch in politischen Parteien wird allerdings ab und zu vernachlässigt, dass Konkurrenz eine geringere Bedrohung für den Erfolg ist als Mittelmäßigkeit.

Effektive Führung wird durch das Treffen von Entscheidungen umgesetzt. In jedem Fall müssen nach dem Grundsatz *First Things First* Prioritäten und Nachrangigkeiten bestimmt werden. Mit Hinblick auf die Feststellung, dass eine Maßnahme nur dann effektiv ist, wenn sie auch nützlich ist, lässt sich eine Regel aufstellen, die von nahezu allgemeiner Richtigkeit ist. Der durch den Einsatz von Mitteln zu erzielende Nutzen ist dann am größten, wenn er sich auf die Stärken konzentriert. In Schwächen investierte Ressourcen bedeuten einen hohen Aufwand, der im besten Fall Mittelmaß produziert. Und das ist keinesfalls effektiv und besitzt damit keine Priorität.

Allerdings stellt sich die Frage nach der Effektivität einer Maßnahme jeden Tag aufs Neue. Deshalb müssen effektive Manager und Politiker auch in der Lage sein, Vergangenes in Frage zu stellen. Die weisen Entscheidungen von gestern können die Dummheiten von heute sein. Aufgabe von Führung ist es, heute die Ressourcen für morgen bereit zu stellen. Es müssen heute die Entscheidungen getroffen werden, wie die zur Verfügung stehenden Mittel zukünftig verwandt werden. Das bedeutet auch, dass Aufgaben beendet werden müssen, die keinen Nutzen mehr versprechen. „Würden wir das heute noch genauso machen?“ Nur wenn diese Frage positiv beantwortet werden kann, darf auch weiter in dieses Vorhaben investiert werden.

4. Jenseits des Dogmas – effektive politische Führung in der Praxis

Ein Beispiel für die Anwendung der These, dass regelmäßig die Rahmenbedingungen und Ziele in Frage zu stellen sind, um neue Lösungen zu finden, ist die Diskussion um die Verlagerung von Arbeitsplätzen in das Ausland. Richtig ist, dass das Ziel, möglichst vielen Menschen einen Arbeitsplatz zu ermöglichen, hohe Priorität haben muss. Und es ist zutreffend: Die Lohnnebenkosten in Deutschland werden zu Recht allgemein als zu hoch angesehen. Trotzdem wird damit das eigentliche Problem des Standortes Deutschland nur unzureichend beschrieben.

Die deutschen Unternehmen befinden sich im globalen Wettbewerb und stehen Konkurrenten gegenüber, die Produktionskapazitäten und Arbeitsplätze zu Kosten einsetzen, die in Deutschland schlechterdings unerreichbar sind. Auf die Frage, wie die Perspektive für Deutschland aussieht, kann die Antwort also nicht lauten, zu einem Niedriglohnland zu werden. Die Zielvorgabe, beispielsweise Arbeitsplätze im Bereich der industriellen Produktion vor der Verlagerung in das Ausland zu retten, die nicht mehr zu retten sind, kann objektiv betrachtet nicht erfolgreich umgesetzt werden. Nüchtern gesehen werden durch die Verlagerung von Produktionsstufen deutscher Unternehmen sogar Arbeitsplätze in Deutschland erhalten. Die damit verbundene Senkung der Arbeitskosten macht gerade Unternehmen überhaupt wieder international konkurrenzfähig, die ansonsten mit der Schließung bedroht gewesen wären.

Stattdessen müssen deutsche Unternehmen einen Vorsprung auf Zukunftsmärkten anstreben. Und die Politik muss für dieses Ziel entsprechende Rahmenbedingungen schaffen und die zur Verfügung stehenden Ressourcen entsprechend einsetzen. Neben dem Abbau von Bürokratie und staatlich verursachten Kosten für die Unternehmen ist es vor allem das Bildungssystem, das über die Anteile an den Zukunftsmärkten entscheiden wird. In logischer Konsequenz muss sich Deutschland, wenn es wieder Spitzenpositionen einnehmen will, auch dem Wettbewerb um die fähigsten Köpfe stellen – und zwar egal, aus welchem Land diese stammen. Die USA machen es vor, eine Vielzahl der dort forschenden Nobelpreisträger stammen aus anderen Ländern – unter anderem Deutschland.

Ein wesentliches Instrument der Politik zur Setzung von Rahmenbedingungen sind Gesetze und Verordnungen. Sie enthalten Regeln, mit deren Hilfe Entscheidungen getroffen werden sollen. Dies gilt sowohl für staatliches Handeln als auch für die Beziehungen zwischen den beteiligten natürlichen oder juristischen Personen. Mit ihrer Hilfe wird Effizienz gesteigert, denn es ist häufig keine Einzelfallentscheidung mehr erforderlich, sondern es wird eine Standard-Reaktion definiert, die gegebenenfalls nur noch den besonderen Umständen anzupassen ist. Sie reduzieren Komplexität und damit auch den Aufwand für das Finden von sachgerechten Lösungen. Damit sind sie ein effizientes Instrumentarium für effektives Handeln.

So einleuchtend wie diese Rechtfertigung für die Existenz von Gesetzen auch ist, es existieren wohlbekannte Gegenbeispiele. So ist sicherlich die aktuelle Steuergesetzgebung alles andere als effizient. Die deutsche Steuerrechtsliteratur und unzählige finanzgerichtliche Entscheidungen füllen ganze Bibliotheken. Dies alleine macht deutlich, welches breite Betätigungsfeld sich hier für eine effektive Gesetzgebung eröffnet.

Niemand wird ernsthaft bezweifeln wollen, dass Deutschland und seine Fähigkeit, sich den gegenwärtigen und zukünftigen Herausforderungen zu stellen, unter einer deutlich erkennbaren Überregulierung leidet. Fast alle Lebensbereiche sind mittlerweile durch Gesetze und Verordnungen geregelt. Damit fehlen die Freiräume, die für eigenverantwortliches Handeln und Engagement notwendig sind. Und die politisch Verantwortlichen haben sich über Jahrzehnte in dem von ihnen und ihren Vorgängern geschaffenen Regelwerk verheddert und verstrickt, Gesetzesvorhaben kommen immer öfter nur noch in Gestalt eines normativen Reparaturbetriebes daher.

Die Antwort eines effektiven Politikers ist klar und deutlich: Nur mit Hilfe der drei Triebfedern eines durchgreifenden Wandels lassen sich die notwendigen Veränderungen erreichen.

Auch hier ist eine realistische Situationsbeschreibung die Grundlage für alles weitere. Denn nur eine regelmäßige Analyse der Faktenlage schafft die Ausgangsvoraussetzungen für eine effektive Politik. Ein Politiker, der objektiv die Verhältnisse realisiert und akzeptiert, wird sich und vor allem anderen nichts vormachen. Weil auch die Mitglieder der *Organisation Staat* nur dann effektive Entscheidungen treffen können, und zwar zum eigenen Nutzen genauso wie dem der Gemeinschaft, wenn sie ein hohes Maß an richtigen Informationen über die Rahmenbedingungen besitzen.

Ein effektiver Politiker akzeptiert den Bürger als Individuum, begreift den Staat als Organisation der Bürger und damit auch als Bürgergesellschaft. Jedem Beteiligten ist die Möglichkeit zum eigenverantwortlichen Handeln einzuräumen. Der Staat und seine Institutionen sind an dem Zweck zu orientieren, die Chancen des Einzelnen zu maximieren und dabei möglichst wenige Ressourcen zu verbrauchen. Schließlich sind weder Politik noch Verwaltung Selbstzweck.

Um dies sicherzustellen, bedarf es einer ständigen Evolution des Staates. Der effektive Politiker muss bereit sein, alles radikal in Frage zu stellen und dabei das – aber auch nur das – zu bewahren, was für die Zukunft wertvoll und nützlich ist. Er darf nicht zulassen, dass sich Programme oder die zu ihrer Umsetzung verabschiedeten Gesetze verselbständigen oder nur dem Ego einzelner Politiker oder deren Parteien dienen. In einer effektiv geführten Organisation ist der Prozess des Infragestellens umfassend und stetig ausgestaltet. Eine regelmäßige Wiedervorlage von Gesetzen und Verordnungen mit Hilfe einer Verfallsklausel ist ein Weg, dies zu erreichen; auch Behörden und ihre Aufgaben gehören regelmäßig auf den Prüfstand.

Es ist also klar, dass ein effektiver Staat nur möglich ist, wenn er von effektiven Politikern geführt wird. In Zeiten der Unsicherheit tritt dies mit aller Deutlichkeit zu Tage. Bleibt nur noch eines übrig: Es zu tun.

Guido Stein

Familiäre Werte und effektives Management

1. Einleitung

Die Wirtschaftstheoretiker unterscheiden zwei Arten von Kenntnis: jene, die auf empirischer Evidenz basieren (und diese dürfen ruhigen Gewissens als wissenschaftlich gelten, da sie quantifizierbar sind), und jene, die der statistischen Grundlage entbehren, weswegen sie leicht abschätzig als anekdotische Evidenz bezeichnet werden.

Mir geht es heute um einige Erkenntnisse der zweiten Art, also der anekdotischen, die ich aber für solide fundierte Evidenzen halte, da sie auf dem gesunden Menschenverstand basieren, der ja nichts anderes als der Realitätssinn ist. Und eines haben auf jeden Fall Unternehmen und Familie gemein: Sie müssen geführt und gelebt werden mit einem soliden Sinn für die Realität.

Rafael Alvira, Philosophieprofessor an meiner Universität und Direktor des Instituts „Unternehmen und Humanismus" pflegt Folgendes zu behaupten: „Die Wirtschaft dient dazu, besser zu leben, doch dieses ‚Besser-Leben' muss vor allem menschlich, ganzheitlich sein, und das bedeutet: in der Gesellschaft und an erster Stelle in der Familie."

In der Familie erhält das Privateigentum seinen vollen Sinn: Es ist zugleich Motivationsquelle und Mittel zur Transzendierung des individualistischen Egoismus.

Ich bin fest davon überzeugt, dass das Familienleben der beste Boden ist, um den Charakter zu formen, nicht nur der Kinder, sondern auch der

Eltern – wenngleich in unterschiedlicher Weise. Die Formung des Charakters wird die Brücke zwischen Familie und Unternehmen sein, der ich mich für meine Ausführungen bedienen werde. Große wie kleine Unternehmen, ob sie nun lokaler oder weltweiter Bedeutung sind, müssen zu unser aller Besten von integren Persönlichkeiten geleitet werden, von Menschen mit Charakter. Solche Führungspersönlichkeiten werden in der Managementliteratur als „Leader" bezeichnet.

Alle Angehörige einer Organisation müssen in irgendeiner Form Leitungsfunktionen ausüben; alle sind also in gewissem Sinne „Leader". Wo aber lernt man diese natürliche Führungsgabe, die auf integrem Charakter basiert?

Am Beginn des menschlichen Lebens begegnen wir weder dem Staat noch dem Unternehmen noch der Schule, sondern der Familie. Und auch wenn in der Öffentlichkeit große theoretische Diskussionen entbrannt sind, so gibt es doch einen Konsens über diejenigen menschlichen Eigenschaften, deren Entfaltung in der Familie liegen. In der Familie wird der Charakter geformt. Dies ist eine der Aufgaben der Eltern, eine Quelle der Zufriedenheit und der Sorge zugleich. Damit die Familie solch ein Ort der Erziehung sei, ist *conditio sine qua non* die festgefügte Liebe der Eltern zueinander. Gibt es denn eine bessere Empfehlung als eine beständige, treue, vertrauensvolle und verantwortungsbewusste Liebe der Eltern zueinander (und damit erinnere ich nur an Ciceros Beschreibung der Liebe in der Ehe als *constans, fidus, gravis*), gibt es denn eine bessere „Technik" als diese, um den Kindern die Werte der Familie beizubringen, auf denen sie dann ihren Charakter weiterbilden werden, immer auf der Grundlage der Freiheit, die ja der Menschenwürde eignet?

Manche behaupten, die Familie und ihre Werte seien im Prozess der Auflösung begriffen. Stattdessen setzt man entweder auf eine gewichtigere Rolle des Staates gegenüber der Gesellschaft (oder dem Markt) oder umgekehrt. Doch das ist nicht der richtige Weg. Die Rolle der Familie als Ort der ersten Erziehung und Bildung ist durch nichts zu ersetzen.

Die Wärme der Familie, wenn sie von Verständnis und Geist der Aufnahme geprägt ist, in der die Gerechtigkeit gelebt wird, ohne die Liebe zu vergessen, so dass Ungleiche ungleich behandelt werden, die Familie, in der „Haben" gleichbedeutend ist mit „Teilen" und „Befehlen" nichts anderes heißt als „Dienen“, wo es nicht um Sich-Durchsetzen sondern um Verstehen geht: Das ist der Boden zur Entfaltung der wertvollen Haltungen, zur Stärkung des Charakters, verstanden als Fähigkeit zur Selbstbeherrschung, also als Wachstum der Person.

Wenn wir uns nach kräftigen, durchsetzungsfähigen, wirtschaftlich gesunden und zugleich solidarischen Unternehmen sehnen, die vom Wert der Person überzeugt sind, so brauchen wir Männer und Frauen aus einem Guß, die sie leiten, Menschen mit solider Fachkenntnis und tiefer menschlicher Weisheit. Daniel Goleman, der berühmte Best-Seller-Autor (*Emotionale Intelligenz)* behauptet, dass der Erfolg eines Managers zu 90 Prozent von der Fähigkeit abhängt, seine Emotionen zu lenken: Selbstsicherheit, Selbstkontrolle, Empathie mit den ihn Umgebenden ...; nur zehn Prozent des Erfolgs hängt von seinen Fachkenntnissen ab.

Natürlich vertrete ich nicht die Ansicht, die Familie soll legitimiert werden nach ihrem Erfolg in der Bildung von Managern für die Unternehmen; auch behaupte ich nicht, dass ausschließlich die Erziehung in der Familie die Grundlagen vermittelt, um ein guter Manager zu sein. Beide Thesen wären absurd. Vielmehr vertrete ich die Überzeugung, dass wir in den Unternehmen Führungskräfte brauchen, deren Persönlichkeiten in einer Umgebung gereift sind, in der die ethischen Haltungen einen wichtigen Platz einnehmen.

***

Was soll heute, im Computerzeitalter, nach gängiger Meinung eine Führungspersönlichkeit im Unternehmen ausmachen? Um diese Frage richtig beantworten zu können, werde ich zunächst einige Merkmale der *Neuen Wirtschaft* beschreiben, um dann tiefer auf das einzugehen, was eine personenbezogene Führungspersönlichkeit und ihre Wesensmerkmale sind, um schließlich zu einigen praktischen Schlussfolgerungen mit einem literarischen Nachwort überzugehen.

Der Leser selbst wird entscheiden, ob meine einleitende Prämisse sinnvoll ist, ob also bei der Heranbildung von Führungspersönlichkeiten, die in Unternehmen und Gesellschaft Verantwortung tragen, eine solide ethische Grundlage notwendig ist. Vielleicht werde ich dafür theoretische Bedenken ernten, aber sie scheint mir äußerst kohärent mit dem Alltag.

Und immer kann ich mich auf Goethes Autorität berufen, der Mephisto die bekannte Empfehlung in den Mund legt: „Grau, teurer Freund, ist alle Theorie / Und grün des Lebens goldener Baum."

2. Das Neue und das Bleibende

Der Beginn des Jahrtausends hat eine mächtige Welle wichtiger Veränderungen mit sich gebracht, die sich auch auf die Welt der Unternehmensführung auswirken. Das Leben bedeutet immer Wandel, doch es gibt Zeiten – und gerade die *Zeiten zwischen den Zeiten* –, in denen der Wandel sich beschleunigt.

Es ist in der Tat so, dass das Leben vorwärts gelebt wird, aber nur rückwärts verstanden werden kann. Die Unternehmensführung kann sich diesem Gesetz nicht entziehen. Zudem hat nicht jeder Unternehmer die Gabe der Antizipation ohne Prophetie.

Die heutige Technik verursacht gewaltsame und hoch turbulente Brüche. Das Zusammenfließen der *Informatik* und der *Telekommunikation* öffnet tagtäglich unerwarteten und unvorhersehbaren Bewegungen Tür und Tor. Anscheinend ist alles möglich: von der schnellen Entstehung digitaler *start-ups*, auch als *.com*-Unternehmen bekannt, die sich schwindelerregend vermehren, um zu gefährlichen und gierigen Konkurrenten der Großen in diesem Bereich zu werden, bis zu den sagenhaften Unternehmenskonzentrationen mittels Fusionen und Übernahmen, die keine Grenzen und Schranken kennen.

Wir sind eingetaucht in die Welt des Internet, eines weltweiten Netzes, einer traumhaften Autobahn, die uns zur Welt der Globalisierung führt, einem Universum wilder Landschaften und verquickter Wege, von dem man sagt, wenn einer nicht verwirrt sei, so liege es nur daran, dass er nicht mitbekommt, was sich da ereignet.

Jedes Unternehmen, das weiterhin eine Gemeinschaft aus Personen sein will, gerät in die Gefahr, die Konturen zu verlieren, falls es ohne Bedenken ein Kommunikationssystem etabliert, das ausschließlich auf dem Internet basiert. Die ursprüngliche Gemeinschaft für den Menschen ist die Familie. Jede Gemeinschaft, die entsteht, muss die Nabelschnur zum Geburtsort beibehalten. Verfügt sie nicht über die Merkmale einer Familie, unter denen die starke interpersonale Kommunkation hervorragt, so wird diese Gemeinschaft zwar aus Menschen bestehen, schwerlich aber menschlich sein.

Trotz der Wandlungen und der neuen Wellen des Virtuellen – etwas bleibt unverändert in den Unternehmen, die das neue Millenium angehen: die Menschen. Unternehmen – und das weiß jeder Unternehmer mit etwas gesundem Menschenverstand – sind Menschen. Wenn man es versteht, sie richtig zu leiten, so vermeidet man die meisten Probleme, die sich in der Arbeit stellen, so läuft man vor allem in die richtige Richtung. Nichts ist im Leben eines Unternehmens schwieriger aber auch dankbarer, als Menschen zu führen, um ein edles Ziel zu verfolgen, wie es das Schaffen von Wohlstand und der Dienst an der Gesellschaft sind.

Darum meine ich, dass Unternehmer vor allem darüber nachdenken müssen, welche Führungsqualitäten das Unternehmen braucht. Dabei kommt mir jene ironiegeladene amerikanische Definition in den Sinn, was ein Journalist sei: „Jemand, der den Lesern etwas zu erklären versucht, was er selber nicht so ganz verstanden hat."

Eine Führungspersönlichkeit, immer an exponierter Stelle und bewusst beispielgebend, macht den wesentlichen Unterschied, indem sie den anderen bewusst macht, was das Wichtigste ist. Effizienz bei den Ergebnissen, integres Wesen bei der Arbeit und Großzügigkeit im Umgang bedeuten eine Einladung an die Mitarbeiter.

Autorität, Loyalität und Vertrauen können nicht eingefordert, sondern nur gefördert und vermittelt werden. Unvermeidbar kommt die Frage auf: Gibt es eine andere Art, den Arbeitenden in der Wissensgesellschaft und im Internet-Zeitalter zu leiten? Wo können diese Haltungen auf natürliche Weise erlernt werden?

3. Personenbezogene Führungsqualitäten

Leiten in der „Wissensgesellschaft“ bedeutet vor allem das Koordinieren von Lern- und Lehrprozessen. Unternehmen zeichnen dadurch aus, dass sie diese Prozesse dynamisch gestalten. Beim Lernen erzielt eine Person ein Ergebnis, das ihre Fähigkeit fördert, noch mehr zu lernen, das heißt, mehr zu sein. In ähnlicher Weise verfügen die Unternehmen, die ja zu *intelligenten Organisationen* geworden sind, über eine Lernfähigkeit, die gerade in ihrer Realisierung noch mehr gefördert wird. Klar drückt es Alejandro Llano aus: „Familie und Schule ähneln schon den Unternehmen; fortschreitend und dynamisch lehren und lernen sie: Sie werden zu *intelligenten Organisationen*, die in der Lage sind, mehr zu lernen, Neues zu erfahren und es anderen beizubringen, die ihrerseits auch wieder lernen und lehren.“

Der zerstörende Effekt des frühzeitigen Erfolgs besteht darin, die wertvolle Gelegenheit zu verpassen, aus den Irrtümern und Widrigkeiten zu lernen. Zu viel Erfolg führt zur Arroganz, eine schwere Führungskrankheit.

Die Vernetzung hat diese eingeborene Neigung des Menschen (und seiner Unternehmen) immens verstärkt: Arbeiten ist Lernen, Leiten ist Lehren. „Meine Arbeit“, so Jack Welch, Geschäftsführer von General Electric in einem Interview im Juli 2000, „besteht darin, die Gedanken des Unternehmens zu teilen und sein intellektuelles Kapital zu verwalten, also von der Geschäftsführung einer Tochtergesellschaft Ideen zu entleihen, um sie in einer anderen anzuwenden.“

Führungsqualitäten sind Merkmale, die auf dem Boden des Charakters wachsen. Der Charakter ist eine Seins- und Handlungsweise, die wesentlich vom Gebrauch des Verstandes und des Willens unter Beherrschung der Impulse herrührt. Das Schwierige besteht darin, Gefühle mit Verstand und Wille in Einklang zu bringen, ohne dem verkrusteten Rationalismus des Verstandes noch der unflexiblen Starrheit des Willens oder der süßlich-lauen Gefühlsduselei zu verfallen. Der Charakter sucht Harmonie und Stabilität in dem, was eigentlich unstabil ist, sucht also die Verbindung von Härte und Flexibilität, die guten Metallen eignet.

Genau das ist es, was man braucht, um das Geschäft fruchtbar zu machen und um geeignete Mitarbeiter auszusuchen. Das, so drückt es Welch mit einem klaren Beispiel aus, macht man nicht mit Internet, sondern „mit dem Magen, der Nase und sehr viel persönlicher Beziehung". Die Menschen gehen miteinander vertrauensvolle Beziehungen ein, denn das Vertrauen gehört ganz persönlich zu jedem Menschen. Vertrauen aber wächst und stärkt sich in der Familie, und zwar in vielfältiger Weise. Eine davon, die sich der Digitalisierung entzieht, ist der Blick. Der Blick bringt die Innenwelt einer Person nach außen, in direkterer und natürlicherer Weise als das Wort oder eine E-Mail.

Führungspersönlichkeiten sind letzten Endes jene, die eine Mannschaft um sich haben scharen können, die mehr ist als die Summe der Teile, jene, die eine Organisation haben aufstellen können, die funktioniert und die gut funktioniert. Das ist der Kern ihrer Besonderheit. Ohne den Dingen Gewalt antun zu wollen, welche menschliche Wirklichkeit verlangt kraftvoll nach diesen Eigenschaften, wenn nicht die Familie? Eine Familie ist mehr als die Summe ihrer Glieder, ist eine Ganzheit, in der jeder eine unverzichtbare Hauptrolle spielt.

4. Die Landschaft der Führungsqualitäten

Von Chester Barnard in der Zwischenkriegszeit zu Kotter, Bennis oder Alvarez de Mon in jüngster Zeit, über Zaleznik, Mintzberg, Selznick, Drucker, Baas, Rost, Hamel bis zu vielen anderen Theoretikern: Tausende von Seiten wurden schon der Beschreibung von Motivation und Verhalten jener gewidmet, die beruflich über das normale Maß hinaus erfolgreich sind und ihre Mitarbeiter zu überdurchschnittlichem Erfolg führen.

Führungsqualität ist meiner Meinung nach synonym mit der gehobenen Kunst zu leiten. Ihre heutige Aufgabe besteht darin, eine so kraftvolle und sich schnell verändernde Wirklichkeit zu leiten: die *knowledge workers*. Das sogenannte geistige Kapital, der menschliche Verstand und die Vorstellungskraft haben das finanzielle Kapital als entscheidenden Faktor des Unternehmenserfolges ersetzt.

Eine anthropologische Sicht des Unternehmens

Wie schon betont wurde: Genauso wie die Familien aus ihren Mitgliedern bestehen, bestehen die Unternehmen aus den Menschen, die in ihnen arbeiten, die ihre Kraft hervorbringen oder aber für das Stehenbleiben verantwortlich sind. Sie sind wie ein Vektor mit doppeltem Sinn: Sie können Lösungen erfinden, auch wenn die Probleme äußerst komplex sind; sie sind aber auch in der Lage, in dem, was eigentlich klar und einfach war, Verwirrung und Kompliziertheit zu stiften.

Jedem Menschen eignet eine unbedingte Würde, ein Wert, dem sonst nichts in der Welt zukommt. Nur deswegen ist er schon „der wichtigste Aktivposten eines Unternehmens". Sein Geist macht ihm zum Träger einer unendlichen Fähigkeit zum Fortschritt, zum Wachstum und zur Reife, das heißt, zur Vervollkommnung. Ohne Geist gäbe es weder Führung noch Unternehmen. Er erlaubt dem Menschen, das Individuelle und Konkrete in allgemeingültiger Weise zu überdenken, Strategien zu entwickeln und sie zu einer Taktik zu bündeln, das Langfristige mit dem Mittelfristigen zu verbinden; er gibt ihm die Freiheit, um den Druck der Umgebung zu entkommen. Der Geist erlaubt ihm, über sich selbst nachzudenken und gibt ihm die Fähigkeit, immer mehr zu wachsen.

Eine Führungspersönlichkeit ist sich voll dessen bewusst, dass die einzige Brille für die Wirklichkeit jene ist, die eine anthropologische Sicht des Unternehmens ermöglicht, die auf der persönlichen Situation all derer wurzelt, die zum Unternehmen gehören (einschließlich der Kunden, Lieferanten, Aktionäre ... der *stakeholders)*. Darauf entsteht alles andere, was zweifellos vielfältig und wichtig ist.

Leadership und Fruchtbarkeit der menschlichen Handlung

Das Überflüssige, wenn man es nicht als solches erkennt, wird zum Schädlichen, denn es verwirrt und lenkt vom Wichtigen und Nötigen ab. In diesem Sinne wissen die Eltern, dass der Überfluss schädlich für die Entwicklung ihrer Kinder sein kann, während die klassische Tugend des Maßhaltens unentbehrlich ist.

In seiner *Nikomachischen Ethik* erinnert Aristoteles daran, dass die allgemeine Verbreitung der Güter, die wir verwenden, diese nicht zu

notwendigen Gütern macht. Erforderlich ist ein Kriterium, mit dem der Weizen vom Stroh geschieden werden kann. Das klassische, vom Christentum verstärkte Denken gibt uns eine goldene, zutiefst menschliche Regel: Die Güter sind abstrakt, auf sich selbst bezogen, weder gut noch schlecht, sie sind es nur in Bezug auf den Menschen.
Der mexikanische Unternehmer und Philosoph Carlos Llano empfiehlt, dass wir Menschen uns dem Besitz überflüssiger Dinge nur mit großer Vorsicht öffnen sollten: „Wer das Überflüssige für sich behält, schädigt nicht nur dem, der es benötigt, sondern schadet vor allem sich selbst, denn er versperrt sich den Weg der Solidarität, die ja die größte Tugend des Menschen ist. Wenn ich das Überflüssige dem, der es benötigt, nicht gebe, so erleidet nicht nur er einen Schaden, sondern ich selber, denn ich übe mich in der Solidarität nicht aus."
Jeder, der die großartige Erfahrung erlebt hat, zu sehen, welche Beziehung Geschwister zueinander haben, schon wenn sie ganz klein sind, weiß von den Spannungen, die zwischen dem Meinigen und dem Deinigen entstehen, und weiß auch, wie wichtig die Freude des großzügigen Teilens ist.
Unsere Zeit verlangt nach Führungskräften, die entschlossen das „wir" verwenden und somit das Zusammenleben aufbauen. Der Egoisten, die nur das Eigene suchen, sind mehr als genug da.
Ein vernünftiges Familienleben sollte das „wir" betonen und zugleich zeigen, dass der Egoismus nur eine Quelle von Problemen und Leiden ist. Kinder müssen lernen, dass der Egoist zuerst sich selbst schadet.

Mensch der Vergangenheit – Mensch der Zukunft

Zu Beginn wurde gesagt, dass die Gabe der Antizipation ohne Prophetie nicht jedem gegeben ist. Führung beinhaltet aber eine ganz besondere Eigenschaft: die Gabe, das zu deuten, was noch kommen wird, ausgehend von dem, was nicht mehr ist, die Zukunft also ausgehend von der Vergangenheit zu erkennen. Diese seltene Gabe ist die Folge einer soliden und breiten Bildung, die von einer humanistischen Grundlage aus heranwachsen sollte; diese erleichtert es, die Geschehnisse mit einer integrierenden Gesamtsicht zu betrachten. Hinzukommen sollte die berufliche Erfahrung, die die detaillierte Kenntnis konkreter Wirtschaftszweige mit sich bringt.

An Jorge Luis Borges lobte man besonders die außergewöhnliche Fähigkeit, Tatsachen oder Gedanken miteinander zu verknüpfen, also historische und gedankliche Bindungen herzustellen, die die räumlichen und zeitlichen Begrenzungen sprengten. Diese kennzeichnen die normalen Menschen, die viel weniger in der Lage sind, Parallelen zwischen Gegenwart, Vergangenheit und Zukunft herzustellen. Er schaffte es, Brücken zu bauen, die die einzelnen Ereignisse miteinander verknüpften und neu beleuchteten. Mangelnde Kenntnis der Geschichte belässt uns in den Händen der Stereotypen und Moden, die in der Managementliteratur ja sehr verbreitet sind.

Alle, die sich mit der Vergangenheit nicht auseinandersetzen wollen, werden sie unweigerlich wiederholen (wie viele Unternehmen, wie viele Führungskräfte begehen immer wieder dieselben Irrtümer aufgrund dieser Geschichtsblindheit!), denn sie haben nicht die Fähigkeit, sich geistig zu erneuern, um auf die Zukunft hin zu wirken. Hier liegt das Geheimnis der Kreativität. Übrigens: Kreativität auszubilden, sollte von den Eltern im Familienleben unterstützt werden.

5. Praktische Schlussfolgerungen

Ein „Leader“ ist kein Held aus der Mythologie, doch er verkörpert Haltungen und Werte, die er auch in seiner Umgebung in ungewohnter Weise hervorruft.

- Führungskräfte bewähren sich in schwierigen Zeiten, in Zeiten der Krise, der Verwirrung, der Orientierungslosigkeit, des Pessimismus. Ein „Leader“ kann das Puzzle zusammensetzen – ausgehend von seiner Vision. Mit wenig erreicht er viel. Nichts anderes versuchen selbstbewusste Eltern, wenn sie ihr Familienleben leiten.
- Ein „Leader“ ist ein guter Menschenkenner. Er weiß, dass Menschen sich dadurch auszeichnen, dass sie zur Besserung fähig sind, und zwar durch theoretisches und praktisches Lernen.

- Ein „Leader“ ist sich dessen bewusst, dass Autorität nicht aufgezwungen, sondern nahegebracht, dass Vertrauen nicht verlangt, sondern anderen entgegengebracht wird. Die hierarchische Autorität unterstreichen nur die Untergebenen. Sich großzügig zur Verfügung zu stellen ist eine Folge des Talents. Wo könnte man ein solches wertvolles Verhalten besser und lebendiger lernen als im Familienkreis?
- Führen heißt auf die Ergebnisse und nicht auf die Anstrengungen schauen, heißt, nach außen und nach vorne blicken und auch die anderen zu dieser Sicht zu führen. Ein „Leader“ ist nicht ein Mensch, der - wie ein Dichter schrieb – in den Formen des Passivs lebt, sondern das Verb aktiv, mit Kraft und Enthusiasmus konjugiert. Wo können die Kinder diese Kraft und diesen Enthusiasmus unmittelbarer erfahren, wenn nicht innerhalb ihrer familiären Umgebung?
- Führen heißt unterscheiden können zwischen dem Dringenden und dem Wichtigen, heißt verhinden, dass Fachprobleme auf die Ebene der Leitung gelangen: dort nämlich werden sie zu politischen Problemen, deren Lösung komplizierter ist.
- Ein „Leader“ verwechselt nicht die Logik mit der Effizienz, denn mit Peter Drucker weiß er, dass „die rein logischen Verhaltensweisen nicht immer die wirksamsten sind“. Die Kunden etwa lassen sich nicht immer von Kriterien leiten, die man gemeinhein als logisch bezeichnen würde. Gott sei Dank verhalten sich Kinder und Eltern im Familienleben nicht immer streng logisch; sonst wären die menschlichen Beziehungen unerträglich und oberflächlich. Damit könnte man weder Menschen wirklich führen noch Kinder wirksam erziehen.
- Ein „Leader“ sorgt sich nicht nur darum, effizient zu sein (das heißt nichts anderes als tatsächlich das zu erreichen, was man sich vorgenommen hat), er sorgt sich auch darum, fruchtbar zu sein, also anderen das mitzuteilen, was er in sich hat.

Wie schon angedeutet wurde, haben viele der genannten Merkmale aber in der Familie ihren natürlichen Platz, in der glücklichen und oft auch sehr opferbereiten Anstrengung der Eltern für das Heranwachsen ihrer Kinder.

Als Margaret Thatcher ihr Amt als Ministerpräsidentin antrat, sprach sie entschlossen und im vollen Bewusstsein von den möglichen Folgen davon, dass „die Regierung jene Maßnahmen treffen wird, die für das Land gut sind, unabhängig davon, welche Folgen diese Maßnahmen selbst für die Regierung haben". Jemand, der ein Führungsamt innehat, kann damit nur einverstanden sein; er geht über sein persönliches Interesse hinaus; seine Fülle erreicht er, indem er den anderen dient.

Im ältesten Weisheitsbuch der Inder, dem *Uhpanischaden*, liest man, „es sei besser, sich das Ziel der Vollkommenheit vorzunehmen und es nicht zu erreichen als das Ziel des Mittelmaßes und es zu erreichen". Sehr weise Worte für Führungspersönlichkeiten in unserer Zeit.

***

Ich möchte nicht schließen, ohne erneut auf den Anfang meiner Darlegungen zurückzukehren. Ganz abgesehen davon, dass die Unternehmer der Zukunft, also auch schon der Gegenwart, einer wahren Formung des Charakters bedürfen, die nur die Familie wirksam mitteilen kann; ganz abgesehen davon soll noch einmal unterstrichen werden, dass die Würde der Familie in sich selbst gründet, als Zuhause von Mann und Frau; darum gibt es für sie auch keinen gültigen Ersatz.

Die Familie als Beruf ist tatsächlich ein Arbeitsfeld der Zukunft und zwar ein entscheidendes Arbeitsfeld. In den Worten von Papst Johannes Paulus II: „Die Kinder sind der Frühling der Familie und der Gesellschaft."

Familie und Glück sind für mich untrennbar miteinander verbunden. Es geht um jenes jugendlich-begeisterte Glück, das Kafka im Gespräch mit seinem Freund Gustav Janouch mit weiser Melancholie pries:

„Die Jugend ist glücklich, weil sie die Fähigkeit besitzt, Schönheit zu sehen. Wenn diese Fähigkeit verlorengeht, beginnt trostloses Alter, Verfall, das Unglück."

„Alter schließt also jede Möglichkeit von Glück aus?"

„Nein, das Glück schließt das Alter aus."

Frances Hesselbein

Künftige Herausforderungen für Non-Profit-Organisationen

1989 veröffentlichte Peter Drucker einen Artikel in der Juli-/August-Ausgabe der *Harvard Business Review* mit dem Titel „Was die Wirtschaft von den Non-Profit-Organisationen lernen kann." Damals dachte mancher Manager, der die Überschrift las: „Das muss ein Druckfehler sein!" Seither hat sich einiges getan.

Die Welt hat sich verändert und mit ihr die Rolle der Führungskräfte in Non-Profit-Organisationen. Wir alle blicken in eine unsichere Zukunft, in der die Herausforderungen nur noch von den Möglichkeiten überwogen werden, andere Wege einzuschlagen, Neues zu schaffen, Leben zu verändern und die Zukunft aktiv zu gestalten. Unsere Mission, der Stern, an dem wir uns orientieren, wird dabei unser größter Schutz sein; die Werte, nach denen wir leben, unsere größte Sicherheit. Die Innovation wird zum kategorischen Imperativ für alle Führungskräfte werden, die sich einer vollkommen veränderten Welt und damit auch veränderten Führungsbedingungen stellen müssen. Ich bin während der letzten Jahre mehr gereist denn je. Es war mir ein Anliegen, weil ich eine Offenheit wahrnahm, von der ich glaubte, sie sei nur für kurze Zeit da und könne schon bald wieder verschwinden. Also hielt ich zwei- bis dreimal wöchentlich irgendwo Vorträge – manchmal vor Unternehmen, manchmal vor Non-Profit-Organisationen und oft an Colleges oder Universitäten. Besonders gern erinnere ich mich an drei unglaubliche Tage, die ich als Gastdozentin an der University of Saint Thomas in Minneapolis verbrachte sowie an ein Seminar mit Admiral Loy, dem Kommandanten der U.S. Coast Guard, und sechzig seiner leitenden Offiziere. Und welchen Titel wählte er für die Rede? Er entschied sich für ein einziges Wort: „Wandel." Ich zitierte vor beiden sehr unterschiedlichen Zuhörergruppen wie folgt: „Wäre Peter Drucker hier, würde er Sie ansehen und sagen, ‚Nicht die Wirtschaft und nicht der Staat können unsere Gesellschaft retten, es ist das Sozialwesen, das dies vielleicht noch vollbringen kann.'" Und dann fügte ich hinzu: „Peter Drucker ist kein Pessimist, sondern betrachtet die Entwicklungen der nächsten zehn Jahre eben sehr nüchtern. Er sieht die politischen Unruhen in vielen Teilen der Erde, einschließlich der USA. Erweisen sich Peters Beobachtungen einerseits als beklemmend richtig, so geben seine Ansichten im Hinblick auf Innovation, Globalisierung und Zusammenarbeit doch durchaus Anlass zur Hoffnung. Peter Drucker nennt das neue Jahrhundert das des Sozialwesens ... weil er der Meinung ist, ‚dass wir gerade im Sozialwesen die größten Innovationen erleben werden, die bahnbrechenden Ergebnisse der Bemühungen, menschlichen Bedürfnissen gerecht zu werden. Das Handeln der Repräsentanten auf diesem Sektor', so erklärt uns Peter, ‚wird darüber entscheiden, wie gesund, funktionsfähig und lebenswert die Gesellschaft des einundzwanzigsten Jahrhunderts sein wird.'"

Tagtäglich können wir in der Zeitung lesen und im Radio hören, dass wir, wie Peter uns bereits so oft erzählte, im Strudel des umfassendsten sozialen Wandels leben, den wir seit der amerikanischen Revolution gesehen haben. Sie und ich leben und arbeiten in einer Welt, die sich im Krieg befindet. Dieser Strudel rapiden Wandels reißt uns mit in eine ungewisse Zukunft. Die Fragen, die wir heute aufwerfen, und unsere Antworten darauf werden bestimmen, ob unsere Unternehmen und Organisationen im Jahr 2010 noch bestehen werden oder nicht. Die größte Herausforderung dieses Jahrhunderts der Gemeinnützigkeit besteht darin, die Führungskräfte, die Kompetenz und das Management zu finden, die die Qualität und die Leistungsfähigkeit der Gesellschaft des einundzwanzigsten Jahrhunderts sichern. Soweit ein grober Umriss dessen, welche Arbeit und welche Herausforderungen uns erwarten und welche Bedeutung gemeinnützigen Unternehmen fortan zukommt.

Ich denke, wir haben vor allem *drei* große, drei *wesentliche* Herausforderungen zu meistern, und die Art und Weise, wie wir ihnen begegnen, wird darüber bestimmen, ob unsere Organisationen in zehn Jahren noch florierend, funktionsfähig oder überhaupt noch am Leben sein werden. Welche drei Herausforderungen sind das? Die erste besteht darin, die Ausbildung neuer Führungskräfte auf sich zu nehmen, die gezielt diesen Wandel im Sozialwesen begleiten können, um die Organisationen von heute für das Morgen bereitzumachen. Die zweite Herausforderung sehe ich in der Aufgabe, stark diversifizierte Unternehmen aufzubauen. Und die dritte schließlich ist die Herausforderung (und Chance) der Zusammenarbeit, Allianz und Partnerschaft.

Die erste Herausforderung: Führungskräfte für den Wandel

Zu den bedeutendsten aller Arbeiten, die ich bislang gemacht habe – einschließlich meiner dreizehneinhalb Jahre bei den Girl Scouts und meiner zwölf Jahre bei der Peter Drucker Foundation – zählt die der letzten sechs Jahre für den Stabschef der United States Army. Zuerst war ich für General Reimer tätig, und jetzt arbeite ich für seinen Nachfolger, General Shinseki und sein Team. Unlängst lud General Shinseki die Drei- und Vier-Sterne-Generäle der Army zu einer Kommandokonferenz nach West Point, bei der ich einen Vortrag halten sollte. Mein Thema war Führung, und ich sollte *vor* den größten Helden unseres Landes reden (Sie können sich vorstellen, wie verlegen mich das machte) – große und stille Führungskräfte. Ich erinnerte sie daran, dass General Reimer mich sieben Jahre zuvor erstmals ins Pentagon eingeladen hatte, um dort über zwei neue Imperative zu diskutieren – Diversifizierung und Führungsentwicklung im neuen Jahrhundert – und zwar mit zweiundvierzig Generälen und Colonels. Jene Männer und Frauen waren verantwortlich für die Führung, die Ausbildung, die Rekrutierung, das Training und die Bildung der Mitglieder der United States Army. Und als sie sagten: „Unsere Soldaten sind die Referenzen der Army“, meinten sie es auch!

Während unseres anregenden, offenen Dialogs über Führung fragte mich ein hochdekorierter General: „Mrs. Hesselbein, wie definieren Sie *persönlich* Führung?“ Ich antwortete: „Führung ist eine Frage des Seins, nicht des Tuns.“ Und ich fuhr fort: „Sie und ich haben die meiste Zeit unseres Lebens damit verbracht zu lernen, wie wir handeln und anderen beibringen zu handeln, und doch entscheidet letztlich die Qualität und der Charakter des Führenden über die Leistung und somit über das Ergebnis.“

Mehrere Jahre später saß ich mit in einer Diskussionsrunde der *Harvard Business Review* (HBR), in der wir uns zu sechst – die CEOs von FedEx und Merck, ein Manager von General Electric, zwei Universitätsprofessoren und ich – über Unternehmensführung unterhalten sollten (Collingwood, 2001). In dieser Runde erwähnte ich, dass das *Army Leadership Field Manual* von 1999 gerade mal drei Worte auf dem Einband trug: „Sein, Wissen, Tun“ – ein Phänomen, auf das ich ebenfalls in einem Artikel auf unserer Website („Eine Zeit für Führungskräfte“) hinwies. Ich erzählte den Generälen, dass seither Unmengen E-Mails und Faxe bei der Drucker Foundation eingingen. Nun stand in diesen Nachrichten nicht etwa: „Mein Gott, was für ein wundervoller runder Tisch!“, sondern: „Woher kriege ich dieses Führungshandbuch? Wie erfahre ich mehr über ‚Sein, Wissen, Tun‘?“ Da das Handbuch nicht frei verkäuflich ist, antworteten wir: „Rufen Sie die Nummer (800) 553–6847 an und bitten Sie um den Artikel FM22-100ING.“ Die Menschen suchen händeringend nach einem Sinn, einer Bedeutung ihres Tuns, und beachtlich ist, dass ausgerechnet ein Werk wie das *Army Leadership Field Manual*, ein Handbuch, das sich direkt an Generäle, Colonels, Offiziere und Zivilbedienstete wendet, ihr Bedürfnis befriedigt. In diesem Zusammenhang berichtete ich auch von meiner Freude über einen Artikel in der *New York Times* mit dem Titel „Army Rethinks Priorities on Fighting and Spending“ („Die Armee überdenkt ihre Prioritäten in Bezug auf Kampf und Ausgabenplanung“). Besagter Artikel endet mit folgenden Worten über den Stabschef: „In der Army gibt es eine Menge Leute, die der Zeit hinterher hinken. Ihnen allen gilt General Shinsekis Warnung: ‚Wer Veränderungen ablehnt, wird sich langfristig damit arrangieren müssen, in der Bedeutungslosigkeit zu versinken.‘“

Mein guter Freund und Kollege Warren Bennis von der University of

Southern California hat für sein Buch *On Becoming a Leader* hundert männliche und weibliche Führungskräfte aus allen Branchen und Bereichen befragt. Heraus kamen gerade mal vier Charakteristika, über die sich alle Befragten einig waren: Hingabe an die Mission, das Kommunizieren der Vision, Selbstvertrauen und persönliche Integrität. Bei all diesen Eigenschaften handelt es sich um „Seins-Züge“, nicht um solche des „Tuns“.

Mit Blick auf die Führung erinnert uns Peter Drucker daran, dass es bei Führung nicht um Rang, Privilegien, Titel oder Geld geht, sondern um Verantwortung. Ich möchte dem hinzufügen, dass Führung wenig mit Macht, dafür aber eine Menge mit Verantwortung und Vorbildfunktion zu tun hat. Führungskräfte führen mit ihrer Stimme, mit einer Sprache, die erhellt, erklärt und begeistert. Wir leben in einer Zeit, in der wir Wandel brauchen. Die Zukunft verlangt in unserem und jedem anderen Land dieser Welt nach neuen, ethisch gefestigten Führungskräften in sämtlichen Bereichen und auf allen Unternehmensebenen – nicht „eine“ oder „die“ Führungskraft soll gefunden werden, sondern viele Führungskräfte, die sich die Verantwortung des Führens untereinander teilen. Führungskräfte mit einem moralischen Kompass, der rund um die Uhr in Betrieb ist; Führungskräfte, die heilen und einen, die eine Mission verkörpern und Werte leben, die ihrer Idee treu bleiben. Das ist die erste große Herausforderung: Heute Führungskräfte für den Wandel heranzubilden, die in die Zukunft führen.

Die zweite Herausforderung: Diversifizierung leben und fördern

Die zweite große Herausforderung besteht meines Erachtens darin, umfassend diversifizierte Unternehmen aufzubauen. Wollen wir im Jahr 2010 und danach noch relevant sein, müssen wir heute anfangen, gleichen Zugang für alle zu bieten. Ich spreche absichtlich vom „gleichen Zugang für alle“, da diese Formulierung keinen Ballast mit sich herumträgt. Für mich ist gleicher Zugang für alle deshalb eine große Herausforderung an die Führungskräfte, weil er darüber entscheidet, wer im neuen Jahrhundert von Bedeutung sein wird und wer nicht. Heute wissen Profit- wie Non-Profit-Organisationen, dass sie sich in Lehranstalten wandeln müssen, wollen sie langfristig erfolgreich sein. Die Führungskräfte müssen die klare Botschaft vermitteln, ihr Ziel wäre die Gewährung des freien Zugangs für alle zu Wachstumsmöglichkeiten, Wissenserwerb, Entwicklung und Einbindung von Managern, Lehrkörper und Schülern, Managementteams, Arbeitern und Kunden aus allen Bereichen der zusehends bunter gemischten Bevölkerung unserer Staaten. Und dies ist keine Botschaft oder Aufgabe, die delegiert werden kann. Es kann nur so funktionieren, dass diese Botschaft direkt vom Präsidenten oder Vorstandsvorsitzenden kommt, also von der Leitung einer stark diversifizierten Organisation, in der das Management Höflichkeit und tadellose Manieren vorlebt, sprich: Der Vorderste führt, nicht der Hinterste schiebt. Und deshalb frage ich, angesichts der sich rasant wandelnden Demographien: Sind wir heute dabei, gut diversifizierte Organisationen aufzubauen, die die Gemeinschaften, für die sie stehen, auf allen Ebenen repräsentieren?

Wenn wir uns aus der Führungsposition einer Non-Profit-Organisation heraus unseren Vorstand ansehen, unser Managementteam, unseren Lehrkörper, unsere Arbeitskräfte sowie unser visuelles Material und anschließend dahin blicken, wo all die neuen Kunden sind, die wir gewinnen wollen, dann sollten wir uns die kritische Frage stellen: „Wenn sie uns anschauen, finden sie sich dann wieder?“ Und vergessen wir nicht, jede positive Antwort, die auf diese Frage kommt, gebührend zu feiern. Ich habe mich dieser Herausforderung vor einigen Jahren mit den Mitarbeitern des Pentagons gestellt, und bekam zwei Tage später eine kleine Notiz von General Melton, in der er mir schrieb: „Wir benutzen das jetzt bei unseren Army-Vorlesungen.“ Der Notizzettel war ein Farbphoto von jungen Rekruten, Männern und Frauen in eintönigen Uniformen, dafür mit leuchtenden und wundervoll unterschiedlichen Gesichtern, und darunter stand: „‚Wenn sie uns anschauen, finden sie sich dann wieder?‘ Frances Hesselbein.“ Dieses Bild ist inzwischen mein Bildschirmschoner! Es begrüßt mich jeden Morgen und erinnert mich stets an die zweite große Herausforderung: eine diversifizierte Organisation aufzubauen.

Die dritte Herausforderung: Zusammenarbeit, Allianz und Partnerschaft

Die dritte große Herausforderung liegt in der Zusammenarbeit, Allianz und Partnerschaft. Wir leben in einer Welt, in der Regierungen lange Zeit die sozialen Dienste vernachlässigt haben, für die sie einst zuständig waren, und die Wirtschaft allein ist nicht willens oder nicht imstande, Dienstleistungen anzubieten, die von staatlicher Seite nach und nach gänzlich abgegeben werden. Das Sozialwesen steht also vor der neuen und enormen Herausforderung, praktisch aus *eigener Kraft* jene menschlichen Dienste anzubieten, die weder die staatlichen noch die Wirtschaftsorganisation zu leisten bereit sind.

Sehen wir uns einmal um. Die menschlichen Bedürfnisse eskalieren nicht nur in unserem Land, sondern überall auf der Welt, während die traditionellen Ressourcen zusehends weniger werden. Ja, die Zeit der Partnerschaften ist gekommen. Deshalb tritt das Leader-to-Leader-Institute (ehedem Peter-Drucker-Stiftung) für einen Führungsimperativ ein, der alle Führungskräfte ermutigen soll, über die Mauern ihrer nichtgewerblichen Organisationen hinwegzublicken, sei es das College, die öffentliche Körperschaft, das Ministerium oder die Stiftung. Nur wenn wir uns über die festen Mauern hinwegbewegen, finden wir Partner und Allianzen, um die wesentlichen Probleme anzugehen, die wesentlichen Bedürfnisse zu erfüllen, und zwar als gleichwertige Partner. In diesen Partnerschaften bauen wir Gemeinschaften auf, in welchen alle Mitglieder dieselben Rechte haben. Wenn Sie und ich eine Vision haben, und diese Zukunftsvision ein Land voller gesunder Kinder, starker Familien, guter Schulen, anständiger Wohnungen und würdiger Arbeit in einer intakten Gemeinschaft ist, dann müssen die Führungskräfte, die den Wandel dahin bewegen, sich außerhalb ihrer eingegrenzten Mauern wagen und mit den anderen zusammen diese intakte Gemeinschaft bauen. Dabei sollten sie denselben Ehrgeiz und denselben Eifer an den Tag legen, mit dem sie sich auch für ihr Unternehmen, ihre Universität oder ihr Institut engagieren. Richtet sich das Engagement ausschließlich nach innen, kann man sogar davon ausgehen, dass wenig Hoffnung auf ein produktives

Unternehmen besteht, da ein von Eigeninteressen dominiertes System sich schwer damit tun wird, Arbeitskräfte zu rekrutieren, die dem lebendigen Wettbewerb der Zukunft gewachsen sind.

Wir beobachten heute eine neue Offenheit bei den bestgeleiteten Unternehmen. Immer häufiger finden sie sich bereit, Partnerschaften mit nicht-gewerblichen Unternehmen einzugehen, um mit ihnen gemeinsam wichtige Probleme anzugehen und wichtige Bedürfnisse zu befriedigen. In diesen Partnerschaften teilen sich die Wirtschaftsunternehmen eine Basis mit den Non-Profit-Unternehmen, nämlich die, Leben verändern zu wollen. Zugleich gewinnen die Menschen in den Unternehmen durch diese Partnerschaften ihrer Arbeit eine tiefere Bedeutung ab. Wie Peter Drucker es so treffend ausdrückt: „Sie bewegen sich vom Erfolg zur Relevanz." So kann unser kleines Leader-to-Leader-Institute schon heute beachtlich starke Partner vorweisen, von denen ich hier nur einige nennen möchte: Mutual of America, General Electric, die Claremont-Colleges, Bright China Management Institute, Chevron/Texaco Management Institute und die Mandel and Kellogg Foundations. Sie alle arbeiten mit uns an bedeutenden Projekten, die Leben verändern. Überholt ist die alte Methode des „Ich schreibe einen Scheck aus, und Ihr macht die Arbeit", die ehedem so bezeichnend für unternehmerische Philanthropie war. Heute teilen die Menschen in den Unternehmen und in den gemeinnützigen Organisationen eine Vision und eine Verpflichtung, sie verfügen gemeinsam über ihre Arbeitskraft und ihre Ressourcen. Wir ändern Leben, indem wir uns gemeinsam außerhalb unserer Mauern begeben.

Die Organisationen des Sozialwesens im einundzwanzigsten Jahrhundert, also die Universitäten, Glaubensgemeinschaften, Gesundheits- und Sozialdienste wie auch Jugendorganisationen sind gefordert, den Weg zu weisen und die richtige Perspektive vorzugeben. Dies ist eine neue Herausforderung und ein neuer Imperativ – als gleichwertiger Partner der Regierung wie der Wirtschaft die Führung zu übernehmen –, da alle drei Bereiche erstmals in der Geschichte erkennen, dass sie allein den wachsenden Bedürfnissen der Gesellschaft nicht mehr gerecht werden können in einer Welt, die sich noch über viele Jahre im Umschwung befinden wird. Ohne gleichberechtigte Partnerschaften wird es nicht gehen, denn auch im Sozialwesen fehlt es bisweilen an der richtigen Perspektive. Es gibt allein in diesem Land über anderthalb Millionen soziale Organisationen, und es werden täglich mehr. Weltweit sind es zwanzig Millionen, und ihre Zahl nimmt rapide zu, je mehr die relativ jungen Demokratien erkennen, dass sich eine Demokratie ohne diesen dritten Bereich nicht erhalten lässt. Weltweit zwanzig Millionen Organisationen, von denen gerade mal fünf Prozent angemessen finanziert sind. Und dennoch bringen sie es auf einen Jahresumsatz von einer Billion US-Dollar. Das Sozialwesen ist also keineswegs ein Juniorpartner, sondern eine nicht zu vernachlässigende wirtschaftliche Größe.

Gegen Ende 2001 leitete ein Drucker-Foundation-Team in Partnerschaft mit dem Bright China Management Institute mehrere Managementseminare in Beijing, Shenzhen und Dongguan. Ich eröffnete die Seminare jeweils mit folgenden Worten:

> Die Führungskräfte von heute sprechen eine gemeinsame Sprache. Über alle drei Bereiche hinweg, die Wirtschaft, die Verwaltung und das Sozialwesen, teilen wir weltweit ein und dieselbe Sprache. Es ist die Sprache der Führung und des Managements, in der Missionen, Ziele, Visionen und Strategien problemlos von Ost nach West reisen. Und wo immer sich Führungskräfte finden, die ihre Leute immer wieder an die Mission erinnern, sie daran erinnern, warum sie tun, was sie tun, warum sie dort sind, wo sie sind, und wofür ihr Unternehmen steht, wird diese Mission stark sein, ganz gleich welchem der drei Bereiche sie entspringt. Demzufolge muss für die Wirtschaft, die Politik und das Sozialwesen in den heutigen Zeiten des Wandels gelten, dass die Grundregeln des Führens und Managements in allen drei Bereichen gleichermaßen bestimmend und vor allem global gültig sind, sei es nun in Beijing oder in Boston.

Diese Zeilen, mit denen ich alle meine Vorträge einleitete, enthalten meine Botschaft, an der sich bis dato nichts geändert hat.

An dem Tag, als wir in Beijing ankamen, stiegen wir auf die Chinesische Mauer, und sie wurde für uns zum Sinnbild für die Mauern, über die wir hinwegblicken wollen – indem wir Partnerschaften aufbauen, um Leben zu verändern. In der globalen Gesellschaft herrscht ein Gefühl der

Dringlichkeit vor, das uns vielleicht sagen will, wir wären an jenem Punkt in der Weltgeschichte angelangt, an dem wir die seltene Chance bekommen, alle drei Bereiche zusammenzubringen, um eine neue Art von Gemeinschaft aufzubauen, in der wir weltweit durch unsere Ideen miteinander verbunden sind. Darin kann das wahre Vermächtnis der Globalisierung bestehen: In einem für alle veränderten Leben innerhalb zusammenhängenden Gemeinschaften.

Vor langer Zeit schrieb George Bernard Shaw etwas, das bis heute an Gültigkeit behalten hat: „Ich bin der Ansicht, dass mein Leben der Gemeinschaft gehört. Und solange ich lebe, ist es mein Privileg, für diese Gemeinschaft zu tun, was ich kann. Ich möchte mit der Gewissheit sterben, wirklich nützlich gewesen zu sein, denn je härter ich arbeite, umso mehr lebe ich. Für mich ist das Leben kein kleines Licht, das kaum entzündet schon bald wieder erlischt, sondern eher eine leuchtende Fackel, die ich für einen kurzen Moment halten darf, und die ich so strahlend leuchten lassen möchte, wie es irgend geht, bevor ich sie an die nächste Generation weitergebe."

Ich wünsche mir, dass in zehn Jahren, wenn die Geschichte all ihrer Organisationen geschrieben wird, dort steht: „Für eine kurze Zeit hielten sie eine leuchtende Fackel. Die Zukunft rief, und sie kamen und sind ihrer Sache treu geblieben."

Literatur

Army Leadership Field Manual. [http://www.adtdl.army.mil./]. Document #FM22-100, 31. August 1999.

Collingwood, H., „All in a Day's Work." *Harvard Business Review*, Dezember 2001, S. 55-66.

Drucker, P. F., „What Business Can Learn from Nonprofits." *Harvard Business Review*, Juli/August 1989, S. 1–7.

Shanker, T., „A Nation Challenged: The Military Budget; After Terrorist Attacks, Army Rethinks Priorities on Fighting and Spending." *New York Times*, 8. November 2001, S. B6.

Michael Kloss

„One Firm“ – allein die Werte halten McKinsey zusammen

Seit Flexibilität und Reaktionsgeschwindigkeit immer mehr über den Unternehmenserfolg entscheiden, versagen die Strukturen der klassischen „Command and Control Company“. Doch was hält die heute autonom agierenden Einheiten von Unternehmen zusammen? Ein gemeinsames Wertesystem – wie bei der weltweit tätigen Beratungsgesellschaft McKinsey.

Peter F. Drucker hat Ende der achtziger Jahre das Zeitalter der Dirigenten vorhergesagt: Unternehmen der Zukunft fungieren wie ein Sinfonieorchester. Beide sind Organisationen, die sich aus Spezialisten zusammensetzen und ihre Leistung durch einen ausgeklügelten Informationsaustausch zwischen Kollegen, Kunden und Hauptquartier selbst steuern. Führungskräfte haben die Aufgabe, den Spezialisten ein gemeinsames Ziel, die Partitur, vorzugeben. Die Spezialisten brauchen nur einen einzelnen Dirigenten an Stelle mehrerer Gruppendirigenten und eines halben Dutzends Untergruppendirigenten – vorausgesetzt, alle bewegen sich innerhalb eines gemeinsamen Wertekanons. Der Dirigent kann dann die Fertigkeiten jedes Einzelnen auf die gemeinsame Leistung des Orchesters ausrichten.

In dieser Arbeit besteht nach Drucker die Hauptaufgabe der Führungskräfte eines informationsorientierten Unternehmens, diese müssen sie wie ein Dirigent beherrschen. Gibt es tatsächlich schon Unternehmen, die wie Orchester funktionieren?

Als Peter F. Drucker seine These formulierte, ahnte ich wenig von Managementstilen: Als Biologe blickte ich aus gehöriger Distanz mit amüsiert naturwissenschaftlichem Blick auf die Spezies der Manager, auf ihre Riten und Gebräuche. Doch nachdem ich 1991 bei McKinsey als Berater eingetreten war, absolvierte ich einen Crash-Kurs in Managementtheorien und, noch interessanter, der Managementpraxis in den Unternehmen. Auf Schritt und Tritt begegnete ich Peter F. Druckers Gedanken, die mir inzwischen vertraut waren: Im eigenen Unternehmen erlebte ich die Orchesterstruktur mit Dirigenten. Und überall im Beraterallltag bestätigte sich mir Peter F. Druckers Credo: Ich habe starke und lebendige Werte als wesentlichen, wenn nicht grundlegenden Teil einer erfolgreichen Organisation und eines erfolgreichen Managements erlebt.

Nach Jahren der Beraterpraxis weiß ich, warum Werte gerade heute ein wesentlicher Bestandteil effektiver Unternehmensführung sind und wie sie formuliert sein müssen, damit sie zielführend im Sinne eines effektiven Managements wirken. McKinsey lebt seit langem nach einem Wertekanon, den ich hier vorstellen möchte. Er ist maßgeschneidert für die Besonderheiten der McKinsey-Welt und schafft die elementare Voraussetzung für unseren Erfolg.

Flexibilität – durch lose Netzwerkstrukturen

Früher waren die Regeln der Wirtschaftswelt einfach: Große hierarchisch geführte und zentral kontrollierte Unternehmen beherrschten die Märkte. Doch die „Entgrenzung“ unserer Welt durch Deregulierung, technischen Fortschritt und massiv sinkende Transaktionskosten führt in der Geschäftswelt zu einer hohen Informationsdichte, steigender Komplexität und starken sowie extrem schnellen Veränderungen.

Reaktionsgeschwindigkeit ist heute mehr denn je der entscheidende Wettbewerbsfaktor.

Die Unternehmen müssen darauf reagieren und ihre Strategie, ihre

Organisationsstrukturen und ihre Entscheidungsprozesse flexibilisieren. Doch gerade hier versagt die herkömmliche „Command and Control Company" à la Taylor: Streng hierarchische Strukturen mit klaren Regeln und Handlungsanweisungen vereinfachen zwar Kooperation, Koordination, Kontrolle und Transparenz, sie verhindern aber Eigeninitiative, Verantwortung und Flexibilität.

Erst wer die starren internen Strukturen auflöst, kann kleine, schlagkräftige Einheiten schaffen, die flexibel und eigenständig auf die rasch wechselnden Markt- und Kundenanforderungen reagieren. Dabei müssen die Vorteile des Großunternehmens erhalten bleiben: Etwa die Fähigkeit, über die Grenzen einzelner Unternehmenseinheiten hinweg Ressourcen flexibel zu kombinieren – genau wie die verschiedenen Instrumente im Orchester nach den Anforderungen des jeweiligen Musikstücks kombiniert werden. Auf diese Weise entstehen Strukturen aus lose verbundenen Einheiten, die sich innerhalb des Netzwerks in hohem Maße selbst steuern. Doch was hält eine solche Organisation zusammen? Und wie lässt sich diese Organisation dirigieren oder managen?

McKinsey organisiert sich schon lange in einer solchen Unternehmensform. Weltweit sollen sehr gut ausgebildete Berater durch ein loses Netzwerk verbunden zusammenarbeiten. Alle sollen stets die hochwertige und vergleichbare Leistung erbringen, für die McKinsey als Firma steht. Ihren Zusammenhalt sichert sie ganz im Geiste von Peter F. Drucker.

Werte – Essenz, die Struktur ersetzt

In Netzwerken aus eigenverantwortlich handelnden Spezialisten werden herkömmliche Hierarchien, Führungsstrukturen und Kontrollmechanismen unbrauchbar. Wie sonst aber kann die Unternehmensführung Zusammenhalt, Koordination und Kooperation sicherstellen? Wo die formellen, hierarchischen Organisationsstrukturen versagen, kann ein starkes Wertesystem ihre Rolle übernehmen: Es drückt aus, was für die Organisation als Ganzes wichtig ist, wonach sie strebt.

Ein Wertesystem bildet die Essenz, die Systeme mit losen Organisationsstrukturen zusammenhält. Es ersetzt herkömmliche Weisungs- und Kontrollmechanismen. Das gemeinsame Wertesystem fungiert als verlässliche Basis für Kunden und Mitarbeiter, indem es Erwartungen an das Unternehmen und seine Mitarbeiter definiert.

Anders als die deterministischen Prinzipien in starren Organisationsformen bieten Werte Interpretationsspielraum. An Stelle konkreter Handlungsanweisungen stehen Freiräume, in denen sich unternehmerisches und eigenverantwortliches Handeln der Mitarbeiter entfalten kann. Jeder Mitarbeiter weiß, was das Unternehmen insgesamt erreichen will und muss seine Aufgaben im Bewusstsein dessen eigenständig verantworten und gestalten.

Wer sein Handeln an Werten statt an Strukturen ausrichtet, orientiert sich an Zielen statt an Prozessen. Die Unternehmensvision definiert das Ziel der unternehmerischen Tätigkeit, gestützt von einem präzisen Wertesystem. Starke Werte werden so zur Vorbedingung für Flexibilität. McKinsey beispielsweise gibt allen Mitarbeitern vier Schlüsselwerte vor, die in 17 so genannten „Guiding Principles" konkretisiert werden. Innerhalb dieses Rahmens agieren weltweit alle McKinsey-Berater.

Wertesysteme entstehen auf verschiedenen Wegen. Sie können in formalen Programmen entwickelt werden wie bei Nokia, wo nach rasantem Wachstum, weltweiter Expansion und der damit verbundenen Neuausrichtung der Organisationsstrukturen heute ein Wertesystem das globale Unternehmen zusammenhält. Doch häufig entstehen Wertesysteme auch aus der Mission des Unternehmensgründers oder -lenkers – zum Beispiel bei Johnson & Johnson. Johnson & Johnson operiert in mehr als 50 Ländern als Netzwerk von über 200 Unternehmen, die unabhängig agieren können. Das soll den Unternehmergeist der lokalen Manager wecken. 1943 definierte Gründersohn Robert Johnson ein System von Werten und Überzeugungen. Dieses „Credo", so der interne Name des Wertewerks, hält das verzweigte Imperium von Johnson & Johnson zusammen.

Werte sind erlernbar

In einem wertegesteuerten Unternehmen muss jeder lernen, nach den Werten des Unternehmens zu handeln. Das Erlernen erfolgt durch Beobachtung, Erfahrung, Reflexion und Probieren. Die Vermittlung von Werten erfolgt im Wechselspiel von expliziter Kommunikation und impliziter Erfahrung der Werte. Es reicht nicht, einen Wertekanon zu definieren und diesen über Bildschirmschoner, Plakate, steinerne Tafeln oder Wertekarten an die Beschäftigten zu kommunizieren. Ein Mitarbeiter muss auch beobachten können, wie sich in der Praxis Handlungen und Entscheidungen an diesen Werten orientieren. Dann kann er sich mit ihnen auseinander setzen, indem er die eigene Arbeitsweise mit diesen Maßstäben abgleicht.

Um die Relevanz der Werte für Entscheidungen im Unternehmen zu verdeutlichen, sollten Führungskräfte die Umsetzung evaluieren wie zum Beispiel bei General Electric, wo die Mitarbeiter alle sechs Monate auch danach bewertet werden, inwieweit sie die GE-Werte leben („Are they GE people?“). Beispiel: Der Wert „Edge“, der im weitesten Sinne für Belastbarkeit steht. Jede GE-Einheit definiert diesen Wert nach den eigenen Gegebenheiten. Bei GE Capital steht „Edge“ für persönliche Ausdauer und die Fähigkeit, stressige Situationen zu meistern. GE Lightning dagegen wertet damit die Fähigkeit, schwierige Entscheidungen zu treffen. Die Ergebnisse der regelmäßigen Bewertungen spiegeln das langfristige Potenzial des Mitarbeiters für die Firma.

Werte sind dauerhaft

Unternehmenswerte werden nur angenommen, wenn sie dauerhaft angelegt sind. Sie verkörpern, wofür das Unternehmen als Ganzes steht – etwas, das per se keinem ständigen Wandel unterworfen ist. Nestlé-Chef Peter Brabeck-Lethmate formuliert so genannte „untouchables“ – Aspekte bei Nestlé, die sich seit Jahren nicht geändert haben und die sich auch nicht ändern sollen. „Untouchable“ sind bei Nestlé beispielsweise „People, Products, Brands“ – auf diese Aufgaben soll sich dauerhaft die Arbeit der Geschäftsführung konzentrieren. Technologien dagegen stehen auf einer niedrigeren Hierarchiestufe, sie sind nur Mittel zum Zweck. Ganz oben bei Menschen, Marken und Produkten steht dagegen der Wert „Decentralization“ – weil die Chance auf gute Entscheidungen steigt, wenn sie möglichst nah an den lokalen Märkten getroffen werden.

Damit Werte auch in einer sich schnell ändernden Umwelt nicht die

Flexibilität hemmen, müssen sie ausreichend Interpretationsspielraum bieten. Damit sie zugleich konkret genug sind, um sie dennoch umsetzbar zu machen, können sie ergänzt werden – bei McKinsey durch die 17 „Guiding Principles". Diese beschreiben, welche Handlungsweisen im Umgang mit dem Klienten, mit den Kollegen und auch mit sich selbst im Einklang mit den Werten von McKinsey stehen.

Trotz ihrer Dauerhaftigkeit müssen Werte behutsam weiterentwickelt werden, wenn sie beispielsweise einen gesellschaftlichen Wertewandel nicht mehr widerspiegeln. Während kollektive Werte wie Pflichterfüllung, Gehorsam, Fleiß und Disziplin an Bedeutung verloren haben, sind individualistische Werte wie Selbstverwirklichung oder idealistische Werte wie Gleichbehandlung und Partizipation wichtiger geworden. Mit der beruflichen Tätigkeit werden – anders als früher – neben dem primären Ziel der Existenzsicherung verstärkt auch Entfaltungs- und Gestaltungsmöglichkeiten verbunden. Werteorientierte Führungsmodelle müssen auf solche Veränderungen reagieren.

Werte sind universell

In Zeiten, in denen grenzüberschreitende Unternehmenszusammenschlüsse an der Tagesordnung sind, müssen häufig unterschiedliche Unternehmenswerte ineinander überführt werden.

Nokia zum Beispiel übernahm 1988 das deutsche Unternehmen Graetz, das mit 3.000 Mitarbeitern in Bochum Fernsehgeräte montierte. Später sollten hier Mobiltelefone produziert werden. Graetz war vorher hierarchisch und autoritär geführt worden. Mit der Zeit entwickelte sich eine für Nokia typische offene und kooperative Unternehmenskultur, die 1999 in der Vereinbarung über die „Grundlagen der betrieblichen Zusammenarbeit" durch Geschäftsführung und Betriebsrat mündete. Diese Grundlagen beschreiben verschiedene Wege des Auslebens der Nokia-Werte. In der Vereinbarung verpflichtet sich Nokia beispielsweise auf den Wert „Respekt vor dem Einzelnen": Das Unternehmen betrachtet seine Mitarbeiter nicht rein mechanistisch als Ressource und amorphe Menge, mit der die Führung etwa nur durch ein System von Befehlen und Anordnungen kommuniziert. Vielmehr verpflichtet sich Nokia auf individuelle Freiräume und den Aufbau von festen und langfristigen Beziehungen der

Mitarbeiter untereinander sowie mit ihren Vorgesetzten. Ähnliche Vereinbarungen gibt es bei allen Nokia-Unternehmen weltweit.

McKinsey – strukturarm und doch verlässlich

Den besten Anschauungsunterricht in Sachen werteorientiertes Management bekam ich im eigenen Unternehmen, bei McKinsey. Die McKinsey-Werte erfüllen die drei Bedingungen der Erlernbarkeit, Dauerhaftigkeit und Universalität: Ihre Bedeutung lässt sich jederzeit an Entscheidungen und Handlungen ablesen, die Führung orientiert sich schon seit langer Zeit an ihnen, und sie gelten im weltweiten McKinsey-Netzwerk.

Die Werte leiten sich aus unserer Mission ab, die auf zwei Säulen ruht: „To help our clients make distinctive, lasting, and substantial improvements in their performance" und „To build a great Firm that is able to attract, develop, excite, and retain exceptional people." Vier Schlüsselwerte bilden den Rahmen unseres Wertesystems, die sich aus den in der Mission genannten Zielen ableiten:

- *Impact-driven professional approach: Serve our clients as primary counselors on overall performance.*
- *Being and delivering the best: Deliver the best of the Firm to every client.*
- *Caring meritocracy, committed to people: Create an unrivaled environment for superior talent.*
- *Self-governing one-Firm partnership: Govern ourselves through a value-driven partnership.*

Impact-driven professional approach

Um für unsere Klienten der erste Ansprechpartner in allen entscheidenden Fragen des Unternehmensmanagements zu sein, orientieren wir uns an den höchsten professionellen Standards und messen Qualität an den Auswirkungen unserer Arbeit für den Klienten. Wir verstehen uns als langfristiger Partner und übernehmen eine integrative Rolle bei der Problemanalyse, der Implementierung von Lösungen und dem Aufbau von Fähigkeiten. Professionalität bedeutet für uns, dass die Interessen des Klienten vorgehen. Natürlich müssen wir dabei unsere Unabhängigkeit, unsere Objektivität und unsere ethischen Vorstellungen wahren.

„Client First" prägt unsere Beziehung zu unseren Klienten. Es bedeutet allerdings nicht, dass wir in jeder Beziehung den Wünschen des Klienten entsprechen, sondern dass wir seinen Interessen dienen. Letztere sehen wir gewahrt, wenn sich sein Unternehmen langfristig positiv entwickelt und nicht, wenn kurzfristig Gewinne maximiert werden.

Über den Weg zu diesem Ziel kommt es in einzelnen Fällen auch zum Dissens – manchmal gar zum Bruch. Mit einem Klienten aus der Automobilbranche ging die Auseinandersetzung so weit, dass McKinsey am Ende das Beratungsmandat niederlegte, weil die vom Klienten angestrebte Marktstrategie nach unseren Vorstellungen nicht seinen langfristigen Interessen entsprach. In diesem Fall hatten wir Glück und konnten nach einigen Monaten die Beratungstätigkeit wieder aufnehmen – nun als Turnaround-Projekt, da die vom Klienten gewählte Strategie sich nicht als erfolgreich erwiesen hatte.

Nicht immer endet eine solche Niederlegung eines Mandats so glücklich für McKinsey. Eine Klientenbeziehung kann dabei auch dauerhaft zerbrechen. Wir nehmen dies in Kauf: Denn nur durch die konsequente Ausübung unserer Arbeit nach den höchsten professionellen Standards können wir dauerhafte, vertrauensbasierte Klientenbeziehungen entwickeln, die für unseren Berufsstand lebenswichtig sind.

Being and delivering the best

Wir setzen für unseren Klienten das Wissen und die Ressourcen ein, die für seinen speziellen Bedarf am besten geeignet sind, unabhängig davon, in welchem unserer weltweit angesiedelten Offices dieses Wissen oder diese Ressource vorhanden ist. Dabei geht es nicht nur um intellektuelle Fertigkeiten, die für die Beratertätigkeit eine notwendige Voraussetzung sind – aber eben keine hinreichende. Jedes McKinsey-Team wird auch nach den persönlichen Voraussetzungen der Berater zusammengestellt, so dass jedes einzelne Teammitglied dem Anspruch des Klienten genügt.

In einem Fall war ich bei einem global agierenden Pharmahersteller tätig, der weltweit seine Marktstrategie über alle Produktbereiche neu justieren wollte. Dazu stellte McKinsey aus seinen weltweiten Ressourcen über die ganze McKinsey-Hierarchie ein Team zusammen, dessen Mitglieder sich sowohl bezüglich der regionalen Erfahrungen als auch bezüglich der funktionalen Fähigkeiten so ergänzten, dass das Team als Ganzes dem Bedarf des Klienten entsprach und auch vom Profil der einzelnen Persönlichkeiten mit der Klientenseite harmonierte. Beispielsweise kam aus einem unserer US-Büros ein Kollege, der große Affinität zu Japan hatte und aus Studium und Beruf von dort Erfahrungen mitbrachte. Er leitete während des Projekts das Team, das sich mit der Marktstrategie des Klienten für den japanischen Markt befasste. Natürlich muss bei einem solchen Großprojekt auch die emotionale Seite stimmen. Deshalb war es hier auch bestimmt kein Zufall, dass dem sehr fitnessbewussten internen Projektleiter des Klienten ein ebenso sportlicher McKinsey-Partner als Ansprechpartner gegenüberstand. Die beiden besprachen die neuesten Entwicklungen häufig im Fitnessraum des Unternehmens – angestrengt zwar, doch gleichwohl in entspannter Atmosphäre.

Die Technik schafft längst die Möglichkeit, dass ein solches Team nicht mehr physisch an einem Ort versammelt sein muss, um miteinander zu arbeiten. Damit dabei die Effizienz nicht leidet, verpflichten die McKinsey-Werte alle im Team auf ein gemeinsames Verständnis der zu erreichenden Ziele. Notwendig sind aber – trotz aller Fortschritte in der Kommunikationstechnologie – auch physische Teammeetings, zu denen bei McKinsey bisweilen auch der Direktor die Reise zu den anderen Teammitgliedern antreten muss und nicht nur umgekehrt.

Caring meritocracy, committed to people

Um ein einzigartig attraktives Umfeld für Talente mit herausragenden Fähigkeiten zu schaffen, arbeiten wir leistungsorientiert und zugleich kollegial. Wir erwarten und unterstützen, dass jeder Stellung bezieht und auch widerspricht. Ständige Leistungsbeurteilung, sehr offenes Feedback und intensives persönliches Coaching unterstützen die Entwicklung jedes Mitarbeiters. Bereits beim Vorstellungsgespräch bekommen Kandidaten bei uns umgehend konkretes Feedback, unabhängig von unserer Entscheidung, ihnen ein Angebot zu machen oder nicht. Sie sollen die Chance bekommen, schon während der Vorstellung bei uns zu lernen.

Auch die regelmäßigen Leistungsbewertungen, die bis auf die Partnerebene hinauf anstehen, sind Teil des Lernprozesses jedes McKinsey-Mitarbeiters, selbst wenn solche regelmäßigen Beurteilungen manch einen zunächst irritieren. Zum einen sind sie ein Teil der Leistungsgesellschaft, für die McKinsey steht. Gleichzeitig bieten sie aber auch die Chance zur Selbstentwicklung, die ohne Beurteilung von außen ungleich schwerer fällt. Wer nichts über die eigenen Stärken und Schwächen von außen erfährt, bleibt auf seine eigene, oft verzerrte Beurteilung seiner Person angewiesen. Nach meiner Beobachtung schätzen die meisten Mitarbeiter die Bewertungen daher eher, als dass sie sich dadurch verunsichern ließen.

Für ein Unternehmen wie McKinsey ist die Weiterentwicklung des Wissens und der Fähigkeiten seiner Mitarbeiter eine Existenzgrundlage. Um den Mitarbeitern die dafür notwendigen Spielräume zu geben, gewährt McKinsey dem Einzelnen ein hohes Maß an Freiheit. Beispielsweise kann sich jeder die internen Netzwerke aussuchen, in denen er sich wohl fühlt und in denen er sein Wissen und seine Erfahrung einbringt – zum Beispiel in Projekten bei einem bestimmten Klienten, in denen er in verschiedenen Teams immer wieder einer größeren Gruppe ihm bereits bekannter Kollegen begegnet und mit ihnen zusammenarbeitet.

Jeder ist überdies jederzeit frei, Initiativen anzustoßen. Erkennt jemand neue Trends, kann er anregen, eine inhaltlich darauf ausgerichtete Einheit – und sei es zunächst nur in Form einer Interessengruppe – einzurichten. Hier kann jeder Mitarbeiter von McKinsey seiner unternehmerischen Neigung nachkommen. Die Gruppe kann sich etwa um die besonderen Bedürfnisse neu entstehender Branchen oder bislang nicht ausreichend berücksichtigter Unternehmensfunktionen kümmern. Ich selbst habe beispielsweise bei McKinsey einige Aktivitäten zum Thema Wissensmanagement ausgelöst. Der systematische Umgang mit dem Wissen ist natürlich ein zentrales Thema für ein Beratungsunternehmen. Zusammen mit gleich gesinnten Kollegen haben wir die McKinsey-Fähigkeiten auf diesem Gebiet analysiert und kodifiziert. Heraus kamen einerseits interne Dokumente, die es uns erleichtern, die Ressource Wissen effizient zu managen und diese Fähigkeit auch an unsere Klienten weiterzugeben, und andererseits ein Buch zum Thema, mit dem McKinsey die Kompetenz im Wissensmanagement auch nach außen dokumentiert.

Self-governing one-Firm partnership

Zwischen persönlicher Freiheit und gegenseitiger Verantwortung verpflichten wir uns dazu, McKinsey trotz loser und dezentraler Strukturen als Einheit zu steuern. Das bedeutet, dass unsere Rahmenbedingungen wie Anreizsysteme, Evaluierungsmaßstäbe und Beförderungsprozesse weltweit einheitlich funktionieren und dass wir mit unseren Kollegen in Asien oder Amerika genauso selbstverständlich zusammenarbeiten wie mit unseren Kollegen in Deutschland.

Alle McKinsey-Offices weltweit arbeiten in Bezug auf Ressourcen im Verbund. Die gemeinsamen Werte geben den Weg vor, zentraler Steuerung bedarf es kaum. Der große Test der traditionellen Partnerorganisation kam mit der weltweiten Expansion von McKinsey, die 1959 mit der Gründung des Londoner Büros, dem ersten Büro außerhalb der Vereinigten Staaten, begann. Die „One-Firm Partnership" bewährte sich: Während die Zahl der Büros kontinuierlich stieg, sicherten die Werte die Basis für weltweit gleiche Standards bei der Arbeit für die Klienten.

Dabei genießt jede Einheit aber auch ein hohes Maß an Freiheiten. Als Manager des McKinsey-Büros in Berlin beispielsweise gehört es zu meinen Aufgaben, die McKinsey-Werte aufrechtzuerhalten. Gleichzeitig kann ich aber auch auf die individuellen Bedürfnisse der Berater eingehen. Da das Durchschnittsalter der Mitarbeiter in Berlin deutlich unter dem der anderen Büros in Deutschland liegt, sind die persönlichen Bedürfnisse der Berater ganz andere – und ich kann mit Maßnahmen darauf reagieren, die letztlich auch zu anderen Kommunikations- und Umgangsformen innerhalb des Berliner Büros führen als in anderen McKinsey-Büros in Deutschland. So habe ich etwa dafür gesorgt, dass unsere Büroeinrichtung, dem Lebensgefühl meiner Kollegen entsprechend, eher modern gehalten ist als in dem gesetzten Kanzlei-Stil, der in manch anderen McKinsey-Offices herrscht. Und natürlich feiern wir unsere Parties eher in Berliner Clubs als auf typisches Betriebsfest-Ambiente zu setzen.

Solche Freiheiten in der Gestaltung der Arbeitsbedingungen können wir uns erlauben, weil die McKinsey-Werte uns – bei aller Diversität – weltweit auf ein gemeinsames Verständnis der Ziele und des Weges dorthin verpflichten.

Freiräume – nur mit verantwortungsvollen Mitarbeitern

Jeder unserer Mitarbeiter hat in diesem Wertesystem den Freiraum, sein „eigenes" McKinsey zu definieren und zu gestalten. Diese Freiräume erschließen Kreativitätspotenziale, erhöhen Motivation und Leistung, reduzieren Konflikte und isoliertes Denken und Handeln. Führung über ein solches Wertesystem birgt natürlich auch Risiken. Sie verlangt von der Führungskraft Vertrauen in die Fähigkeiten des Mitarbeiters zur Selbstorganisation und Selbststeuerung. Das Ziel ist definiert, auf dem Weg dorthin verfügt der Mitarbeiter über großen Spielraum. Der Kern effektiver Führung liegt in solch einer Organisation am Ende darin, Mitarbeiter zu finden und zu binden, die mit ihren Freiheiten kreativ und zugleich verantwortungsvoll umgehen. Natürlich kommt es beim Zusammenspiel egostarker Individualisten auch zu Dissonanzen. Dann greifen bei McKinsey die Partner ein, wie im Orchester der Dirigent, nehmen überlaute Solisten zurück, gleichen aus, sorgen dafür, dass alle Stärken zum Klingen kommen.

McKinsey-Werte sind keine quasi religiösen Tugenden. Sie bilden eine Gruppe von ineinander greifenden und sich wechselseitig verstärkenden Wahlmöglichkeiten. Diese Wahlmöglichkeiten sind anspruchsvoll und bergen auch sehr viel Spannungspotenzial. Im Alltag unserer Klientenarbeit zwingen sie uns, Entscheidungen zu treffen. Diese Spannung zwischen unseren Werten ist gut, sie provoziert Auseinandersetzung, Diskussion und erzwingt eigenverantwortliche Entscheidungen.

McKinsey – Leben nach den konservativen Werten von Peter F. Drucker

McKinsey ist ein Beispiel für ein Unternehmen mit losen Organisationsstrukturen, wie es Peter F. Drucker als Zukunftsmodell ausmachte. Es gibt keine Organigramme, keine starren Strukturen, nach denen wir funktionieren. Ein ausgewogenes und ständig neu justiertes System aus gemeinsamen Werten ersetzt die Kraft von Hierarchien und sorgt weltweit für Verlässlichkeit und Konsistenz in der Zusammenarbeit innerhalb unseres weltweiten Netzwerks und mit unseren Klienten. Dieses Wertesystem funktioniert als Bauplan von McKinsey.

Die McKinsey-Werte entsprechen in hohem Maße dem, was Peter F. Drucker unter konservativen Werten versteht: Wir fordern und fördern Verantwortung, Pflicht, Würde, Integrität und permanente Selbstentwicklung, forcieren den Wandel und lassen das Tradierte und Überholte rücksichtslos zurück – alles Schlüsselbegriffe in Druckers konservativem Konzept. Somit führen wir McKinsey schon seit langem in der Art und Weise, die Drucker als Voraussetzung für effektives Management wertet. Die McKinsey-Werte erlauben dem Dirigenten also eine effektive Führung der einzelnen Musiker, die über Spezialistenfähigkeiten verfügen, über die er in der Regel selbst nicht verfügt.

Unternehmensführung nach Werten erfordert Übung. Wer nicht erlebt, wie Entscheidungen in einem Unternehmen von diesen fundamentalen Prinzipien gesteuert werden, kann kaum verstehen, wie Unternehmen erfolgreich nach Werten leben. Wer jedoch eine Zeit lang solche Entscheidungsmuster erlebt hat, lernt zu schätzen, wie überlegen ein wertegetriebenes System gegenüber dem traditionellen, regelgesteuerten System ist.

Shafiq Naz

Was ich von Peter Drucker gelernt habe

Man sagt, unser Verstehen finde in drei Phasen unterteilt statt. Die erste Phase könnte man als die „vereinfachende“ bezeichnen, denn an diesem Punkt ist unser Verständnis einer Idee, eines Konzepts, eines Phänomens oder eines Problems lediglich ein oberflächliches. Wir berühren erst die äußerste Schicht und konzentrieren uns wahrscheinlich nur auf einen einzigen Aspekt des Problems, ohne uns ein Gesamtbild machen zu können. Haben wir allerdings erst einmal begonnen, etwas tiefer zu schürfen, entdecken wir, dass das Problem eine Vielzahl von Schattierungen oder unterschiedlichen Elementen aufweist, sprich: sehr viel „komplexer“ ist, als wir eingangs annahmen. Verlangt man zu diesem Zeitpunkt eine Beschreibung von uns, so bemühen wir einiges an technischem Jargon und Spezialvokabular, um ein sinnvolles Bild weiterzugeben. Damit jedoch zeigen wir lediglich, wie wenig wir selbst uns über das Problem im Klaren sind. Gelangen wir dann aber in die dritte Phase, beginnen wir, alles vermeintlich Komplexe wie die Schichten einer Zwiebel abzuziehen und zum eigentlichen Kern vorzudringen, den wesentlichen Elementen der Idee. In dieser Schlussphase ist unser Verständnis „einfach“, nämlich bar allem Oberflächlichem, Unnötigem und Jargonhaftem.

Meiner Meinung nach verfügt Peter Drucker über die Fähigkeit, noch bei den komplexesten und schwierigsten Problemen ohne Umwege direkt in die oben beschriebene dritte Phase vorzudringen und sie auf einfache, verständliche Weise zu vermitteln. In all seinen Schriften ist er von einer einnehmenden Klarheit und Einfachheit. Vor allem aber existiert für ihn keine Dichotomie zwischen Managementtheorie und praktischem Rat zu Managementproblemen. Daher nimmt es kaum wunder, dass er sich bei Führungskräften weltweit einer solchen Beliebtheit erfreut. Peter Druckers Publikationen und Reden sind das Destillat einer Vielzahl von wohldurchdachten Ideen und Konzepten.

Ich persönlich genieße das Privileg, Peter Drucker seit nunmehr über zwanzig Jahren zu kennen. In meiner früheren Arbeit am Management Centre Europe in Brüssel und bei der American Management Association war ich für die Organisation von Seminaren, Konferenzen und Diskussionen zuständig, bei welchen sich die leitenden Manager zahlreicher internationaler Unternehmen mit Peter Drucker zusammensetzten. Ich erinnere mich daran, im Rahmen eines Kurses über die Geschichte der Bildung und Erziehung etwas Interessantes über die Renaissance gelesen zu haben. Damals entstanden gerade die ersten Universitäten, und es war gang und gäbe, dass die Studenten ihrem Lehrer, beispielsweise Erasmus, auf seinen Reisen von Stadt zu Stadt begleiteten. Meines Wissens hat auch Peter einen „Studentenstamm", der ihn ständig begleitet. Mich hat die Loyalität immer wieder in Staunen versetzt, mit der so viele Führungskräfte Peter nachreisen, um an seinen Seminaren teilzunehmen, von Brüssel nach Paris, von London nach Claremont, California. Vor diesem Hintergrund ist es nicht verwunderlich, wenn das angesehene Magazin *The Economist* Peter Drucker in einer Serie über Managementtheoretiker als „den Guru der Gurus" tituliert und schreibt: „In den meisten Bereichen des intellektuellen Lebens lässt sich schwer festlegen, wer der Leitwolf ist. In der Managementtheorie jedoch gibt es da keine zwei Meinungen. Peter Drucker hat auf diesem Gebiet bahnbrechende Arbeit geleistet und genießt einen Einfluss, für den andere Gurus morden würden." Nach einer Auflistung der wichtigsten Beiträge von Peter Drucker fährt *The Economist* fort: „... Mr. Druckers langjähriger Erfolg an sich jedoch versperrt den Blick für seine wahren Verdienste. Viele seiner innovativsten Ideen sind längst in Gemeineigentum übergegangen. Sein 1946 erschienenes Buch *Concept of the Corporation* etwa war die erste Studie, die sich an einem Ansatz versuchte, der heute offensichtlich scheint, nämlich Unternehmen als soziale Systeme zu sehen statt nur als Wirtschaftsorganisationen (als Beispiel wählte er General Motors). Zugleich brachte das Buch noch drei weitere Themen auf, die später das Managementdenken dominieren sollten: die zunehmende Wichtigkeit des ‚knowledge workers' (jemand, dessen Kopf wichtiger ist als seine Hände), der Übergang vom Fließband zur flexiblen Produktion und die Idee des mitbestimmenden Arbeiters."[1]

Dieser Artikel ist ein bescheidener Versuch meinerseits, kurz einige der Ideen zu erläutern, die ich Peter Drucker verdanke und die mir in meiner Arbeit als Berater und Manager geholfen haben.

Die Bedeutung der Renaissance-Führungskraft

Für Peter Drucker ist Management eine „integrative Disziplin menschlicher Werte und menschlichen Verhaltens, sozialer Ordnung und intellektueller Neugier". Seiner Meinung nach ist das Management eine Geisteswissenschaft, weil es „sich aus Ökonomie, Psychologie, Mathematik, politischer Theorie, Geschichte und Philosophie speist".[2] In der heutigen komplizierten Welt hat es jemand, der ein Unternehmen führt – sei es ein kleines oder ein großes, global operierendes – mit einer ganzen Bandbreite unterschiedlicher Probleme und Situationen zu tun. Führungskräfte müssen daher ständig auf dem „höchstmöglichen Level der Auffassungsgabe" arbeiten, wie Peter Drucker es so oft betont. Um in dem gegenwärtigen Umfeld zu überleben, sollten sie über eine Vielzahl von Fähigkeiten verfügen und eine Vielfalt von Phänomen begreifen können. Das aber lernen sie nur, wenn sie in verschiedenen Disziplinen Kenntnisse besitzen. Problemerkennung und -lösung geht weit über das hinaus, was man sich im Rahmen eines Studiums vom Typ „MBA" aneignet. Deshalb sehen wir immer häufiger Firmen, die Psychologen, Anthropologen und

1 „Peter Drucker, Salvationist" in: *The Economist*, 1. Oktober 1994.

2 Peter F. Drucker, *Landmarks of Tomorrow*, Transaction Publishers, New Brunswick, NJ, 1996 und Peter F. Drucker, *The Frontiers of Management*, Harper & Row, New York, 1986.

andere Geisteswissenschaftler den MBA-Absolventen vorziehen. Die Verantwortlichen in diesen Unternehmen sind davon überzeugt, dass die Kenntnis der Geschichte, der Psychologie, der Politikwissenschaft, der Philosophie etc. die Studenten mit analytischen Fähigkeiten ausstattet, welche jenen mangeln, die aus klassischen MBA-Programmen kommen. Vor allem aber ist es weit leichter, einen Geisteswissenschaftler ins Management, in die Buchhaltung und das Marketing einzuarbeiten als umgekehrt.

Auf der Grundlage von meinen Gesprächen mit vielen erfolgreichen Führungskräften empfehle ich Managern dringend die regelmäßige Lektüre von Wochenblättern und Magazinen wie *The Economist, Der Spiegel, Die Zeit, Le Monde Diplomatique* et al. Ein wichtiger Aspekt des daraus gewonnenen Wissens und der Information ist, dass wir ein Gespür für den Zeitgeist entwickeln können und, noch wichtiger, wesentliche Erkenntnisse gewinnen können, die eine wichtige Rolle bei der Entwicklung und Umsetzung von Unternehmensplanung und -strategie spielen. Der österreichische Philosoph Karl Popper entwarf eine eigene Theorie des Wissens. Sie funktioniert ungefähr so, dass man ein großes Netz auswirft, um aus einer Vielzahl Fakten einige wichtige Ideen zu fischen, und einen Lichtstrahl ausschickt, mit dem man einige der Hypothesen beleuchtet und erprobt, die man in Gedanken bereits mit sich herumträgt. Ich würde insbesondere leitenden Managern nahelegen, jede Gelegenheit zu nutzen, mit Spezialisten zu sprechen, die nicht aus dem Management kommen. Sie sollten mit Historikern reden, mit Psychologen, Künstlern etc. Wann immer ich Führungskräfte, die an einem Peter-Drucker-Seminar teilnahmen, fragte, was sie als wertvollsten Gewinn der Veranstaltung betrachteten, antworteten mir die meisten, neben seinen praktischen Ratschlägen zum Management hätten sie vor allem seine Exkurse in die Kultur und die Geisteswissenschaft begeistert.

Selbsterneuerung und „die Punktetabelle weiterführen"

Angesichts des technologischen Fortschritts und des Tempos, in dem sich die moderne Welt verändert, hat alles, was wir heute lernen, eine sehr kurze Halbwertszeit. Was die rein praktische Verwendbarkeit angeht, ist heute schon nutzlos, was wir vor drei Jahren gelernt haben. Daher müssen wir Selbsterneuerung als einen anhaltenden und niemals endenden Prozess begreifen. Lester Thurow, der weltweit bekannte Ökonom und frühere Dekan der MIT Sloan School of Management, erzählte mir einmal, er habe während seiner Zeit als Dekan den Anschluss an die Entwicklungen auf seinem Fachgebiet – der Ökonomie – so sehr eingebüßt, dass er irgendwann beschloss, ein Sabbatjahr einzulegen, um alles zu lesen, was er verpasst hatte, und damit seine Wissenslücken zu füllen. Natürlich ist es für Führungskräfte nicht ganz so einfach ein Sabbatjahr zu nehmen – wenngleich die Idee eigentlich nicht schlecht ist – aber sie können sich durchaus dem fortwährenden Lernen verschreiben.

Und während wir in diesem anhaltenden Lernprozess begriffen sind, sollten wir uns regelmäßig selbst beurteilen. „Die Punktetabelle weiterführen", wie Peter Drucker es nennt, ist „die beste Methode der Selbstentwicklung", weil sie „mir hilft, mich auf meine Bemühungen in Bereichen zu konzentrieren, in denen ich etwas ausrichten kann, und solche Projekte abzustoßen, bei denen sich nichts tut". Er empfiehlt Führungskräften, sich regelmäßig die Zeit zu nehmen, folgende Fragen zu überdenken: Welches sind meine Werte? Was leiste ich? Was habe ich gut gemacht? Was habe ich schlecht gemacht? Was habe ich versucht, gut zu machen? Was habe ich nicht hartnäckig genug versucht, gut zu machen? Worauf sollte ich mich während der kommenden Monate konzentrieren? Was muss ich lernen und wo mich verbessern? Welche meiner Wissenslücken müssen dringend aufgefüllt werden, wenn ich effektiv arbeiten will? Ob wir diese Übung viertel- oder halbjährlich machen, ist egal, solange wir sie objektiv angehen und mit dem Ziel, unsere Leistung beständig zu verbessern. Mit anderen Worten: Wir sollten die Verantwortung dafür übernehmen, uns selbst zu managen. Auf diese Weise gewinnen wir auch die Gewissheit, uns in die richtige Richtung zu bewegen, nämlich auf unsere Ziele zu. Ich habe häufiger festgestellt, dass erfolgreiche Führungskräfte gern ein persönliches Notizbuch führen, in dem sie sich neue und originelle Ideen und Tipps notieren. Wir stolpern nämlich häufig über interessante Ideen, und daher ist es hilfreich, sie in ein Notizbuch einzutragen, damit sie die Inkubationszeit bekommen, die sie brauchen, um zu reifen und bei entsprechender Gelegenheit zur Anwendung zu kommen.

Den Wert der Zeit erkennen

Gemäß Peter ist „Zeit die knappste Ressource, und solange sie nicht richtig organisiert wird, kann auch nichts anderes organisiert werden". Mittlerweile gilt es als Klischee zu behaupten, Zeit sei ein kostbares Gut. Und dennoch gibt es nun einmal nichts Kostbareres als Zeit. Das gilt ganz besonders für Führungskräfte, denn auf ihre Zeit erheben so viele Menschen Anspruch, dass sie bisweilen die Kontrolle darüber verlieren. Um effektiv arbeiten zu können aber, müssen sie ihre Zeit effektiv organisieren. Eine Form, wie sie das tun können, ist die, eine Tages- oder Wochenliste mit all den Dingen zu führen, die sie erledigen müssen. Man schätzt allgemein, dass wir unsere Produktivität allein mit einer solchen Liste um 30 Prozent steigern können. Im Grunde ist es nicht weiter verwunderlich, denn die Liste zwingt uns, bewusst Prioritäten zu setzen und unsere Zeit einzuteilen, je nach Wichtigkeitsgrad und Aufwand eines Projekts oder einer Aufgabe. Außerdem beruhigt so eine Liste unser Gewissen, denn durch sie haben wir das Gefühl, alles zu kontrollieren und uns auf das wirklich Wichtige zu konzentrieren. Am besten legt man sich seine Liste immer am Vortag an. Diese Regel stammt ursprünglich von dem italienischen Ökonomen Vilfredo Pareto und wurde von dem Qualitätsexperten Dr. Joseph Juran als das „wenige wichtige, viele unwichtige"-Prinzip bezeichnet. Letzteres erinnert uns daran, uns auf die 20 Prozent der Bemühungen zu konzentrieren, die wirklich wichtig sind, und dabei den 80-prozentigen Erfolg zu erzielen. Mit anderen Worten: Man verlege sich auf die Aktivitäten, die echten Wert bieten, und verwerfe alle übrigen.

Im Mittelpunkt stehen die Menschen

Ich erinnere mich, einmal Fred Smith, den Gründer und CEO von Federal Express, gefragt zu haben, wie die Zeiteinteilung seines Arbeitstages normalerweise aussieht. Er antwortete, er verbringe ungefähr ein Drittel seiner Zeit mit den Problemen der Leute und die verbleibenden zwei Drittel mit strategischen und betrieblichen Fragen. Ebenso wie Jack Welch, der frühere CEO von General Electric, ist auch er dafür berühmt, die Namen von Tausenden von Angestellten sowie die Lebensläufe und beruflichen Werdegänge all seiner leitenden Angestellen auswendig zu kennen. Smith und Welch nehmen ihre Leute ernst, weil sie wissen, dass der Erfolg oder Misserfolg eines Unternehmens in den Händen der Mitarbeiter liegt, und zwar *aller* Mitarbeiter. Entscheidungen, die Menschen betreffen, sind die wichtigsten, die eine Führungskraft zu treffen hat. Peter Drucker erzählte, dass er Alfred Sloan, den CEO von General Motors, einst fragte, wie er es sich leisten konnte, während eines Topmanagement-Meetings vier Stunden damit zu verbringen, über den Job eines Mechanikermeisters zu diskutieren. Sloans Antwort lautete: „Dieses Unternehmen zahlt mir ziemlich viel Geld dafür, dass ich wichtige Entscheidungen und möglichst die richtigen treffe. Einige von uns hier im vierzehnten Stock mögen sehr klug sein, doch wenn der Mechanikermeister in Dayton der falsche Mann ist, können wir alle unsere Entscheidungen in den Wind schreiben. Er ist derjenige, der sie in die Tat umsetzt ... Wenn wir keine vier Stunden darauf verwenden, ihn auszusuchen und an die richtige Stelle zu setzen, blühen uns vierhundert Stunden, in denen wir unseren Fehler wieder ausbügeln dürfen."[3] Für Peter Drucker ist bei der Auswahl der Leute ausschlaggebend, was sie leisten oder leisten können, unabhängig davon, ob sie in der Vergangenheit womöglich Fehler gemacht haben. „Je besser ein Mann ist, umso mehr Fehler wird er machen – denn umso mehr Neues probiert er aus. Ich würde niemals jemanden fürs Topmanagement vorschlagen, der noch keine Fehler gemacht hat, und zwar

[3] Peter F. Drucker, *Adventures of a Bystander*, Transaction Publishers, New Brunswick, NJ, 1994.

noch keine großen. So jemand nämlich kann nur Mittelmaß sein."[4] Ebenso wichtig ist es, sich auf die Stärken zu konzentrieren und die Schwächen als irrelevant zu betrachten. In seinem Buch *The Effective Executive*[5] schreibt Peter Drucker, dass die effektive Führungskraft die folgenden vier Fragen stellt, wenn sie Entscheidungen bezüglich Menschen trifft:

- „Was hat er (oder sie) gut gemacht?"
- „Was wird er (oder sie) deshalb aller Wahrscheinlichkeit nach gut machen können?"
- „Was wird er (oder sie) lernen müssen, um seine (ihre) Stärken voll ausnutzen zu können?"
- „Wenn ich einen Sohn oder eine Tochter hätte, würde ich dann wollen, dass er oder sie unter dieser Person arbeitet?"

  (i) Wenn ja, warum?
  (ii) Wenn nein, warum nicht?

Management und moralisches Beispiel

Peter Drucker hat wieder und wieder betont, wie wichtig es ist, als Führungskraft mit gutem Beispiel voranzugehen. Den Mitarbeitern einfach nur zu sagen, sie sollten sich auf diese oder jene Weise verhalten, funktioniert in den seltensten Fällen. Ermahnungen müssen durch ein persönliches Beispiel gerechtfertigt sein. Es darf keinen Widerspruch zwischen dem geben, was die Führungskräfte sagen, und dem, was sie tun. Wenn sie Leistung schätzen und belohnen, werden sie Leistung bekommen.

[4] John J. Tarrant, *Drucker: The Man Who Invented Corporate Society,* Cahners Books, Boston, 1976.

[5] Peter F. Drucker, *The Effective Executive,* Harper & Row, New York, 1985.

Wenn sie Ehrlichkeit schätzen, werden ihre Mitarbeiter ehrlich zu ihnen sein. Effektive Führungskräfte sind bereit, ihren Leuten zu vertrauen, wobei Vertrauen hier nicht nur das Fehlen von Betrug und Diebstahl im Team bedeutet. Vertrauen heißt auch, das Zutrauen in die Mitarbeiter zu haben, dass sie die wichtigen Aufgaben, mit denen man sie betraut hat, entsprechend gewissenhaft erledigen werden. Vertrauen entsteht durch das Gefühl, Teil eines Teams zu sein, in dem sich jeder der eigenen Verantwortung und der Wichtigkeit des eigenen Beitrags bewusst ist. Dafür aber brauchen sie die nötigen Ressourcen und die notwendige Autorität. Und vor allem müssen sie spüren, dass ihr Boss ihnen zutraut, ihren Job zu erledigen, und sich nicht unnötig einmischen wird. Wenn Alfred Sloan mit Fakten konfrontiert wurde, die seine Meinung widerlegten, dann hatte er die Courage, seine Einstellung zu ändern und einfach zu sagen: „Die Fakten haben die Entscheidung getroffen – ich habe mich geirrt." Kurz: Vertrauen, Selbstlosigkeit, Integrität und Hingabe sind wichtige Voraussetzungen, die eine effektive Führungskraft mitbringen sollte.

Leistung zählt

Manager sollen Ergebnisse bringen. Was eine Führungskraft in einem Job leistet, ist unabhängig davon, welche akademischen Qualifikationen oder welches Wissen er oder sie mitbringt. Erfolg bemisst sich nach den Resultaten, die liefert, wer mit bestimmten Zielvorgaben an eine Aufgabe herangeht. Zielvorgaben wiederum sind unentbehrlich, weil sie die Richtung weisen, in die sich Unternehmen bewegen sollen, und so zur Mobilisierung derjenigen Energien und Ressourcen dienen, die es braucht, die Zukunft zu gestalten. Bei der Prüfung individueller Leistung sollten wir immer auch auf das individuelle Potenzial achten sowie darauf, ob jemand heute bessere Leistung bringt als in der Vergangenheit. Wir müssen Menschen entsprechend ihren individuellen Stärken für bestimmte Aufgaben auswählen. In diesem Auswahlprozess haben ihre Schwächen keine Rolle zu spielen. Sie sind irrelevant, denn schließlich sollen sich Unternehmen auf Möglichkeiten konzentrieren, statt wertvolle Ressourcen an Probleme zu verschwenden. Für die unternehmerische Selbsteinschätzung empfiehlt Peter Drucker, folgende fünf Fragen zu stellen: Was ist unsere Mission? Wer ist unser Kunde? Was schätzt dieser Kunde? Welche Resultate wollen wir? Wie erreichen wir unsere Ziele?

Das Richtige tun und Dinge richtig machen

Gemäß Peter Drucker ist es „wichtiger, das Richtige zu tun, als etwas richtig zu machen". Das Richtige zu tun ist gleichbedeutend mit Effektivität, während etwas richtig zu machen sich auf Effizienz bezieht. Demzufolge besteht die vorrangige Aufgabe der effektiven Führungskraft darin zu erkennen, was zu tun das Richtige ist. Peter Drucker führt in diesem Zusammenhang gern das Beispiel des ungarischen Wissenschaftlers Albert Szent-Györgyi an, der seinem Professor sagte, er würde gern über die Ursachen der Flatulenz forschen. Der erklärte ihm, er solle lieber über etwas Wichtiges forschen, da seines Wissens noch niemand an Flatulenz gestorben sei! Szent-Györgyi folgte dem Rat seines Professors und erhielt später den Nobelpreis für die Entdeckung des Zusammenhangs zwischen Vitamin C und biologischer Oxidation. Diese Anekdote illustriert sehr trefflich, wie wichtig es ist, dass wir zunächst einmal gründlich überlegen, was wir tun sollten. Wir können in unserem Tun enorm effizient sein, doch all unsere Effizienz ist nichtig, wenn das, was wir tun, sinnlos ist. Wie Peter Drucker schon sagte: „Nichts ist weniger produktiv als mehr Effizienz in Dingen zu erlangen, die wir besser gar nicht täten." Strategisch wichtig ist also vor allem, bewusst und rigoros zu entscheiden, wo unsere langfristigen Prioritäten liegen sollen.

Die Führungskraft als Orchesterdirigent

Die Aufgaben des Topmanagements sind zu breit gefächert und zu komplex, als dass eine Person allein imstande wäre, sie adäquat zu bewältigen. In seinem Buch *Management: Tasks, Responsibilities, Practices*[6] schreibt Peter Drucker von vier unterschiedlichen „Typen", die für die Aufgaben des Topmanagements gefordert sind: den „Denker", den „Macher", den „Kommunikator" und den „Frontmann". Unternehmen, die Erfolg und langfristiges Wachstum anstreben, brauchen vor allem – was offensichtlich sein dürfte – ein starkes Topmanagementteam. Die Mitglieder dieses Teams bringen all ihre Stärken und Schwächen in die Arbeit ein, wobei die Schwächen der einen idealiter durch die Stärken der anderen wettgemacht werden. Noch wesentlicher allerdings ist die Verteilung der Stärken, durch welche gewährleistet sein sollte, dass alle erforderlichen Rollen besetzt sind. Erfreulicherweise gibt es unter Führungskräften die unterschiedlichsten Typen und Charaktere, und damit das so bleibt, müssen wir uns davor hüten, Kriterien wie Charisma oder ähnlich esoterische Vorstellungen zum Nonplusultra zu erheben. Peter Drucker warnt sogar zu Recht davor, sich auf charismatische Führungskräfte zu verlassen, denn die neigen dazu, sich von ihren anfänglichen Erfolgen blenden zu lassen und allzu selbstverliebt zu werden. Sie fühlen sich unfehlbar und werden unflexibel, was letztlich darauf hinausläuft, dass sie auf veränderte Bedingungen nicht angemessen reagieren können und so häufig sich selbst und ihre Unternehmen in den Ruin führen. Ein Unternehmen zu leiten erfordert eine ganze Reihe von Führungsqualitäten, die gelehrt und erlernt werden können. Im Mittelpunkt muss dabei der Wunsch stehen zu dienen. Für Peter Drucker ist eine Führungskraft einem Orchesterdirigenten vergleichbar, dessen Ziel es ist, einer buntgemischten Gruppe von Menschen die bestmögliche Leistung zu entlocken, wobei innerhalb der Gruppe jeder eine fest vorgegebene Rolle hat. Der

[6] Peter F. Drucker, *Management: Tasks, Responsibilities, Practices,* HarperCollins, New York, 1993.

Dirigent sorgt für die nötige Koordination. Sein Taktstock bringt keine Musik hervor, ist jedoch unentbehrlich für die Erzeugung des harmonischen Zusammenspiels aller einzelnen Instrumente. Wie der Dirigent sich darauf verlässt, dass die Musiker seine Zeichen richtig verstehen und ihm entsprechendes Feedback geben, so verlässt sich auch die Führungskraft darauf, dass ihre Mitarbeiter ihre Zeichen verstehen und ihr kontinuierlich Feedback geben. Hier ist das Ziel, die bestmögliche Leistung für das Unternehmen zu bekommen und „einen Kunden zu schaffen", um eine der zu Recht berühmtesten Formulierungen Peter Druckers zu zitieren.

Ursula Schwarzer

Die überforderten Manager

Der Mann ist um seine Aufgabe wahrlich nicht zu beneiden. Im November 2003 hat Herbert Demel die Leitung des maroden Autobauers Fiat übernommen – ein Konzern, der seit Jahren hohe Verluste schreibt und Marktanteile verliert. Die Ursachen der Misere sind vielfältig: mangelnde Investitionen, unglückliche Modellpolitik, zu starke Ausrichtung auf den italienischen Markt, löchriges Händlernetz, veraltete Fabriken und eine Unternehmenskultur, die geprägt ist von Hierarchiedenken, von Schlendrian und wenig Verantwortungsbereitschaft des Einzelnen.

All diese Probleme soll Demel nun lösen; alle gleichzeitig und möglichst sofort. Er soll das Denken und Handeln der Mitarbeiter verändern – aber bitteschön niemanden vor den Kopf stoßen. Er soll für attraktive Modelle sorgen – und hat doch kaum Einfluss auf Design und Ausstattung, weil die Wagen, die in den nächsten Jahren auf den Markt kommen, von seinem Vorgänger konzipiert wurden.

Schlimmer noch: Demel muss unbedingt die Kosten senken. Aber wie? Im Frühjahr 2004 haben ihm die Gewerkschaften mit einem dreiwöchigen Streik im süditalienischen Werk Melfi höhere Löhne abgepresst. Angesichts des großen Einflusses von Funktionären und Politikern auf die Wirtschaft Italiens kann man sich vorstellen, was passierte, wenn Demel eine Fabrik schließen würde – was dringend geboten wäre: Die italienischen Zeitungen würden den Österreicher Demel der Zerstörung eines nationalen Heiligtums bezichtigen. Die Gewerkschaften würden erneut zum Streik aufrufen. Und Ministerpräsident Silvio Berlusconi würde sich persönlich für die Absetzung Demels verwenden, wie er es schon 2002 bei zwei anderen Fiat-Spitzenmanagern getan hat.

Man mag Herbert Demel wünschen, dass ihm trotz aller Widrigkeiten die Quadratur des Kreises gelingt; mit viel Kraft, Einfühlungsvermögen und sicherlich auch mit einem Quäntchen Glück. Es gibt ja immer wieder Manager, die schier Unglaubliches schaffen. Wie etwa Carlos Ghosn, der den japanischen Nissan-Konzern wieder in die Gewinnzone steuerte. Oder wie Lou Gerstner, der Mitte der 90er Jahre IBM vor der Pleite rettete.

Viel länger aber ist die Liste der Gescheiterten, jener Manager, die nicht lieferten, was von ihnen erwartet wurde. Oftmals handelt es sich um respektable Persönlichkeiten – wie Rolf Eckrodt, der bei DaimlerChrysler viele Jahre exzellente Arbeit leistete, bis zu dem verhängnisvollen Jahr 2001, als ihm die Sanierung des Autokonzerns Mitsubishi übertragen wurde. Das Vorhaben misslang, Eckrodt ging.

Aber war der Fehlschlag bei Mitsubishi wirklich das Verschulden Eckrodts? Hat er die falschen Maßnahmen ergriffen? Wagte er nicht die nötigen Einschnitte? Oder wurde ihm eine von vornherein unlösbare Aufgabe aufgebürdet?

Die Frage wird sich nie eindeutig klären lassen. Fest aber steht, dass die Jobs in den obersten Etagen stetig schwieriger und komplexer werden. Ein Trend, der sich schon seit mehreren Jahren abzeichnet und der dazu beiträgt, dass das Führungspersonal immer häufiger überfordert, wenn nicht gar hilflos ist.

Peter Drucker hat in einem fünfstündigen Interview, das ich Ende 2001 in seinem Haus nahe Los Angeles mit ihm führte, die Sache auf den Punkt gebracht. „Wir überlasten die Menschen an der Spitze“, sagte Drucker damals. „Die Manager tun mir Leid. Die Anforderungen sind so unerhört kompliziert geworden, dass heute nur noch Supermänner erfolgreich sein können.“

Ein Unternehmen zu führen erweist sich als besonders schwierig, wenn – wie in Deutschland – die Wirtschaft stagniert oder schrumpft. Wie sollen Siemens, Bayer oder ThyssenKrupp mit zweistelligen Raten wachsen, wenn die Konsumenten auf dem Heimmarkt die Geldbeutel verschlossen halten und die Investoren notwendige Anschaffungen vorsichtshalber auf das nächste oder übernächste Jahr verschieben? Freilich, da ist noch der Export. Der allein aber gleicht die Flaute auf dem Heimmarkt nicht aus.

Mit solchen Argumenten indes kann sich kein Vorstand entschuldigen. Analysten und Aktionäre wollen Zuwachsraten sehen – beim Umsatz, beim Gewinn, bei der Dividende. Wer die nicht vorweisen kann, wird gnadenlos abgestraft: Der Börsenkurs fällt. Selbst wenn der Quartalsbericht die Prognosen der Analysten punktgenau erfüllt, muss die Unternehmensführung damit rechnen, dass die Aktie an Wert verliert, weil die Erwartungen nicht übertroffen wurden.

Der Druck der Kapitalmärkte ist für Peter Drucker der wichtigste Faktor, der zur Überforderung der Manager führt. „Die Aktienfonds“, so Drucker, „drängen die Firmen, den kurzfristigen Ertrag in die Höhe zu treiben. Gleichzeitig sind die vielen Menschen, die ihre Altersversorgung über Aktien absichern, an einer langfristig ertragreichen Unternehmensentwicklung interessiert. Dieser Zwiespalt zwischen langfristiger Ausrichtung und kurzfristiger Gewinnsteigerung hat das Topmanagement in die Krise gebracht.“

Gleichwohl sind es nicht nur die Börsenkurse, auf die Vorstände wie gebannt starren, die sie zu hektischen – und manches Mal unüberlegten – Entscheidungen verleiten. Wer heute die Zentralen großer Unternehmen besucht, erlebt dort bildhaft, was sich im letzten Jahrzehnt geändert hat: Überall stehen Monitore, die die Kursentwicklung an den Weltbörsen anzeigen, und nebendran hängen Uhren – eine für Tokio, eine für New York und mittlerweile auch eine für Shanghai.

Tempo, Tempo, Tempo, seit das Schlagwort „Globalisierung“ die Vorstandszimmer vereinnahmt hat, wird unentwegt telefoniert, gemailt und gereist. Mancher Manager verbringt mehr Zeit in Flugzeugen als an seinem Schreibtisch. Kürzlich erzählte Personalberater Hermann Sendele, dass er sich mit vielen seiner Kandidaten in der Senator Lounge irgendeines Flughafens zusammensetzt – auf der Reise von einem Kontinent zum anderen, weil sie sonst keine freie Minute für ein Gespräch finden.

Ja, sie sind ständig auf Achse. Besuch eines wichtigen Kunden in Fernost, Boardsitzung in den USA, Eröffnung einer Niederlassung in Brasilien, drei Termine auf drei Kontinenten und das alles in drei Tagen. Rein in den Flieger, raus aus dem Flieger, nur selten wagt es einer, mehrere Tage im Ausland zu verbringen, um sich selbst ein Bild von potenziellen Standorten oder Absatzmärkten zu machen. Konzernführer entscheiden über Milliarden-Investitionen, über den Bau von Fabriken und Forschungslabors, ohne Land und Leute wirklich zu kennen. Sie verlassen sich auf Studien und Aussagen von Mitarbeiter.

Nie zuvor war der Alltag der Manager aufreibender als heute. Sie hetzen durch die Welt und merken gar nicht, dass sie sich im Geschwindigkeitsrausch verzehren, dass sie mehr reagieren als agieren, dass die Spanne zwischen Denken und Handeln gegen Null schrumpft. Diese Atemlosigkeit hat viele Ursachen; eine liegt mit Sicherheit darin, dass sich das Umfeld, in dem Unternehmen operieren, immer schneller ändert. Neue Konkurrenten aus Osteuropa, China und Indien drängen aggressiv auf die Weltmärkte. Gleichzeitig präsentieren sich diese Regionen als attraktive aber auch riskante Absatzmärkte, die erobert werden müssen. Damit nicht genug. Auch das Innovationstempo legt dramatisch zu, die technologische Entwicklung schreitet stürmisch voran, die Produktzyklen werden kürzer.

Der rasante Wandel zwingt die Unternehmen zur permanenten Metamorphose. Sie stoßen ganze Geschäftsfelder ab und kaufen Firmen zu. Sie bilden Joint Ventures oder fusionieren mit einem ehemaligen Wettbewerber. Beispiel Aventis: Erst vor fünf Jahren aus der Hochzeit der beiden Giganten Rhône-Poulenc und Hoechst entstanden, wird der Konzern jetzt vom französischen Konkurrenten Sanofi geschluckt.

Der stete Umbau verlangt vom Management, sich immer wieder anzupassen, an eine neue Kultur, neue Mitarbeiter, neue Produkte, neue Märkte, neue Kunden. Ein kräfteraubender Prozess, der selbst die Stärksten unter den Starken ermüden lässt.

Müde? Erschöpft? Nein, das passt nicht zum Image des alerten Machers. Wie oft habe ich Herren im dunklen Zweireiher prahlen hören, dass sie keine Nacht länger schlafen als vier Stunden. Sie bräuchten einfach nicht mehr Ruhe, versichern sie stolz. Allein der gesunde Menschenverstand sagt, dass niemand über längere Zeit dieser Rastlosigkeit stand hält. Entweder die Gentlemen erzählen Unsinn oder sie treiben Raubbau an ihrem Körper. Vermutlich trifft beides zu.

Über die Grenzen der eigenen Leistungskraft spricht man in Managerkreisen nicht. Die Beratungsgesellschaft Ashridge Consulting und die französische HEC-Managementschule haben hierzu im Jahr 2003 eine ungewöhnliche Studie vorgelegt. Die Autoren begleiteten über einen längeren Zeitraum Führungskräfte in verschiedenen Ländern Europas. Ihr Fazit: Selbst wenn Manager spüren, dass eine Aufgabe unlösbar ist, gestehen sie sich dies nicht ein. Im Gegenteil. Häufig geben sie sich selbst die Schuld an auftretenden Schwierigkeiten und knien sich noch mehr in die Arbeit, um sich zu beweisen, dass sie es doch schaffen.

Genau hier liegt der springende Punkt: Manager werden nicht nur überfordert, sie überfordern sich auch selbst. All das, was heute Spitzenkräften abverlangt wird, ist eigentlich schon mehr als genug. Sie müssen sich von Analysten grillen lassen, ein Verfahren, das es früher in diesem Ausmaß nicht gab. Und sie müssen sich mehr denn je um die Beschäftigten kümmern, weil in einer Wissensgesellschaft die Mitarbeiter das wichtigste Gut sind, über das ein Unternehmen verfügt.

Trotz des überbordenden Programms scheut die industrielle Elite nicht davor zurück, sich eine Menge zusätzlicher Verpflichtungen aufzuhalsen. Man muss sich doch nur einmal durchs Fernsehprogramm zappen. Auf allen Kanälen laufen Talkshows – und immer häufiger parlieren da auch Chefs von Beratungsgesellschaften, mittelständische Unternehmer oder Vorstände über Standortprobleme und Bildungsmisere. Solche Ausflüge in die mediale Öffentlichkeit nutzen den Firmen, die die viel beschäftigten Manager repräsentieren, wenig. Gesehen werden, Einfluss demonstrieren, Macht ausüben – das sind die Triebfedern des eitlen Gebarens. Nur so lässt sich erklären, dass ein Topmanager wie Jürgen Schrempp – und der ist absolut kein Einzelfall – neben seiner Position als Lenker von DaimlerChrysler noch sieben Aufsichtsratsmandate bekleidet, in drei Fällen hält er sogar den AR-Vorsitz. Schon richtig: Die meisten dieser Gremien sind Tochtergesellschaften oder Beteiligungen von DaimlerChrysler. Dennoch stellt sich die Frage, warum Schrempp diese Mandate persönlich ausüben muss? Kann er keinen Vertreter schicken? Es müsste doch im großen DaimlerChrysler-Reich genügend kompetente Leute geben.

Apropos Jürgen Schrempp. Sein Name steht für einen besonders krassen Fall von Selbstüberforderung. Er erdachte die so genannte Welt AG – ein Megakonzern mit mehr als 360000 Beschäftigten, die fast alles herstellen, was sich irgendwie bewegt. Die drei wichtigsten Achsen der Welt

AG bilden Mercedes-Benz in Deutschland, Chrysler in Amerika und Mitsubishi in Japan – drei Firmen auf drei Kontinenten mit drei völlig unterschiedlichen Unternehmenskulturen, mit verschiedenen Zeitzonen, verschiedenen Sprachen und verschiedenen Rechtssystemen.

Jetzt erweist sich, dass die Komplexität des Gebildes nicht zu beherrschen ist. Schrempp hat sich und seinen Kollegen zu viel zugemutet. Er muss das milliardenteure Engagement bei Mitsubishi beenden. Wie das Abenteuer mit Chrysler ausgeht, ist noch nicht entschieden.

Die Frankfurter Allgemeine Zeitung schrieb im Mai 2004, Schrempp habe die Welt AG erfunden, weil ihn die Angst umtrieb, „aus dem kleinen schwäbischen Autobauer Mercedes-Benz könnte mangels Großaktionär ein Übernahmekandidat werden“. War es wirklich nur die Sorge um das Unternehmen, die Schrempp auf die Wahnsinnsidee brachte? Denkbar, dass es noch einen anderen Grund gab: Schrempp verdient im Jahr rund 12 Millionen Euro. Wer sich eine so unappetitlich hohe Summe in die Tasche steckt, sieht sich möglicherweise veranlasst, etwas Außerordentliches zu vollbringen. Um zu beweisen, dass sein eigentlich nicht zu rechtfertigendes Einkommen doch gerechtfertigt ist, sucht er die ganz große Herausforderung, die übermenschliche Kräfte erfordert – und die am Ende alle überfordert: Ihn selbst, seine Kollegen und das gesamte Unternehmen.

Es soll hier nicht das Zerrbild einer Managerkaste gezeichnet werden, die sich vor lauter Ehrgeiz verschleißt und eine Fehlentscheidung nach der anderen trifft. Das stete Streben nach Anerkennung und der unbändige Leistungswille sind ja genau jene Eigenschaften, die erfolgreiche Führungspersönlichkeiten auszeichnen. Gleichwohl wächst mit dem zunehmenden Erwartungsdruck von außen die Gefahr, dass sich der Einzelne – im Bemühen die Anforderungen zu erfüllen – zu viel zumutet. Gesellt sich zur Selbstüberschätzung auch noch überzogene Eitelkeit und Gier, scheuen Manager selbst vor kriminellen Handlungen nicht mehr zurück, wie die zahlreichen Skandale um Parmalat, Enron, Worldcom oder Ahold eindrucksvoll belegen.

Wir haben es hier nicht mit irgendwelchen geheimnisvollen Mächten zu tun, die eine auswegslose Situation herbeiführen. Es sind die Manager selbst, die das System steuern. Sie müssen den Mut aufbringen, häufiger inne zu halten. Und sie müssen es wagen, von selbst gesteckten oder von außen vorgegeben Zielen abzuweichen, wenn sich herausstellt, dass die Latte zu hoch liegt. Die Wiederbelebung so altmodischer Tugenden wie Redlichkeit und Gelassenheit würden den Druck verringern und die atemberaubende Geschwindigkeit des beruflichen Alltags erheblich drosseln.

Mehr Zeit zur Reflexion und zur Muße brächten auch dort Entlastung, wo die sich der gehetzte Manager immer weniger aufhält: in der Familie. Selten genug kommt das Thema in den meist männlich geprägten Führungszirkeln zur Sprache. Doch abends an der Bar, in vertrauter Runde, gesteht schon mal einer, dass er ein schlechtes Gewissen hat, weil er sich so wenig um seine Kinder kümmert. Eine fast anrührende Geschichte erzählte zum Beispiel Ulrich Schumacher, der geschasste Chef des Chip-Hersteller Infineon. Wenn er von der Arbeit nach Hause käme, so Schumacher, schliefen die drei Kinder normalerweise schon. Er würde sich dann oftmals zu einem der Kleinen ins Bett legen, damit das Kind wenigstens im Schlaf spüre, dass der Vater da sei.

Ulrich Schumacher und seine Artgenossen müssen niemanden Leid tun. Sie haben sich bewusst für das tradierte Rollenmodell entschieden, in dem sich die Gattin um den Nachwuchs kümmert und der Gatte all seine Kraft dem beruflichen Fortkommen widmet. Nun aber lassen neuerliche Umfragen unter Universitätsabgängern und Berufseinsteigern ein Umdenken erkennen. Nicht die Karriere ist das Wichtigste, behaupten viele, sondern die Familie. Wenn es diese jungen Leute wirklich ernst meinen, dann werden sie erleben, dass sie in doppeltem Maße überfordert sind. Kinder brauchen Zeit, doch gerade die bleibt wegen der steigenden Anforderungen im Job immer weniger.

Wo ist die Lösung? Wie kann der Manager der Beschleunigungsfalle entrinnen? „Konzentrieren Sie sich auf ein oder zwei Dinge, die wirklich wichtig sind", sagt Peter Drucker. „Drei Dinge sind schon zu viel."

Wenn es doch nur so einfach wäre.

Anstelle eines Nachworts

Nach Studium sämtlicher Texte für das vorliegende Buch trafen sich die beiden Herausgeber, um ausgewählte Aspekte der Beiträge vertiefend zu erörtern. Das abschließende Gespräch fand am 25. Mai 2004 bei Peter Drucker zu Hause in Claremont, Kalifornien, statt.

Paschek: Beginnen möchte ich, lieber Peter, mit einer Frage, die Sie persönlich betrifft: Vor etwa 20 Jahren wurden Sie in einem Interview gebeten, sich selbst zu charakterisieren, und Sie sagten: „Harry Adams called himself a conservative Christian anarchist at the end. I am getting close." Sie sind ihm noch näher gekommen. Wie sehen Sie sich heute?

Drucker: Ein konservativ-christlicher Anarchist, ja das bin ich mehr oder weniger! Je älter ich werde, umso skeptischer werde ich gegenüber all den Versprechen, die die Menschheit durch eine Gesellschaft erlösen wollen. Ich denke, dass eine der wesentlichen Erfahrungen, die wir in den letzten 50 Jahren gemacht haben, darin liegt, dass wir zunehmend desillusioniert wurden von „Volksverglückung" und zunehmend zur Überzeugung gelangten, dass es keine perfekte Gesellschaft gibt, sondern nur eine erträgliche. Man kann verbessern, aber nicht perfektionieren – und dies ist ein konservatives Konzept, aber ebenso auch ein christliches, da es den Schwerpunkt auf das Individuum und seinen Glauben legt und das Ende nicht in dieser Welt, sondern außerhalb dieser Welt sieht. Darum bin ich konservativ-christlich und Anarchist in dem Sinne, dass ich zunehmend misstrauisch werde gegenüber Regierungen – nein, das ist das falsche Wort – gegenüber Macht. Als Philosoph – der ich nicht vorgebe zu sein – habe ich immer Macht als das zentrale Problem und die Lust an der Macht als die Grundsünde des Menschen angesehen – nicht Sex. Sex ist keine Sünde, das haben wir mit allen Tieren gemein. In diesem Sinn bin ich Anarchist, aber ungleich den Anarchisten akzeptiere ich das Erfordernis von Regieren und Regierung. Der von mir am meisten geschätzte politische Philosoph ist Wilhelm von Humboldt, der Gründer der Universität Berlin im Jahr 1809. Er hat als junger Mann von 23 Jahren ein wunderbares Buch über den Mythos der Französischen Revolution geschrieben. Darin enthalten ist ein Essay mit dem Titel „Die Grenzen der Wirksamkeit des Staates". Dieses Thema bildet den Mittelpunkt meines Interesses. Diese Fragestellung veranlasste mich, mich mit den Wirtschaftsunternehmen zu beschäftigen und den anderen autonomen Institutionen unserer Gesellschaft, die soziale Aufgaben übernommen haben und somit die Macht des Staates einschränken. Deshalb nenne ich mich auch heute einen konservativ-christlichen Anarchisten, allerdings in dem eben beschriebenen sehr speziellen Sinn.

Paschek: Es dauerte Jahrzehnte, bis die Grenzen der Wirksamkeit des Staates langsam erahnt wurden. Dieser Prozess ist längst nicht abgeschlossen und wird sicherlich nie abzuschließen sein. Sie, Peter, haben in Ihrem 1969 erschienen Buch *The Age of discontinuity* das Versagen des Nationalstaates, des Wohlfahrtsstaates und des Megastaates als allumfassender Unternehmer sozialer Aufgaben konstatiert – das schließt auch den Wirtschaftsbetrieb ein, denn auch dieser nimmt eine gesellschaftliche Aufgabe wahr. Sie forderten Reprivatisierung. Regierungen, so schrieben Sie, sind allenfalls in der Lage, Kriege zu führen und die Inflationsrate in die Höhe zu treiben. Mit diesem Buch riefen Sie zwei Regierungschefs auf den Plan. Zum einen Richard M. Nixon, der in seiner Antrittsrede (!) sagte, dass er und seine Administration Herrn Drucker widerlegen werden, der von einem kranken Staat spricht. Zum anderen war es Maggie Thatcher, die Ihr Buch als Grundlage für ein umfassendes, sehr erfolgreiches Privatisierungsprogramm der britischen Gesellschaft nutzte. Aber auch heute betätigt sich der Staat z. B. in Deutschland in den verschiedensten Bereichen mehr oder weniger erfolglos als Unternehmer. Dies zwar mit rückläufiger Tendenz, doch das Scheitern einzelner Privatisierungsvorhaben scheint zumindest bei uns wieder den Wunsch nach mehr Staat zu verstärken. Wo liegen die Grenzen der Wirksamkeit des Staates?

Drucker: Ich denke, dass wir herausfinden müssen, welche spezifischen Aufgaben in den unterschiedlichen Kulturen Aufgaben des privaten Sektors oder des öffentlichen Sektors sind oder von Private-Public-Partnership-Allianzen durchgeführt werden müssen. Wenn Sie sich das vorige Jahrhundert ansehen, stellen Sie fest, dass die Erfahrungen des 1. Weltkrieges zur Überzeugung führten, dass der Staat ein „Macher" sei, und ein sehr kompetenter noch dazu. Sein Architekt war der Industrielle Walther Rathenau. Dieser übernahm zu Beginn des 1. Weltkrieges die Führung der deutschen Kriegswirtschaft und vollbrachte Wunderdinge. Ohne seine überragende Managementleistung wäre der Krieg 1915 zu Ende gewesen. Das war, was jedermann erwartete. Denn dauert der Krieg länger als bis zu diesem Zeitpunkt, so war die Annahme, dann drohte die Staatspleite. Der Brite Norman Angell hatte in seinem Buch *The end of the illusion* (1911) mathematisch nachgewiesen, dass ein Krieg nicht länger als 6 – 9 Monate dauern darf, sonst käme es zum Bankrott jeder Regierung. Übrigens gibt es in der Berliner Staatsbibliothek eine Ausgabe dieses Buchs, die Kaiser Wilhelm II. gehörte – mit dessen handschriftlichen Randbemerkungen. Eine davon in englischer Sprache: „We all know that no war can last more than six months." Doch dank Rathenau gelang es der Regierung, die Ressourcen zu mobilisieren, und am Ende des 1. Weltkriegs stand das Wunder vom Staat als Macher. Wenn Sie diese Entwicklung tiefer gehend nachvollziehen wollen, empfehle ich Ihnen das Buch von Joseph A. Schumpeter *Der Steuerstaat* aus dem Jahre 1918, in dem dieser konstatiert, der 1. Weltkrieg habe bewiesen, dass der Staat in der Lage ist, die Wirtschaft zu führen. Aber es ging noch weiter. Zur Zeit der Großen Depression Ende der 20er Jahre wuchs die Überzeugung, dass der Staat alles kann: „If there is a thing to do nationalize it and it gets done." Dies entstand zum einen aus dem naiven Glauben, dass man via Verstaatlichung die Politik eliminiert – hört sich sehr naiv an, oder? Ich kann heute noch nicht verstehen, warum jedermann damals so etwas glaubte. – Zum anderen lag es an dem Glauben, dass bei Eliminierung des Profitmotivs die Entscheidungen im Unternehmen auf objektiven Fakten basieren, was noch naiver ist. Aber es gab auch die Notwendigkeit zur Verstaatlichung nach dem 1. Weltkrieg: namentlich, den Kollaps der alten Institutionen zu verhindern. Lassen Sie mich ein Beispiel nennen. Das österreichische Bankensystem war sehr effektiv, aber ausgerichtet auf ein Land von 60 Millionen Einwohnern. Nach dem 1. Weltkrieg waren es jedoch nur noch 6 Millionen Einwohner. So musste der Staat übernehmen, um den Zusammenbruch dieser Institutionen zu vermeiden. 1923 war es die erste Aufgabe meines Vaters, damals hoher Beamter des Wirtschaftsministeriums, die Restrukturierung des österreichischen Bankensystems unter staatlicher Führung umzusetzen.

Das ist Vergangenheit! Mittlerweile haben wir begriffen bzw. sind dabei zu lernen, dass Management autonom sein muss und Management im Interesse der Institution zu handeln hat. Nicht im Interesse der Gemeinschaft oder der Gesellschaft, auch nicht im Interesse der Beschäftigten – sondern ausschließlich im Interesse der Institution.

Paschek: Der Bedarf an Managementpersonal in einer Gesellschaft von Organisationen ist enorm. Management-Assessment und Managemententwicklungskonzepte sind weltweit umfassend eingesetzte Instrumente zur Selektion und Förderung von Potenzialen. Allerdings scheinen wir diese Instrumente immer mehr zu verkomplizieren?

Drucker: Wir haben gelernt, dass Organisationen für ihre eigene Managementnachfolgeplanung zu sorgen haben. Sie müssen die zukünftigen Manager entwickeln. Man kann sich weder auf den Zufall der Geburt verlassen, noch darauf, dass ein natürlicher Prozess es richtet. Das erste Managemententwicklungsprogramm – wenn Sie es so nennen wollen – stammt aus dem Jahre 1898 von Georg von Siemens, dem Gründer der Deutschen Bank. Er war der Vetter von Werner von Siemens, dem Begründer der Firma Siemens. Nach dessen Tod führten seine inkompetenten Söhne das Unternehmen und wirtschafteten es in Grund und Boden. Georg von Siemens übernahm und etablierte das erste professionelle Management und das erste Managemententwicklungsprogramm. Deshalb dezentralisierte er Siemens und schuf genügend Positionen, um Mitarbeiter auf ihre Management-Kompetenz hin zu testen. Das war der Anfang, lange bevor in diesem Land J.P. Morgan dies kopierte. Basis des Programms war es, genügend autonome Positionen im Unternehmen zu schaffen, in denen z. B. Chefingenieure erprobt wurden, inwieweit sie in der Lage waren, ein Geschäft zu führen. Man bringt das zukünftige Topmanagement in Stellung, indem man es erprobt. Ein anderer Deutscher, Albert Ballin, der Gründer der großen Reederei Hapag und Neuer Deutscher Lloyd, schuf beinahe zeitgleich mit Siemens ein ähnliches Managemententwicklungsprogramm. Beide, Siemens und Ballin, konzentrierten sich nicht auf die fachlichen Kompetenzen, sondern ihre Schlüsselfrage war: *Kann ich diesem Menschen vertrauen?* Sobald Sie jemanden im Topjob haben, können Sie ihn nicht mehr kontrollieren, Sie müssen ihm vertrauen. Ballin war übrigens ein enger Freund von Wilhelm II. Eines Tages berief ihn dieser zu sich als Berater und frage Ballin: „Was ist das Wichtigste was ich zu beachten habe, wenn ich jemanden in eine Schlüsselposition bringen möchte?" Ballin antwortete:

Können Sie diesem vertrauen?
Würden Sie Ihren Sohn für diesen Mann arbeiten lassen?

Und dies ist nach wie vor der Schlüssel! Nehmen Sie z. B. eine sehr große multinationale Gruppe von heute: 40 % des Geschäfts in den USA, 40 % in Europa und 20 % in der übrigen Welt. Der Bedarf an Managern, die die Geschäfte in Russland, Estland, China und Thailand usw. führen, ist enorm. Alle zwei Monate kommt das Topmanagement für drei Tage hier her zu mir, und wir reden über Fragen des Management-Personals, und die Schlüsselfrage ist am Ende immer: *Kann ich ihr oder ihm als Person trauen? Wird sie oder er schlechte Nachrichten verkünden? Wenn Dinge nicht gut laufen, wird sie/er die Bücher frisieren?* Die ultimative Frage lautet: *Wird sie oder er zu mir kommen und sagen, das Beste sei, sie oder ihn entweder zu entlassen oder die Niederlassung zu schließen? Kann ich ihm oder ihr vertrauen, dass sie/er im Interesse des Unternehmens die Geschäfte führt?* Sehr selten können Sie diese Frage mit einem uneingeschränkten Ja beantworten. Das ist aber noch nicht alles. Es gibt einen weiteren kritischen Aspekt. Nehmen Sie z. B. den ungemein fähigen Schweden, der die schwedische Tochtergesellschaft leitet und zum Marktführer in Skandinavien gemacht hat. Er ist ein erstklassiger Marketingmanager, 39 oder 40 Jahre alt, und gesucht ist ein Top-Marketing-Mann in der Londoner Konzernzentrale. Sollen Sie ihn von Stockholm nach London versetzen? Möglicherweise will er gar nicht fort, da seine Frau ihre eigene Karriere in Schweden gerade weiterentwickelt. Aber gehen wir davon aus, dass er will. Sie riskieren den Niedergang der sehr profitablen schwedischen Gesellschaft. Darüber hinaus bleibt die Frage offen: Wird er von seinem neuen Umfeld akzeptiert? Seine gesamte Karriere fand in Schweden statt. Wie findet er sich zurecht?

Paschek: Integrität, Ehrlichkeit, Vertrauen sind und bleiben der Schlüssel. Zur Zeit erleben wir z. B. in Deutschland geradezu einen kollektiven Aufschrei in dieser Richtung. Überall entstehen Programme für eine neue Ehrlichkeit als Mittelpunkt der Unternehmenskultur. Man hat beinahe den Eindruck, es entstünde eine neue Management-Mode.

Drucker: Wissen Sie, das ist nichts Neues. Immer wenn der Boom zu Ende geht, kommen die Skandale und dann als Gegenbewegung der Ruf nach der Integrität des Managements. Am 2. Januar 1930 begann ich beim Frankfurter Generalanzeiger als Wirtschafts- und Außenwirtschaftsredakteur. Ich hatte keinerlei journalistische Erfahrung. Da es eine Nachmittagszeitung war, musste ich meine Arbeit um 6 Uhr morgens beginnen. Chefredakteur Dombrowski, der spätere Gründer der FAZ, schickte mich zur Berichterstattung über eine Gerichtsverhandlung. Im Mittelpunkt stand der erste große Zusammenbruch eines namhaften deutschen Großunternehmens während der Weltwirtschaftskrise, der Kollaps der Frankfurter Allgemeinen Versicherung. Ein Enron seiner Zeit, und die Abläufe sind die gleichen. Der konjunkturelle Aufschwung geht zu Ende, und er geht irgendwann immer zu Ende. Das Management vieler Unternehmen schuf sich seine Position, indem es über Jahre 10-prozentige Wachstumsraten von Umsatz und Profit verkünden konnte, und irgendwann ist das vorbei, denn es gibt das Gesetz, dass Bäume nicht in den Himmel wachsen. Das ist dann der Zeitpunkt, an dem das Management beginnt (wie wir sagen) *to fiddle the books*. Damals wie heute passiert so etwas immer am Ende eines Booms. Das Management der Frankfurter Allgemeinen Versicherung verscherbelte im wahrsten Sinne die Türknäufe. Nach dem Tod des Unternehmensgründers fühlten sich seine Nachfolger dessen Wachstumsprogramm verpflichtet, und so begannen sie im Jahre 1926 oder 27 *to fiddle the books*. Am Ende führt es zum Zusammenbruch, was auch damals passierte. Als Reaktion darauf kommt dann der Ruf nach der Integrität des Managements.

Paschek: Sie konstatieren eine zunehmende Zahl von *impossible management jobs* und nennen diese *Widow makers*, entlehnt der Seefahrt in New England im 19. Jahrhundert. *Widow makers* waren Schiffe, unsinkbar geplant, die dennoch ohne Grund tödliche Unglücke ereilte. Man zog sie sofort aus dem Verkehr. Sie und andere Autoren dieses Buches sind beunruhigt über die wachsende Zahl von *widow makers* im Bereich des Management. Ursache hierfür sind zum einen der Überehrgeiz einer Reihe von Managern, zum anderen Systemfehler der Führungsorganisation. Worin genau liegen die Ursachen dafür?

Drucker: Es gibt zwei Hauptursachen. Die eine liegt im unbarmherzigen Druck der Aktienmärkte in Richtung fortwährendem Wachstum von Umsatz und Profit. Dies legt eine unglaubliche Last auf das Senior Management. Dieser enorme Druck, vierteljährlich über Wachstum von Profit und Sales zu berichten, zwingt nicht nur bei uns in den USA, sondern weltweit das Management sehr kurzfristig zu denken und zu handeln. – Der zweite korrumpierende Druck entsteht dadurch, dass bei der Bewertung einer Entscheidung nicht die Frage im Vordergrund steht, ob es die richtige Entscheidung war, sondern wie die Entscheidung von der Presse, den Medien beurteilt wird. Public Relations steht vor dem Geschäftlichen. Das ist sehr gefährlich und betrifft natürlich vor allem die großen Konzerne.

Paschek: Der scheidende deutsche Bundespräsident Rau forderte in seiner Abschlussansprache die Rückkehr zum Primat des Politischen vor dem Ökonomischen. Es klang allerdings eher wie der Hilferuf eines alternden Sozialdemokraten. Ich frage mich, wie ist das Primat des Politischen möglich ohne politische Ideen? Wo sind die politischen Leitbilder für unsere Gegenwart und Zukunft?

Drucker: In dem Moment, wo sich weltweit die Wirtschaft in der Krise befindet – und das haben wir zur Zeit mit hohen Arbeitslosenzahlen in den wesentlichen Industrieregionen – gibt es das Primat des Ökonomischen, nicht des Politischen. Sollte es zu einem weltweiten wirtschaftlichen Aufschwung kommen, wer wird dann in der Lage sein, das Primat des Politischen zu artikulieren?

Schauen Sie 100 Jahre zurück: Die große intellektuelle Kraft der westlichen Welt waren die sozialdemokratischen Parteien. Hier waren die überragenden Köpfe. Eine Ansammlung von überragenden Politikern wie die in der deutschen Sozialdemokratie um 1900 oder der britischen um 1920 ist höchst selten. Wo sind sie heute? – Der intellektuelle Todesschlaf – das klingt überzogen, ich sage besser das intellektuelle Koma der westlichen Linken, ist furchterregend. Gab es irgend eine neue Idee in der deutschen Sozialdemokratie seit Weimar? Sicherlich gab es bei den amerikanischen Demokraten keine seit Harry Truman und in Frankreich nicht seit Clémenceau. Was hat nun der so genannte Liberalismus zu bieten? – Es sind sicherlich hoch anständige Leute, aber sie leben in ihrem Denken im Wesentlichen immer noch in den 20er und 30er Jahren.

Ich sage dieses nicht kritisch, ich gehöre zu ihnen, aber es ist so. Deshalb lautet die Frage: Woher kommen die politischen Leitbilder? Man kann keine Gesellschaft bzw. Gesellschaft politisch freier Bürger allein auf Informationstechnologie aufbauen. Das ist ein sehr fragiles Fundament.

Eine Gesellschaft braucht Grundwerte, Grundüberzeugungen – und die sind nicht da. – Vielleicht sind wir auch durch das 19. Jahrhundert verwöhnt – das war das Jahrhundert der politischen Ideen. Vorher war im Wesentlichen bürokratische Kompetenz Jahrhunderte lang gesellschaftsbestimmend, und die Ideen kamen aus den Religionen, den Wissenschaften, der Philosophie. Es gibt heute eben keine Bebels, Kautskys oder Wassermanns. Damit müssen wir leben, auch wenn es schwer fällt. Ich versuche in diesem Zusammenhang Bismarck sinngemäß zu zitieren, er sagte Bezug nehmend auf Aristoteles: „Politik ist eine Art Theater." Diesem Theater fehlt aber heute das Aufeinanderprallen großer Ideen, es fehlt das Drama, die Dramaturgie. Es fällt halt schwer, für Herrn Bush oder Herrn Kerry Enthusiasmus zu entwickeln oder für Herrn Schröder und seine Kollegen bei Ihnen in Deutschland. Allenfalls kompetentes Mittelmaß, Einzelprokuristen und Buchhalter wohin man schaut. Der größte Langweiler von allen ist Herr Blair – welch hochanständige Inkompetenz. Vielleicht ist das genau das, was wir heute brauchen. Vielleicht befinden wir uns am Ende einer Epoche von rund 250 politischen Jahren und benötigen *competent day to day administration.*

Paschek: Nach wie vor befinden wir uns weltweit in einer wirtschaftlichen Strukturkrise. Dennoch, wo es Krisen gibt, sind enorme Chancen. Ein starker Mittelstand ist das Rückgrat einer jeden funktionierenden Gesellschaft ist. In China, Indien, aber auch in Russland entwickeln sich seit einiger Zeit diese wohlhabenden Mittelschichten mit großer Dynamik. Wo liegen die Wachstumspotenziale der Zukunft?

Drucker: Das größte unterentwickelte Land der Welt ist Russland. Es gibt diese Inseln von höchst dynamischem Fortschritt, aber die Gesellschaft und Wirtschaft des Landes sind unterentwickelt. Welchen Weg wird Russland gehen? Von den Potenzialen her zwar ein kleiner Markt im Vergleich zu China, aber viel besser zugänglich mit enormen natürlichen Bodenschätzen und mit einem riesengroßen Reservoir von technisch exzellent ausgebildeten Middle Managern. – Es gibt eine Untersuchung, die die Wachstumsraten Russlands der Jahre zwischen 1890 und 1900 bis heute fortschreibt. Danach wäre Russland jetzt bei weitem die größte ökonomische Weltmacht. Russland mag uns überraschen – ich kann aber nicht behaupten, es wird uns überraschen – es hat die Potenziale. Dabei darf man die Spannungen in der russischen Gesellschaft nicht vergessen, sodass es durchaus sein kann, dass das Land stagniert.

Dann gibt es China und Indien, beide mit enormen Potenzialen ausgestattet. Unterschätzen Sie bitte Indien nicht. Die indische Wirtschaft wächst schneller als die chinesische. Hinzu kommt die außergewöhnliche Leistung Indiens im gesellschaftlichen Bereich, in dem es gelang, Millionen von Unberührbaren in die städtischen Kommunen zu integrieren. Darüber hinaus entstanden eine Reihe von industriellen Gruppierungen, vergleichbar den Krupps und Thyssens vor mehr als 100 Jahren. Die Potenziale für Wachstum sind da, doch ebenso die Potenziale für Katastrophen.

Paschek: Eine letzte Frage: Wir sind in den USA im Jahr der Präsidentschaftswahlen. Alles sieht nach einem Kopf-an-Kopf-Rennen zwischen Bush und Kerry aus. Wer ist Ihrer Meinung nach der beste Präsident für Ihr Land?

Drucker: Harry Truman.

Die Herausgeber

Prof. Dr. Peter F. Drucker ist der bedeutendste Management-Denker unserer Zeit. Er wurde am 19. November 1909 in Wien geboren, studierte Rechtswissenschaften in Frankfurt am Main und promovierte 1932 im Staatsrecht sowie im Internationalen Recht. Während dieser Zeit arbeitete er als Journalist beim Frankfurter Generalanzeiger, anschließend in London als Chefökonom einer Privatbank. 1937 ließ sich Drucker in den USA nieder, wo er zunächst als Korrespondent für eine Gruppe von britischen Zeitungen und später als freier Journalist arbeitete. Anfang der Vierzigerjahre begann er darüber hinaus Politikwissenschaft und Philosophie am renommierten Bennington College in Vermont zu lehren.

1942 befasste er sich in seinem Buch *The Future of Industrial Man* (dt.: *Die Zukunft der Industriegesellschaft*) mit der Entwicklung der Gesellschaft im 20. Jahrhundert. Als Folge des Buches bekam Drucker 1943 von General Motors den Auftrag, das – damals weltgrößte – Unternehmen zwei Jahre lang einer Analyse zu unterziehen. 1946 publizierte er die Ergebnisse seiner Studie unter dem Titel *Concept of the Corporation* und legte damit den Grundstein für das Management als wissenschaftliche Disziplin. Seitdem hat Drucker nahezu alle großen Unternehmen wie General Electric, Coca-Cola, Citicorp, IBM und Intel, aber auch zahlreiche mittelständische Unternehmen, Regierungsbehörden und Non-Profit-Organisationen im In- und Ausland beraten. Seit den Vierzigerjahren ist Drucker Ratgeber beinahe aller Schlüsselfiguren der amerikanischen Wirtschaft und Politik.

Zwischen 1950 und 1971 war Peter Drucker Professor für Management an der Graduate Business School der New York University, die ihm 1969 die *Presidential Citation* verlieh, ihre höchste Auszeichnung. Seit

1971 ist Peter Drucker Marie-Rankin-Clarke-Professor für Sozialwissenschaften und Management an der Claremont Graduate University in Claremont, Kalifornien. Er erhielt Ehrendoktorate von amerikanischen, belgischen, japanischen, schweizerischen, spanischen und tschechischen Universitäten. Zwischen 1979 und 1985 unterrichtete er auch im Fach Fernöstliche Kunst des Pomona College der Universität Claremont.

Als profilierter Autor zu allen Themen, die Gesellschaft, Wirtschaft, Politik und Management berühren, hat Peter Drucker über 30 Bücher veröffentlicht, die in mehr als 20 Sprachen übersetzt wurden und eine Gesamtauflage von mehr als 6 Mio. Exemplaren erreicht haben. Im Jahr 2002 erhielt er die Presidential Medal of Freedom, die höchste zivile Auszeichnung in den USA.

Peter Drucker ist verheiratet und hat vier Kinder und sechs Enkelkinder.

Peter Paschek wurde am 28. Oktober 1949 in Homberg am Niederrhein (heute Duisburg) geboren, Studium der Sozial- und Wirtschaftswissenschaften in Deutschland und den USA. Dipl. soc. oec. Seit 1979 Personalberater. Seit 1993 geschäftsführender Gesellschafter der Delta Management Consultants GmbH, einer der führenden Personalberatungen in Deutschland. Peter Paschek ist ein Schüler von Peter Drucker. Mit diesem verbindet ihn eine lange Freundschaft. Peter Paschek ist verheiratet und lebt seit 25 Jahren in Berlin.

Die Autoren

Dr. Mathias Döpfner, geboren 1963, studierte Musikwissenschaft, Germanistik und Theaterwissenschaften in Frankfurt und Boston. Als Journalist begann er 1982 seine Laufbahn bei der *Frankfurter Allgemeinen Zeitung*. Von 1988 bis 1990 war er Geschäftsführer einer PR-Agentur.

1992 arbeitete er im Stab des Vorstands International des Gruner+Jahr Verlages in Paris, später wurde er Assistent des Gruner+Jahr-Vorstandsvorsitzenden in Hamburg. Weitere journalistische Stationen waren Chefredakteur der *Wochenpost*, Berlin (1994-1996), und Chefredakteur der *Hamburger Morgenpost* (1996-1998). Seit 1998 ist er für das Unternehmen Axel Springer tätig. Zunächst als Chefredakteur *Die Welt*. Seit Juli 2000 ist Dr. Mathias Döpfner Mitglied des Vorstands (Vorstand Multimedia), seit Oktober 2000 zusätzlich Vorstand Zeitungen. Seit Januar 2002 Vorstandsvorsitzender und Vorstand Zeitungen. Mathias Döpfner ist Mitglied im Aufsichtsrat der HypoVereinsbank, der ProSiebenSat1-Media sowie von Schering.

Bill Emmott ist Herausgeber der Zeitschrift *The Economist*, des weltweit führenden Magazins für Wirtschaft und Politik.

Nachdem Studium der Politik, Philosophie und Volkswirtschaft am Magdalen College in Oxford und anschließenden Forschungsarbeiten wurde er 1947 Korrespondent im Brüsseler Büro des *Economist* und berichtete von dort über EG- und Benelux-Angelegenheiten. 1982 wurde er Wirtschaftskorrespondent für den *Economist* in London, und im darauffolgenden Jahr zog er nach Tokio, um von dort aus über Japan und Südkorea zu berichten. 1986 kehrte er als Finanzredakteur nach London zurück, 1989 wurde er Wirtschaftsredakteur, als solcher verantwortlich für die Berichterstattung des *Economist* in den Bereichen Wirtschaft, Finanzen und Wissenschaft. Seine jetzige Position übernahm er 1993.

Bill Emmott hat drei Bücher über Japan veröffentlicht: *The Sun Also Sets: the limits to Japan's economic power*, *Japan's Global Reach: the influence, strategies and weaknesses of Japan's multinational corporations*, beides Bestseller sowie *Die Todsünden der Bürokraten*, das nur in Japanisch veröffentlicht wurde.

Im September 1999 erschien sein Essay über das 20. Jh. mit dem Titel „Freedom's Journey" für den *Economist*. Im Juni 2003 folgte ein weiterer Essay über Amerikas Rolle in der Welt nach dem 11. September mit dem Titel „Present at the creation". Sein neues Buch, das in Teilen auf diesen beiden Essays basiert, heißt *Vision 20/21* und ist beim S. Fischer Verlag erschienen (in England bei Penguin, in den USA bei Farrar, Strauss and Giroux).

Frances Hesselbein ist Vorsitzende des Verwaltungsrats des Leader to Leader Institute (früher die Peter F. Drucker Foundation für Nonprofit Management).

Frau Hesselbein wurde 1998 mit der Presidential Medal of Freedom ausgezeichnet, der höchsten zivilen Ehrung der Vereinigten Staaten von Amerika. Diese Auszeichnung wurde in Anerkennung ihrer Tätigkeit als Vorsitzende der Girl Scouts of the USA von 1976 bis 1990 sowie ihrer Rolle als Gründungsmitglied und Vorstandsvorsitzender der Drucker Foundation verliehen. George Bush sen. berief sie in zwei Sozialdienst-Kommissionen. Frances Hesselbein ist in vielen Aufsichts- und Verwaltungsräten tätig, u.a. dem der Mutual of America Life Insurance Company, New York, der Veterans Corporation, des Center for Social Initiative an der Harvard Business School und des Hauser Center for Nonprofit Management an der Kennedy School. Sie ist Vorsitzende des Verwaltungsrats der Volunteers of America und hat 17 Ehrendoktorate erhalten. 2001 erhielt Frances Hesselbein die Henry-A.-Rosso-Medaille für ihr Lebenswerk im ethischen Fundraising vom Center on Philanthropy der Indiana University und den International ATHENA Award. 2002 erhielt sie als erste den Dwight D. Eisenhower National Security Series Award für ihre „außergewöhnlichen Beiträge zu Amerikas nationaler Sicherheit". 2004 wurde ihr der Juliette Award der Girl Scouts of the U.S.A. verliehen und den 2004 visionary Award der American Society of Association Executives Foundation.

Mrs. Hesselbein ist Herausgeberin des vierteljährlichen Journals *Lea-*

der to Leader und Mitherausgeberin eines Buchs gleichen Titels. Zu ihren zahlreichen Veröffentlichungen gehören u.a. „All in a Day's Work", *Hesselbein on Leadership* (August 2002), *Be, Know, Do: Leadership the Army Way*.

Dr. Michael Kloss, geboren 1957, ist promovierter Biologe. Er war Geschäftsführer eines jungen Unternehmens im Bereich der Biotechnologie und wurde 1991 Berater bei McKinsey & Company. Seit 1997 ist er Partner bei McKinsey & Company mit Tätigkeiten in Hamburg, New York, New Jersey und Berlin. Seine Tätigkeitsschwerpunkte liegen in den Bereichen Automobilindustrie und Gesundheitswesen.

Cyril Roger-Lacan, geboren 1964, ist seit 1991 Mitglied des Conseil d'Etat (Oberster Gerichtshof für öffentliches Recht und leitendes Beratungsgremium der Französischen Regierung). Er war Senior Advisor des Vorstandsvorsitzenden von Générale des Eaux, verantwortlich für Strategie und internationale Entwicklung, ab 1997 bei Vivendi Water verantwortlich für Nordafrika, den Mittleren Osten und den Mittelmeerraum. 1998–99 war er Geschäftsführer Deutschland bei Vivendi Water, 1999–2003 Geschäftsführer Europa und Mitglied des Vorstands von Vivendi Water. Seit Januar 2003 ist er im Vorstand von Veolia Water (Umbenennung von Vivendi Water) verantwortlich für die Konzernaktivitäten in Europa und für die industriellen Dienstleistungen weltweit. Er ist Mitglied verschiedener Aufsichtsräte in Frankreich, Deutschland, England und Spanien.

Cyril Roger-Lacan ist verheiratet und hat zwei Kinder.

Prof. Dr. oec. habil. Fredmund Malik ist Autor, Lehrer, Consultant und Unternehmer. Seit 1974 lehrt er Unternehmensführung an der Universität St. Gallen und anderen Universitäten.

Er ist Gründer, Inhaber und Verwaltungsratspräsident des Malik Management Zentrums St. Gallen, einer international tätigen Managementberatungs- und Managementausbildungsorganisation. Als Consultant bedeutender Unternehmen und ihres Top-Managements und Mitglied von Aufsichtsorganen kennt er die internationale Unternehmenswelt von innen. Der Top-Consultant und Management-Educator hat während seiner fast 30-jährigen Praxis Führungskräfte aller Stufen und Branchen ausgebildet, beraten, entwickelt und geprägt.

Er ist Autor von über 250 Publikationen zu Management, darunter die Bestseller *Führen Leisten Leben*, *Strategie des Managements komplexer Systeme* und *Die Neue Corporate Governance: Richtiges Top-Management, Wirksame Unternehmensaufsicht*. Seit 1993 ist er Autor und Herausgeber des monatlichen Management-Letters *M.o.M. – Malik on Management*. Er gilt als einer der führenden Beobachter wirtschaftlicher und gesellschaftlicher Entwicklungen und als konstruktiver Kritiker von Managementlehre und -praxis.

Shafiq Naz ist der Gründer und geschäftsführende Direktor des kürzlich in Belgien eröffneten Verlags Alhambra Publishing. Alhambra verlegt Romane, Kurzgeschichten, Lyrik und Sachbücher in diversen Sprachen. Im Oktober 2004 wird Alhambra eine Serie von Lyrikkalendern herausbringen, u. a. auch einen deutschen: *Jeder Tag ein Gedicht – der deutsche Lyrikkalender 2005*. Mr. Naz ist außerdem Unternehmensberater und war von 1996 bis 2000 für die American Management Association International und deren europäische Zentrale, Management Centre Europe (MCE) in Brüssel, tätig. Bei MCE begann Mr. Naz als Gruppenleiter für Topmanagement-Programme und war für die Entwicklung, Organisation und Koordination von Konferenzen, Seminaren und Diskussionsforen zuständig, an denen weltweit bekannte Persönlichkeiten aus Wirtschaft und Politik teilnahmen wie Peter Drucker, Michael Porter, Philip Kotler, Edward de Bono, Henry Kissinger, Margaret Thatcher und Helmut Schmidt. Mr. Naz verfügt über reichlich Beratungs- und Unterrichtserfahrung auf den Gebieten strategische Planung, Unternehmensneugestaltung und Kommunikation.

Darüber hinaus betätigt sich Mr. Naz als Literaturübersetzer, zu dessen zahlreichen Übersetzungen Werke wie Tariq Alis Roman *Shadows of the Pomegranate Tree* (aus dem Englischen ins Französische) und Ulrich

Ladurners *Islamabadblues – Briefe aus Pakistan* (aus dem Deutschen ins Englische) zählen. Für sein Engagement für die französische Sprache und Literatur wurde er kürzlich mit dem Grand Prix de la Francophonie au Pakistan 2004 ausgezeichnet. Mr. Naz besitzt die pakistanische und die belgische Staatsbürgerschaft.

Ursula Schwarzer, geboren 1954, absolvierte nach ihrem Examen als Diplom-Volkswirtin ein Volontariat bei der *Kölnischen Rundschau*, danach war sie dort Redakteurin im Wirtschaftsressort. 1983 wechselte sie zum *manager magazin* nach Hamburg. 1993 bis 1994 war sie Korrespondentin in Tokio für das *manager magazin*, von 1997 bis 2004 stellvertretende Chefredakteurin. Zwischen 2000 war 2003 sie Herausgeberin des Internetportals manager-magazin.de. Seit Februar 2004 ist sie Autorin des *manager magazins*.

Ursula Schwarzer ist verheiratet und hat zwei Söhne.

Hermann Simon ist Vorsitzender der Geschäftsführung der SIMON w KUCHER & PARTNERS Strategy & Marketing Consultants in Bonn, Boston, London, München, Paris, Tokio, Warschau, Wien und Zürich. Simon ist Experte für Strategie, Marketing und Pricing. Er berät Unternehmen weltweit.

In seinem „ersten" Leben war Simon Professor für Betriebswirtschaftslehre und Marketing an den Universitäten Mainz (1989–95) und Bielefeld (ab 1979). Simon arbeitete als Gastprofessor an zahlreichen Hochschulen: Harvard Business School, Stanford, London Business School, INSEAD, Keio-Universität Tokio und Massachusetts Institute of Technology. Von 1985 bis 1988 leitete er das Universitätsseminar der Wirtschaft (USW), Schloß Gracht/Köln.

Zu den mehr als 30 Buchveröffentlichungen von Simon zählen der Weltbestseller *Hidden Champions* (in 13 Sprachen erschienen, Titel von Business Week im Januar 2004), *Power Pricing* (in 12 Sprachen), *Think!* (2004), *Strategie im Wettbewerb* (2003), *Das große Handbuch der Strategiekonzepte* (2000), *Geistreiches für Manager* (2001), und das wissenschaftliche Standardwerk *Preismanagement*. Simon war und ist Mitglied der Herausgeberbeiräte zahlreicher Fachzeitschriften, unter anderem International Journal of Research in Marketing, Management Science, Recherche et Applications en Marketing, Décisions Marketing, European Management Journal sowie mehrerer deutscher Zeitschriften. Seit 1988 schreibt er eine Kolumne im Manager Magazin. Als Mitglied zahlreicher Aufsichtsräte und Stiftungskuratorien hat Simon umfangreiche Erfahrungen in der Überwachung von Unternehmen gewonnen. Von 1984 bis 1986 war er Präsident der European Marketing Academy (EMAC).

Simon studierte Volks- und Betriebswirtschaft an den Universitäten Köln und Bonn. Seine Promotion und seine Habilitation legte er bei Prof. Dr. Drs. h.c. Horst Albach an der Universität Bonn ab.

Roxane B. Spitzer, PhD, MBA, ist seit 1995 Professorin an der School of Medicine and Nursing der Vanderbilt University und seit 1999 Chief Executive Officer der Metropolitan Nashville Hospital Authority, deren Rentabilität sie in ihrer Amtszeit signifikant steigerte. Sie ist in verschiedenen Beiräten und regionalen Ausschüssen verantwortlich tätig und wurde mit zahlreichen Ehrungen ausgezeichnet. So erhielt sie im Jahr 2002 den THA Distinguished Service Award als CEO of the Year. 2003 wurde sie in die Academy for Women of Achievement, YWCA aufgenommen.

Sie veröffentlichte zahlreiche Artikel in diversen Publikationen und zwei Bücher, *Nursing Management Desk Reference* (Philadelphia 1995) und *Nursing's Producitivity: The Hospital's Key to Survival and Profit* (Chicago 1986).

Prof. Dr. Guido Stein, geboren 1963, promovierte über „Die Kunst des Managements bei Peter Drucker". Er ist Professor für Personalführung an der IESE Business School der Universität von Navarra mit dem Schwerpunkt Change Management und Strategie, sowie Vorsitzender der Ediciones Internacionales Universitarias und EUNSA. Prof. Stein ist Mitglied verschiedener Aufsichtsräte, Autor von vier Büchern und zahlreichen Artikeln. Er war von 1992 bis 2003 Generalsekretär seiner Universität und ist schon immer ein Bewunderer von Peter Drucker.

Guido Stein ist verheiratet und hat vier Kinder.

Prof. Dr. Yoram (Jerry) Wind ist der Lauder Professor und Professor für Marketing an der Wharton School der Universität von Pennsylvania. Nach Promotion an der Stanford University trat er 1967 Wharton bei. 1988 wurde er Gründungsdirektor des Wharton „think tank“, des SEI Center for Advanced Studies in Management, und treibt zur Zeit die Entwicklung der X-Functional Integration Initiative der Wharton School voran. Er ist außerdem Gründer und akademischer Direktor des Wharton Fellows Program und Initiator und Gründungsherausgeber von Wharton School Publishing, eines Joint Venture der Wharton School und Pearson/Financial Times. Von 1995 bis 1997 führte er die Globalisierungsstrategie von Wharton an. Dr. Wind hatte den Vorsitz der Komitees, die den neuen MBA-Lehrplan (1991–93) und das Wharton Executive MBA Program entworfen haben (1974). Dr. Wind war Gründungsdirektor des Joseph H. Lauder Institute (1983–1988) und Mitgründer des Wharton International Forum (1987).

Jerry Wind war Herausgeber des *Journal of Marketing*, Redakteur bei *Marketing Science* und ist in Beiräten der meisten großen Marketingpublikationen tätig. Er hat mehr als 250 Artikel und Zeitschriftenbeiträge und mehr als 20 Bücher veröffentlicht. Seine jüngsten Bücher, *The Power of Impossible Thinking* (mit Colin Crook), *Driving Change* (mit Jeremy Main) und *Covergence Marketing* (mit Vijay Mahajan) sind auf große Anerkennung gestoßen.

Jerry Wind hat über 100 Firmen beraten. Sein Schwerpunkt liegt in der Entwicklung von Marketing-orientierten Wachstumsstrategien. Darüber hinaus ist er ein gefragter Experte in verschiedenen Patentrechts- und Antitrust-Verfahren. Jerry Wind ist Mitglied in Beiräten vieler Unternehmen und Kurator des Philadelphia Museum of Art. Er hat diverse renommierte Marketingauszeichnungen erhalten, u.a. den Charles Coolidge Award (1985), den AMA/Irwin Distinguished Educator Award (1993) und den Paul D. Converse Award (1996). Er ist der derzeitige Träger des 2003 Elsevier Science Distinguished Scholar Award der Society for Marketing Advances.

Dr. Wind ist der Kanzler der International Academy of Management, Mitgründer der IDC – einer neuen interdisziplinären Universität in Israel und Vorsitzender von deren Akademischem Rat und des Komitees für Einstellung und Beförderung.

DI Dr. Klaus Woltron wurde am 15. Okt. 1945 in Wels/ Oberösterreich geboren. Nach dem Studium der Metallurgie und Verfahrenstechnik an der Montanauniversität Leoben verfolgte er eine Karriere als Techniker und Manager, die ihn ab 1981 an die Spitze internationaler Konzerne (SGP AG Wien, ABB Austria) führte. In den siebziger Jahren leitete er ein Projekt im Rahmen des Raumfahrtprogramms der damaligen UdSSR und war von 1977 – 1980 Leiter des Know-how-Transferprojekts bei der Errichtung einer Schwerkomponentenfabrik im Rahmen des Atomprogramms Brasiliens (NUCLEP). Er leitete Industrieanlagenbau-Projekte in mehreren Kontinenten.

Seit 1994 ist er selbständiger Unternehmer und hält Beteiligungen an internationalen Consulting-Gesellschaften, mehreren Start-Ups sowie einer Pharmafirma. Daneben ist er Mitglied verschiedener Organisationen (Gründung- und Verwaltungsratsmitglied der *Sustainable Performance Group Zürich, TÜV Austria,* weitere Aufsichtsräte), schreibt Bücher und veröffentlichte zahlreiche Beiträge in Fachzeitschriften, Presse, Radio und TV. Auszüge aus seinen bisherigen Publikationen: *Der Wald, die Bäume und dazwischen* (1992), *Die Ursachen des Wachstums* (1996, mit Rupert Riedl u.a.), *Die Auster* (1999), *Die sieben Narrheiten des 21. Jahrhunderts* (2003), *Szenarien für die Welt von morgen* (2004).

Nicolas Zimmer wurde am 14. Juni 1970 in Berlin geboren, studierte an der Freien Universität Berlin Rechtswissenschaften und absolvierte im Kammergerichtsbezirk Berlin sein Rechtsreferendariat. Er ist seit 2000 niedergelassener Rechtsanwalt in Berlin. Die Stationen seines beruflichen und politischen Werdegangs umfassen unter anderem die Tätigkeit als Persönlicher Referent des Senators für Wirtschaft und Betriebe des Landes Berlin sowie als wissenschaftlicher Mitarbeiter der CDU-Fraktion im Abgeordnetenhaus von Berlin. Seit 1998 ist Zimmer Mitglied des Abgeordnetenhauses (Landtag), 2000 bis 2003 war er Parlamentarischer Geschäftsführer mit den Schwerpunkten Haushalt und Finanzen. Seit 2003 ist er Fraktionsvorsitzender der CDU-Fraktion des Abgeordnetenhauses von Berlin.

Nicolas Zimmer ist verheiratet und lebt in Berlin.

www.harvardbusinessmanager.de
Und Sie dachten,
Sie wüssten schon alles.
Willkommen
in Harvard.
Harvard Business
manager
Mittelstand
Zweistellig wachsen ohne neue Produkte
Investitionen
Die Kosten zuverlässig vorhersagen
Motivation
Mit guten Geschichten überzeugen
Klassenkampf
Manager kontra Aktionäre
Was wirklich funktioniert
Die acht erfolgreichsten Management-Methoden
Auf dem Weg nach oben gibt es viele Regeln. Eine gilt jedoch immer: Früher mehr wissen. /// Lesen Sie daher den **Harvard Businessmanager**. Und profitieren Sie von den Trends, Strategien und Fallstudien der besten Business Schools der Welt sowie von den Erfahrungen renommierter Manager. /// Aktuell im gut sortierten Handel oder einfach per Telefon Miniabo zum Vorzugspreis bestellen: **+49/1801/552255**
Harvard Business
manager
Read to Lead.